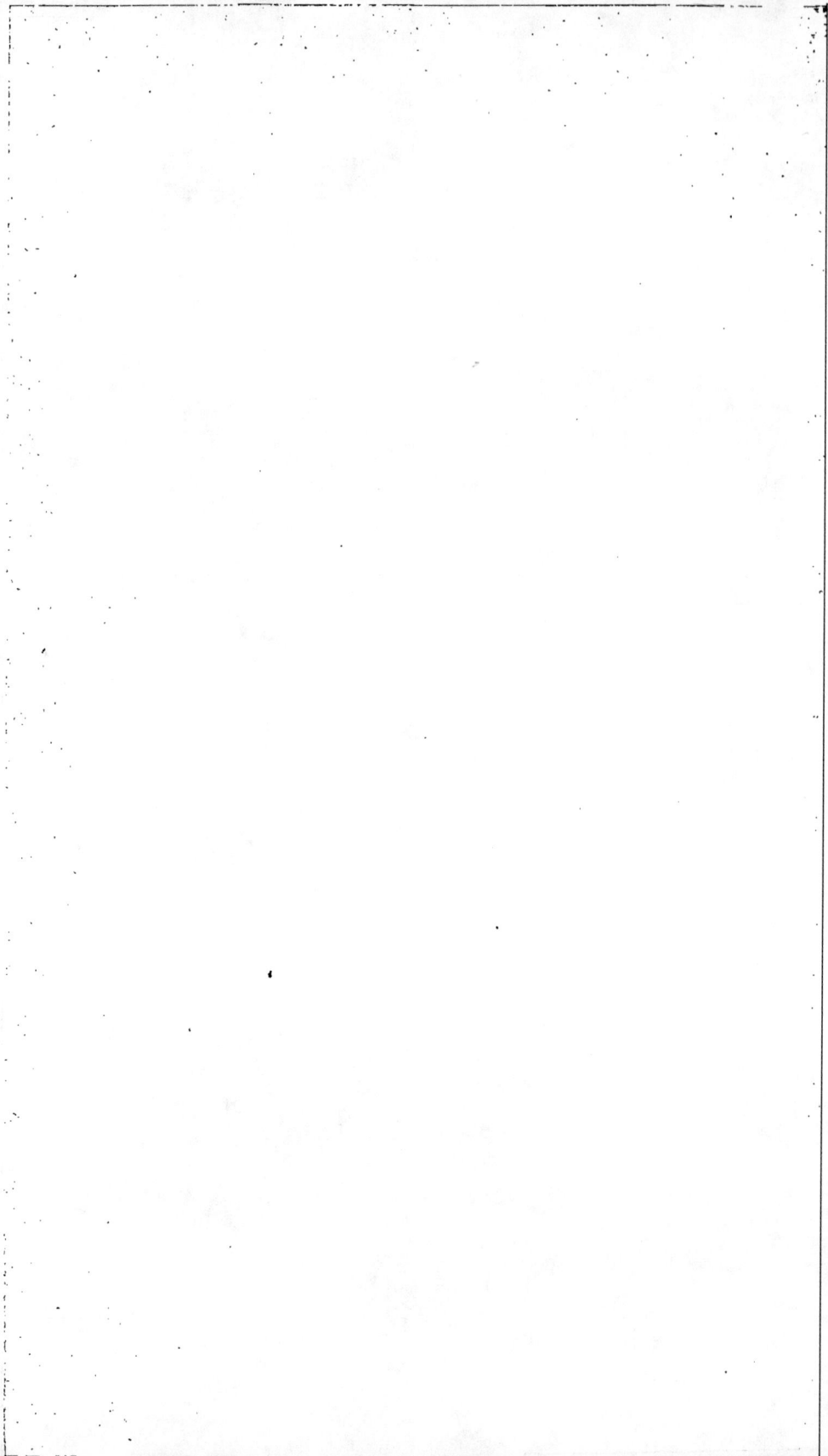

ALBUM

DU

COURS DE MÉTALLURGIE

PROFESSÉ

A L'ÉCOLE CENTRALE DES ARTS ET MANUFACTURES

140 PLANCHES IN-FOLIO ET UN VOLUME DE TEXTE

PAR

S. JORDAN

INGÉNIEUR D'USINES MÉTALLURGIQUES
PROFESSEUR À L'ÉCOLE CENTRALE DES ARTS ET MANUFACTURES
PRÉSIDENT DE LA SOCIÉTÉ DES INGÉNIEURS CIVILS

DESCRIPTION DES PLANCHES
DONNÉES NUMÉRIQUES ET RENSEIGNEMENTS
SUR LE FONCTIONNEMENT DES APPAREILS

PARIS

LIBRAIRIE POLYTECHNIQUE

J. BAUDRY, LIBRAIRE-ÉDITEUR

RUE DES SAINTS-PÈRES, 15

LIÉGE, MÊME MAISON

1875

ALBUM

DU

COURS DE MÉTALLURGIE

PROFESSÉ

A L'ÉCOLE CENTRALE DES ARTS ET MANUFACTURES

PARIS. — TYPOGRAPHIE A. HENNUYER, RUE D'ARCET, 7.

ALBUM

DU

COURS DE MÉTALLURGIE

PROFESSÉ

A L'ÉCOLE CENTRALE DES ARTS ET MANUFACTURES

140 PLANCHES IN-FOLIO ET UN VOLUME DE TEXTE

PAR

S. JORDAN

INGÉNIEUR D'USINES MÉTALLURGIQUES
PROFESSEUR A L'ÉCOLE CENTRALE DES ARTS ET MANUFACTURES
PRÉSIDENT DE LA SOCIÉTÉ DES INGÉNIEURS CIVILS

DESCRIPTION DES PLANCHES
DONNÉES NUMÉRIQUES ET RENSEIGNEMENTS
SUR LE FONCTIONNEMENT DES APPAREILS

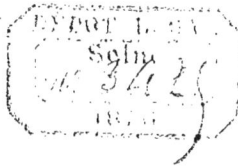

PARIS

LIBRAIRIE POLYTECHNIQUE

J. BAUDRY, LIBRAIRE-ÉDITEUR

RUE DES SAINTS-PÈRES, 15

LIÉGE, MÊME MAISON

1875

TABLE DES MATIÈRES

DEUXIÈME PARTIE

FABRICATION DE LA FONTE

TROISIÈME PARTIE

FABRICATION DU FER MALLÉABLE

QUATRIÈME PARTIE

FABRICATION DE L'ACIER

ERRATA.

Page 121. Planche LXX. Four à puddler à circulation d'air, *lisez* Four à puddler à circulation d'eau.

Page 168. Planche XC, *lisez* Planche CX.

AVANT-PROPOS

La mécanique et la construction appliquées à la métallurgie ont fait des progrès considérables depuis vingt ou
trente années, et le matériel des usines à fonte, à fer, à
acier est en 1874 bien différent de ce qu'il était en 1845 ou
1850, par exemple. Sans parler même des véritables révolutions effectuées dans la machinerie par l'invention du procédé Bessemer ou dans la construction des fourneaux par
l'introduction du système Siemens de chauffage au gaz, les
hauts fourneaux et leurs dépendances, les laminoirs et leurs
accessoires ont subi des perfectionnements importants, des
modifications essentielles depuis ces dates, cependant peu
reculées ; aussi, les atlas qui accompagnent les traités de
métallurgie publiés antérieurement ne contiennent-ils que
des types d'appareils actuellement vieillis pour la plupart,
et impropres à servir d'exemples ou de guides pour l'établissement du matériel des usines modernes.

Il n'existait plus, dans la librairie française, d'ouvrage
contenant une collection d'appareils métallurgiques à peu
près au courant des progrès de l'industrie : en notre double
qualité de professeur et d'ingénieur, nous avons éprouvé les
inconvénients de cette absence de documents, et nous avons
essayé, dans les limites de nos forces, de combler la lacune.

En publiant le présent album, nous avons cherché à

fournir aux ingénieurs des usines métallurgiques le plus
grand nombre possible d'exemples, adoptés de façon à les
guider dans le choix des appareils et dans l'étude des installations. Contrairement à ce qu'ont fait plusieurs de nos
prédécesseurs, nous nous sommes attaché à ne publier que
des modèles existants et ayant fait leurs preuves, en laissant
de côté tout projet non exécuté. Aucune peine n'a été épar-
gnée pour que les dessins soient fidèles et corrects. Le texte
fournit brièvement les indications nécessaires à la bonne
intelligence des dessins, et en outre des données numériques
relatives soit à la construction, soit aux rendements.

Ce volume n'a nullement du reste la prétention d'être un
cours de métallurgie, et nous nous sommes autant que possible abstenus de toute discussion.

Le titre de l'ouvrage indique qu'il est de plus destiné à
fournir aux auditeurs du cours de métallurgie du fer que
nous professons à l'École centrale des arts et manufactures,
ainsi qu'aux élèves des autres écoles spéciales, une série
méthodique aussi complète que possible de dessins exacts,
représentant les appareils divers dont les cours les entre-
tiennent, de façon à permettre au professeur d'abréger beaucoup la partie purement descriptive des leçons, et à aider
ensuite les élèves dans la rédaction des projets.

La plupart des appareils figurés sont publiés pour la première fois; ils sont empruntés à notre portefeuille, où l'obli-
geance de divers chefs d'usines métallurgiques françaises ou
étrangères nous a permis d'en réunir la collection. Nous
leur en exprimons ici toute notre reconnaissance.

Paris, le 15 juillet 1874.

PREMIÈRE PARTIE

COMBUSTIBLES

PRÉPARATION DES COMBUSTIBLES VÉGÉTAUX

Fabrication du charbon de bois.

Le charbon de bois se fabrique généralement en forêt, au moyen de meules circulaires ou de tas rectangulaires recouverts d'une couche de terre ou de gazon imperméable aux gaz.

La figure 1 représente en coupe et élévation une meule à bûches couchées construite autour d'un *mât* unique, suivant la manière slave. Elle est disposée pour être allumée au moyen de brandons introduits jusqu'au centre par des carneaux ménagés sur l'aire.

Les figures 2 et 3 représentent en coupe des meules à bûches dressées ; la première doit être allumée par des carneaux ménagés sur l'aire ; la seconde est faite pour être allumée par la cheminée que forment les trois perches centrales. Dans la première, la couverte est soutenue par des planches placées horizontalement et étayées par des perches en bois ; dans la seconde, elle repose à sa base soit sur des pierres espacées, soit sur des piquets fourchus enfoncés dans l'aire de distance en distance.

On sait que la carbonisation des bois en meules est le procédé le plus employé en France et en Allemagne. Le diamètre des meules est très-variable (généralement de 6 à 12 mètres), et par suite aussi la quantité de bois qu'on carbonise à la fois.

Les figures 4 et 5 représentent un tas rectangulaire où les bûches sont placées longitudinalement : il doit être allumé par la partie la plus basse. Le dessin indique une disposition essayée pour recueillir les produits volatils condensables (acide pyroligneux et goudron) de la distillation du bois.

Les figures 6, 7 et 8 représentent un tas rectangulaire à bûches transversales. On l'allume aussi par la face antérieure plane.

Ces tas rectangulaires ont été employés en Suède pour carboniser à la fois de grandes quantités de bois (jusqu'à 150 stères) et fournissent un rendement un peu supérieur à celui des meules.

En volume, le rendement du bois en charbon varie ordinairement de 30 à 35 pour 100; toutefois, avec des charbonniers très-habiles, comme aux forges d'Audincourt (Franche-Comté), on peut obtenir jusqu'à 47 et 48 pour 100.

En poids, le rendement varie de 15 à 28 pour 100; en France, on ne compte guère que sur 19 à 20 pour 100.

Divers inventeurs ont imaginé des systèmes et des appareils pour effectuer la carbonisation du bois d'une manière plus économique que par le procédé des meules, mais sans obtenir des résultats qui pussent rivaliser avec ceux obtenus par des charbonniers expérimentés, comme ceux des forges d'Audincourt par exemple.

Les figures 9, 10 et 11 représentent le système Echement pour la fabrication du charbon roux en forêt. Par ce procédé on grillait en vingt-quatre heures environ 30 stères de bois en consommant 3 stères de combustible; le bois perdait 34 à 35 pour 100 de son poids. Employé autrefois dans les Ardennes, ce procédé est maintenant abandonné, de même que l'emploi du charbon roux.

PLANCHE II.

Dessiccation et torréfaction du bois et de la tourbe.

L'emploi du bois incomplétement carbonisé dans les bas foyers ou dans les fours à cuve est maintenant abandonné; mais dans certaines contrées métallurgiques on emploie du bois ou de la tourbe fortement desséchés pour la production de gaz combustibles qu'on utilise dans des fourneaux à réverbère.

En Carinthie, d'après M. Leplay, on fabrique le bois desséché ou *ligneux* dans des chambres en maçonnerie, chauffées soit directement par les produits de la combustion provenant de deux foyers, soit au moyen de tuyaux en fonte où circulent ces produits. Les figures 1, 2 et 3 représentent le four à ligneux de Lippitzbach chauffé directement par deux foyers. La charge de bois (108 stères) repose sur un grillage ; les gaz chauds, après s'être élevés dans la partie supérieure du four, redescendent et viennent s'échapper par six ouvertures carrées ménagées sur la façade entre les foyers. Il faut 1 400 à 1 500 kilogrammes de bois vert pour fournir 1 000 kilogrammes de ligneux, et on consomme une quantité de bois équivalente à 333 kilogrammes de ligneux pour le chauffage des foyers.

En Suède, on dessèche le bois et la tourbe à une température moins élevée dans des chambres en maçonnerie où l'on envoie les gaz chauds éteints provenant d'un feu d'affinerie ou d'un four à puddler au gaz. Les figures 4, 5, 6, 7 et 8 représentent le four de dessiccation de Lesjœfors : les gaz chauds entrent dans la chambre par le haut au moyen d'une ouverture munie d'un registre et sortent par le bas au moyen de deux carneaux souterrains.

En France, on fabrique aussi du ligneux pour l'usage de fours à réverbère chauffés au gaz de bois, pour les fours à puddler d'Allevard (Isère) et de Villotte (Côte-d'Or) notamment.

Les figures 9 et 10 représentent les étuves à dessécher le bois employées aux forges de Villotte. Elles sont chauffées par les gaz perdus d'un four à puddler, circulant dans un tuyau en fonte. Un stère de bois pesant 380 kilogrammes fournit 1 stère pesant 278 kilogrammes, soit 73 pour 100 de ligneux. Ce produit est destiné à être consommé dans des gazogènes soufflés.

FABRICATION DU COKE

Anciens procédés de fabrication du coke.

On fabriquait autrefois le coke avec les gros charbons, et cette pratique s'est maintenue longtemps dans certains districts houillers de la Grande-Bretagne. Les figures 1 et 2 représentent une *meule* pour la carbonisation de la houille en roche, employée dans le Stafford-shire. La durée de l'opération varie avec les dimensions de la meule, et le rendement de la houille en coke est de 50 à 55 pour 100. Au lieu de faire des meules circulaires, on fait souvent des tas allongés munis de plusieurs cheminées.

Le procédé des meules et des tas allongés a aussi été employé autrefois pour la fabrication du coke avec la houille menue dans le bassin houiller de la Loire. Les figures 3, 4 et 5 montrent comment on construisait un tas trapézoïdal au moyen d'un moule en planches en y ménageant des carneaux au moyen de rondins en bois qu'on retirait ensuite; on allumait par les vides laissés par les rondins verticaux. Avec ce procédé simple, mais peu économique et difficile à bien conduire, on obtenait un rendement de 50 à 55 pour 100.

Le coke est fabriqué maintenant presque universellement avec de la houille menue qu'on carbonise dans des *fours*.

Les figures 6, 7, 8 et 9 donnent l'ensemble d'un des fours à coke les plus anciennement connus et employés en France sous le nom de *fours de boulanger*. La charge de ces fours varie de 3 000 à 10 000 kilogrammes, suivant les dimensions; l'opération dure de 4 à 7 jours, et on obtient un rendement de 55 à 64 pour 100, suivant la nature des houilles. A Rive-de-Gier, dans le bassin de la Loire, on a essayé un four ovale à deux portes, qu'on appelait *four anglais,* et qui est représenté par les figures 10, 11, 12 et 13. L'opération s'y conduisait comme dans le four de boulanger ; mais le rendement avec les mêmes houilles y était moindre, et on l'a abandonné.

On a aussi employé longtemps en France, dans le bassin du Gard, au Creusot, à Torteron, des fours rectangulaires ouverts, ou *bâches,* dans lesquels on carbonisait la houille sous couverte. Ces fours ont été aussi employés en Silésie et en Westphalie, où ils sont connus sous le nom de *fours Schaumbourg.* La contenance de l'un d'eux est de 18 à 20 tonnes de houille, et le rendement en coke est de 60 à 65 pour 100. On dispose ces fours généralement par longues rangées en les accolant par les petits côtés. Voir les figures 14 et 15.

On emploie maintenant des fours à coke plus perfectionnés, fournissant un rendement plus élevé. Le nombre des divers systèmes est considérable.

PLANCHE IV.

Fours à coke et à gaz, systéme Pauwels et Dubochet.

Ces fours ont été imaginés par MM. Pauwels et Dubochet, de l'ancienne Compagnie parisienne du gaz, pour la fabrication simultanée du gaz d'éclairage et du coke métallurgique. La chambre de carbonisation, c'est-à-dire la capacité fermée où s'effectue la distillation de la houille, est chauffée par un foyer extérieur à coke. Les gaz sont extraits par un tuyau où un aspirateur maintient une pression égale seulement à la pression atmosphérique, et dirigés vers les appareils de condensation et d'épuration. Quand ces gaz sont ramenés au foyer pour être brûlés, au lieu de servir à l'éclairage, le four porte le nom de *four Knab.*

Le défournement du coke se fait à l'aide d'un repoussoir à engrenages, mû à bras d'hommes, que représente la figure 6.

Les diverses coupes figurées font suffisamment comprendre la construction de ce four. La charge est de 4 000 à 6 000 kilogrammes de houille ; l'opération dure 72 heures. On brûle 6 hectolitres de coke de cornues par tonne de houille distillée. Le rendement en coke métallurgique est de 66 à 67 pour 100 de la charge; il dépend du reste de la nature de la houille soumise à la carbonisation. Le coût de construction d'un four, y compris sa part proportionnelle des appareils de broyage des houilles, chargement et défournement, peut varier de 12 000 à 15 000 francs.

Il existe à l'usine à gaz de la Villette-Paris quatre batteries comprenant ensemble 56 fours et desservies par 4 repoussoirs. Le saumon de coke qui sort du four est poussé entre des murettes dans des cases où s'effectue l'extinction, et il reçoit au fur et à mesure de sa sortie une mince nappe d'eau ; on le recouvre ensuite de poussier de coke que l'on arrose encore. L'étouffement dure 24 heures environ. Le coke obtenu est dur, brillant et sonore, de belle qualité métallurgique et sans pieds noirs.

PLANCHE V.

Fours à coke systéme Talabot. — Treuil repoussoir à deux têtes et à vapeur.

Dans les anciens fours à coke, comme ceux de boulanger, représentés planche III, la température nécessaire pour la carbonisation de la houille est produite dans la chambre même où celle-ci est enfermée et à la surface de la charge, par la combustion des gaz hydrocarbonés qui s'en dégagent et par celle d'une certaine proportion de la houille elle-même.

Dans le four Pauwels et Dubochet, la chambre de carbonisation est chauffée par l'extérieur et il ne se produit pas de chaleur à son intérieur.

Dans le four Talabot, comme dans la plupart des autres fours à coke, les gaz sortent de la chambre de carbonisation, plus ou moins brûlés et plus ou moins mélangés d'air atmosphérique, et ils sont dirigés par des carneaux de diverses formes et dispositions dans les intervalles de doubles parois qui existent sous la sole ou contre les parois de la chambre. Ils brûlent dans ces intervalles, soit seuls, soit mélangés avec de l'air introduit par des évents spéciaux, et chauffent les parois par l'extérieur.

Le four à coke représenté par les figures 1, 2, 3, 4, 5 a été imaginé par M. Léon Talabot pour les usines de Denain : il a été employé dans le bassin houiller du Nord et dans celui du Gard. L'air est introduit par de petites ouvertures situées sur la génératrice supérieure du four : les gaz circulent autour de la chambre de carbonisation, qui est chauffée latéralement et par dessous. On introduit la charge (4 000 kilogrammes environ) par une ouverture située à la voûte. La grande porte d'avant est fermée au moyen d'un cadre en fonte garni de briques réfractaires, qui se manœuvre à l'aide d'un treuil roulant. La plus grande des ouvertures postérieures est fermée par un bouclier en fonte placé à l'intérieur et qui peut glisser d'arrière en avant sur toute la longueur du four, lorsqu'on le tire avec des chaînes attachées à un cabestan placé devant la rangée de fours. La petite ouverture postérieure sert à régaler la charge avec un ringard et se ferme pendant la carbonisation. Celle-ci dure 48 ou 72 heures, suivant la nature du coke qu'on veut obtenir. Le rendement est assez bon, lorsque les fours sont en bon état. Le défournement se fait mécaniquement par traction, comme on vient de le voir.

Les fours Talabot ont l'inconvénient de coûter cher de construction et de produire un coke mal divisé, renfermant quelquefois un pied noir au centre de la chambre ; ils ne se prêtent pas à la carbonisation des mélanges un peu maigres. Aussi ces fours sont abandonnés maintenant pour des systèmes plus nouveaux et plus avantageux.

Les figures 6, 7 et 8 représentent un appareil de défournement employé avec des fours Knab dans l'usine de MM. Carvés et Cᵒ, au Marais, près Saint-Etienne : c'est un treuil repoussoir à vapeur. La double crémaillère en fer, à double effet, c'est-à-dire pouvant s'ajuster par chaque extrémité à un bouclier repousseur, est supportée dans toute sa longueur par un chariot en fonte à huit roues. Une plate-forme mobile sur des glissières porte un treuil à vapeur à engrenages, qui peut venir se placer à l'une ou à l'autre extrémité du chariot, suivant le côté par lequel on veut faire agir le repoussoir ; on la fixe avec des coins lorsque le treuil doit fonctionner. En arrêtant la plate-forme au milieu du chariot, de façon à embrayer deux roues d'angle qu'indique le dessin, on peut, au moyen de la vapeur, faire rouler le chariot parallèlement en avant et en arrière. Le mouvement de translation de la plate-forme s'obtient en ôtant les coins qui la fixent et en faisant fonctionner le treuil ; l'adhérence des pignons sur la double crémaillère fait glisser la plate-forme sur les glissières qui servent à la guider.

L'appareil est placé entre deux rangées parallèles de fours à coke et peut ainsi en desservir un très-grand nombre.

Le treuil à vapeur comprend trois arbres, dont le premier (celui sur lequel agit la bielle motrice) est placé à l'intérieur du dernier, qui porte les pignons agissant sur la crémaillère et qui est creux.

PLANCHE VI.

Treuil repoussoir à vapeur ou défourneuse pour fours à coke, système Dethombay.

Les deux figures de la planche VI, ainsi que les figures 5, 6 et 7 de la planche VII, représentent un système de *repoussoir mécanique à vapeur* qui est très-employé pour le défournement des fours à coke dits *belges* (systèmes Smet, Coppée, etc.) en Belgique et en Westphalie. L'appareil se compose d'un long chariot porté par deux trains, l'un à quatre roues, l'autre à deux roues. Le treuil à vapeur est complétement supporté par le train à quatre roues : il comprend une chaudière tubulaire et une petite machine verticale à fourreau munie d'une coulisse Stephenson. La bielle motrice agit sur l'arbre le plus élevé, qui transmet le mouvement, à l'aide d'un arbre intermédiaire et de deux paires d'engrenages, à l'arbre inférieur portant le pignon de commande de la crémaillère. Celle-ci, simple et en fer, repose

sur une série de rouleaux fixés au chariot. La chaudière est alimentée au moyen d'un injecteur Giffard.

Les vitesses différentes pour la marche en avant sous charge et la
marche en arrière à vide s'obtiennent au moyen de la coulisse. Le
chariot, avec tout le mécanisme, peut être déplacé parallèlement à
lui-même au moyen d'un treuil mû à bras d'hommes : l'emploi de
la vapeur pour ce mouvement transversal amène une complication
d'organes qui ne compense pas toujours l'utilité qu'on peut en
retirer.

La machine à vapeur développe une puissance de 8 chevaux environ quand elle agit pour le défournement, en faisant 75 à 100 tours
de volant par minute. Avec des fours de 7 mètres (ce qui correspond
à une course de crémaillère de 10 mètres) et des saumons de coke
de 2200 kilogrammes, le refoulement se fait en deux minutes ; en
comptant le temps nécessaire pour la rentrée de la crémaillère et
pour le passage d'un four à un autre, on peut défourner huit à dix
fours à l'heure, si le chargement s'effectue assez vite. La chaudière
ne consomme que 120 kilogrammes de houille pour le défournement
de cinquante fours. Avec un treuil mû à bras, il faudrait quinze
minutes et six hommes pour défourner le coke d'un four.

L'appareil pèse en tout 7700 kilogrammes environ. Voici ses
données principales :

Chaudière tubulaire timbrée à 5 atmosphères, et fonctionnant de 3 à 4 atmosphères effectives :

Surface de chauffe....................	$6^{m2},78$
Diamètre du corps cylindrique..........	$0^m,70$
Dimensions du foyer..................	$0^m,50$ sur $0^m,40$
Longueur du foyer	$1^m,05$
Longueur des tubes	$1^m,50$
Diamètre des tubes...................	$0^m,05$
Nombre de tubes.....................	25
Machine: Diamètre du cylindre vapeur	$0^m,250$
Course du piston.....................	$0^m,300$
Diamètre du fourreau.................	$0^m,176$

Rapport des engrenages................ 1 : 15
Diamètre du pignon de la crémaillère..... 0^m,320

Dans quelques usines, avec des fours de 9 mètres de longueur, fabriquant en quarante-huit heures des saumons de 3500 kilogrammes, la course de la crémaillère atteint jusqu'à 13 mètres.

PLANCHE VII.

Fours à coke système Smet.

Le four Smet appartient à la nombreuse famille des fours dits *belges*; il est un des plus anciens et un des meilleurs. Il est très-répandu dans les bassins houillers du Nord, de Charleroi, de Sarrebruck, de la Ruhr.

Les figures 1, 2, 3, 4 en indiquent complétement les dispositions.

Les gaz sortent de la chambre de carbonisation par deux ouvertures situées au sommet de la voûte, et viennent, en deux courants distincts, chauffer d'abord une des parois verticales au moyen de deux carneaux horizontaux, puis la sole au moyen de deux autres carneaux, pour s'échapper ensuite par deux cheminées placées au milieu de la longueur du four. Les façades latérales d'un massif de fours sont soutenues par des armatures en fonte dans lesquelles on remarque des ouvertures rectangulaires destinées au nettoyage des espaces vides qui existent entre les parois de deux fours contigus.

Quelquefois ces armatures sont réduites à des châssis qui forment en même temps les dormants des portes, ainsi que l'indiquent les deux figures 3 et 4. On économise ainsi la fonte et le fer.

On charge dans chacun des fours figurés, existant dans un charbonnage belge, 1800 ou 2200 kilogrammes de houille, suivant que l'opération doit durer vingt-quatre ou quarante-huit heures : le rendement diffère peu du rendement théorique. Le prix de la main-d'œuvre complète, c'est-à-dire avec le service des broyeurs à charbon, est de 1 franc par tonne de coke environ.

On construit aussi des fours Smet de dimensions notablement plus grandes (longueur, 7^m,50; largeur moyenne, 0^m,55; hauteur des pieds-droits, 1^m,60, par exemple), dans lesquels on charge jusqu'à 5500 kilogrammes de houille pour la carbonisation en quarante ou quarante-huit heures.

Le coût des fours Smet varie, avec leurs dimensions, depuis 1000 francs jusqu'à 2500 francs.

Voici les frais d'établissement, en 1864, d'une usine belge des environs de Charleroi, produisant 72 tonnes de coke par vingt-quatre heures avec quarante-deux fours (charge de 2400 kilogrammes) accompagnés d'un appareil de broyage pouvant pulvériser 120 tonnes de houille en dix heures de travail, mû par une machine de 12 à 15 chevaux.

Quarante-deux fours complets, y compris fondations et voies ferrées de chargement...................... 40000 fr.

Machine motrice, chaudière, broyeur, bâtiment de la machine et hangar pour le broyeur................... 25000

Treuil à défourner et sa voie ferrée, quatre wagons de chargement, conduite d'eau avec réservoir pour l'extinction du coke................................ 10000

TOTAL............. 75000 fr.

Les fours dits *belges* présentent une variété infinie de dispositions pour les carneaux de circulation des gaz enflammés, mais le chargement et le défournement s'opèrent toujours comme pour les fours Smet. Dans les fours Carvés, d'invention plus récente, les gaz produits par la distillation de la houille s'échappent à la voûte du four par des conduites métalliques qui les dirigent dans des appareils de condensation où ils déposent leur goudron et leur ammoniaque, dont on tire parti, et d'où ils reviennent pour être introduits, au moyen d'ajutages ou brûleurs spéciaux, au-dessous de la sole du four, pour de là circuler dans les carneaux des pieds-droits.

PLANCHES VIII ET IX.

Fours à coke, système Smet modifié par M. Buttgenbach.

On rencontre en Belgique et en Westphalie surtout un grand
nombre de fours à coke dits *belges,* qui, au premier abord, ressemblent beaucoup aux fours Smet ; mais ils en diffèrent par le mode de
sortie des gaz hors de la chambre de carbonisation et par leur mode
de circulation contre les parois et au-dessous de la sole. Les planches VIII et IX représentent des fours qui sont employés avec succès
depuis plus de dix ans dans l'usine de Heerdt, près Dusseldorf, que
dirige M. Buttgenbach, fours dont la construction a été étudiée
avec grand soin, tant en ce qui concerne les modèles de briques qu'en
ce qui touche aux dimensions des carneaux.

Dans chaque four la sortie des gaz se fait à la naissance de la voûte
par onze ouvertures disposées du même côté sur la moitié de la longueur du four, et alternativement du côté large et du côté étroit. Les
gaz chauffent d'abord la moitié de la longueur du pied-droit ; puis
ils descendent sous la sole, qu'ils parcourent dans deux carneaux,
pour venir ensuite monter derrière l'autre moitié de la longueur du
pied-droit et s'échapper dans un grand carneau collecteur horizontal
situé au milieu du massif des fours. Ce carneau les conduit soit à
une cheminée générale, soit au-dessous des chaudières à vapeur chauffées par la chaleur perdue.

La construction est très-soignée : les briques à languettes et celles
à épaulement qui sont employées assurent l'étanchéité des carneaux et la bonne marche des courants gazeux. Les carneaux où
circulent les gaz ont une section qui doit être, d'après M. Buttgenbach, environ un soixante-quatrième de la section horizontale du
four. Les dessins expliquent suffisamment cette construction, sans
qu'il soit nécessaire de la détailler ici.

On charge dans chacun de ces fours 5 000 kilogrammes de houille
tout venant, renfermant même des gaillettes de 10 à 15 kilogrammes,

ou, ce qui est préférable, 6 000 kilogrammes de houille menue tamisée. La carbonisation se fait en trente-six heures. Le rendement en coke obtenu est de 76 pour 100, c'est-à-dire qu'avec 5 000 kilogrammes de houille tout venant on obtient 3 800 kilogrammes de coke. Les frais de fabrication sont extrêmement réduits : ils ne dépassaient pas 0 fr. 60 par tonne de coke (en 1867), y compris le déchargement de la houille et l'entretien de la défourneuse à vapeur. Le coût d'un four varie de 3 000 à 3 500 francs.

PLANCHE X.

Fours à coke système Coppée.

Un constructeur belge, M. Coppée, a imaginé dans ces dernières années un système de four qui est particulièrement approprié à la carbonisation des houilles maigres.

Les chambres de carbonisation sont longues et étroites ; le prisme de houille n'a que $0^m,45$ d'épaisseur et sa longueur atteint 9 mètres. On charge au moyen de trois trémies et on défourne mécaniquement au moyen d'un repoussoir à vapeur.

Les trente fours ou chambres de carbonisation, qui composent ordinairement une batterie, sont disposés par paires. Les gaz sortent de chaque four par vingt-huit orifices disposés sur l'un des côtés à la naissance de la voûte ; ils descendent par des conduits verticaux ménagés dans l'épaisseur de la paroi qui sépare deux fours. Les gaz de deux fours conjugués, A et B, chauffent ainsi les deux parois verticales du four A et une des parois seulement du four B, puis ils viennent se réunir sous la sole du four A pour passer ensuite sous la sole du four B, d'où ils s'échappent dans un carneau général souterrain, qui les conduit à la cheminée, ou dans les carneaux d'une chaudière à vapeur, si on utilise leur chaleur perdue à la production de la vapeur.

Si l'on suppose que les fours soient défournés après quarante-huit heures de cuisson, le four A est défourné vingt-quatre heures après l'enfournement du four B, afin que les flammes de celui-ci chauffent le four voisin pendant l'enfournement et le défournement, et réciproquement. La flamme du four B enflamme les gaz du four A, et ainsi alternativement.

L'air qui est destiné à effectuer la combustion des gaz arrive par un double conduit pour chaque four et se chauffe dans son parcours à travers ces maçonneries réfractaires. L'un des conduits amène l'air chaud par des fentes dans le four lui-même ; l'autre amène l'air dans les conduits verticaux. De petits registres permettent de régler l'admission de l'air dans chacun des doubles conduits.

Une autre particularité des fours Coppée est l'existence de carneaux à circulation d'air froid au-dessous des fours eux-mêmes. Cet air froid empêche que la chaleur n'attaque les briques des fondations. On règle sa circulation au moyen de cheminées spéciales.

Les fours sont couverts par une forte épaisseur de remblai qui conserve leur chaleur.

Les fours Coppée, dont les dimensions sont toujours à peu près celles indiquées au dessin, coûtent de 2500 à 2750 francs l'un et ils produisent de 1800 à 2200 kilogrammes de coke par vingt-quatre heures, suivant la nature des charbons et leur degré d'humidité. Le rendement se rapproche de celui du creuset, et les frais de main-d'œuvre sont environ 1 fr. 40 par tonne de coke, non compris 1 franc d'entretien et de consommations diverses.

PLANCHES XI, XII, XIII.

Fours à coke système Appolt, à dix-huit compartiments.

Le système de fours à coke inventé par MM. Appolt frères s'est assez rapidement répandu et on le trouve employé maintenant dans un grand nombre de houillères et pour les charbons des natures les plus diverses, par exemple aux houillères de Sarrebruck, de Blanzy, du Creusot, de Portes, aux usines de Commentry, d'Aubin, etc.

Le four dont les planches XI, XII et XIII représentent l'ensemble et les détails est le type à dix-huit compartiments, adopté maintenant par MM. Appolt pour la plupart de leurs constructions.

Les dix-huit compartiments forment comme dix-huit cornues verticales à section rectangulaire qui sont soutenues en deux rangées parallèles sur une série de sommiers en fonte placés transversalement aux galeries de défournement. Le chargement s'effectue pour chaque compartiment par une *bouche de chargement* carrée ouvrant sur la plate-forme du four. La houille qui compose la charge est soutenue par une porte battante ou *fond mobile* formant la base inférieure de la cornue ; elle en est séparée par une couche de poussier de coke : le fond mobile est muni d'un loquet qui, en s'engageant dans deux gâches, maintient la fermeture.

La houille enfermée dans un des compartiments dégage des gaz combustibles qui s'échappent par des ouvertures ménagées dans les parois en divers points et qui viennent se mélanger avec les gaz des autres compartiments pour remplir les *espaces vides* existant tant entre les compartiments qu'autour d'eux et formant la grande chambre intérieure du four. La combustion de ces gaz est opérée par l'air extérieur qu'on introduit au moyen d'*évents* disposés en trois rangées sur les grandes faces du four et munis de petits registres en tôle. Les compartiments se trouvent chauffés indistinctement à une haute température par cette combustion. Une fois brûlés, les gaz s'échappent par seize ouvertures distribuées au nombre de quatre sur chacune des grandes arêtes horizontales de la chambre de combustion. Dans la partie supérieure de chaque face longitudinale du massif se trouvent deux cheminées traînantes divisées en deux tronçons et aboutissant à deux cheminées verticales cloisonnées construites sur les angles, ainsi qu'on le voit pl. XI, fig. 2, 3, 6. Le tirage pour tout le four s'effectue donc par quatre cheminées placées aux quatre angles, divisées chacune en deux par une cloison, et recevant chacune les gaz qui sortent par quatre des seize ouvertures ; seize *registres* sont installés sur les carneaux qui font communiquer ces ouvertures avec les cheminées traînantes, afin qu'on puisse par leur moyen bien régler la distribution de la chaleur dans la chambre de combustion. Deux rangs de *regards* sur les faces latérales, l'un en haut, l'autre en bas de cette chambre, servent à surveiller la température; sept autres regards sur chaque petite face du massif servent au nettoyage des cheminées traînantes et des espaces vides.

Pour défourner, on décroche le loquet et on empêche d'abord l'ouverture du fond mobile en agissant sur son axe au moyen d'une *clef* et d'un *levier* figurés planche XI, fig. 13 et 14 : la clef traverse les façades latérales du four dans un tuyau en fonte également indiqué. Lorsque le wagon de défournement se trouve amené au-dessous de la cornue, on lâche le levier, le fond mobile s'ouvre et le coke tombe dans le wagon, guidé par les plaques dessinées planche XI, fig. 20.

Les figures 7, 8, 9, pl. XIII, fournissent divers détails de ce wagon de défournement, en tôle doublée de briques réfractaires. On y éteint le coke au moyen d'une aspersion abondante d'eau, et on va ensuite le culbuter sur le *déversoir*, ainsi que le montre la figure 1.

Les trois planches consacrées à ce système de four donnent un grand nombre de détails.

Outre ceux déjà indiqués ci-dessus, on trouve :

Pl. XI, fig. 8, le cadre en fonte qui sert à armer *les bouches de chargement ;*

— fig. 9, 10, 11, 12, 18, les diverses parties du *fond mobile* d'un compartiment;

— fig. 15, 16, 17, un des *registres* qui servent à régler le tirage des quatre cheminées verticales qui puisent les gaz brûlés au bas de la *chambre de combustion ;*

— fig. 29, la coupe d'une des poutres en fonte qui soutiennent les compartiments;

Pl. XII, fig. 3, 4, 5, la garniture d'un des regards qui servent au nettoyage des carneaux et espaces vides ;

— fig. 6, 7, 8, la garniture d'une des ouvertures qui servent à la manœuvre des registres inférieurs ; .

Pl. XII, fig. 9, la garniture en fonte d'un des *évents* qui servent à l'entrée de l'air dans la chambre de combustion ;

— fig. 10, le masque en bois muni d'un verre avec lequel l'ouvrier se protége la figure contre la chaleur rayonnante en regardant de bas en haut dans un compartiment ouvert pour vérifier son bon état ;

— fig. 11, le chapeau en fer-blanc dont il se sert pour pénétrer dans la galerie au-dessous d'un compartiment ouvert ;

— fig. 12, 13, les pièces qui servent à l'établissement de la grille provisoire dans chaque compartiment pour la mise en feu ;

Pl. XIII, fig. 1, le *déversoir* curviligne sur lequel on culbute le wagon de défournement, ainsi que la fosse qui contient le truc roulant ;

— fig. 2, 3, 4, 5, 6, le *truc* qui sert au transport latéral du wagon de défournement ;

— fig. 7, 8, 9, 10, 11, 12, divers ensembles et détails du wagon de défournement ;

— fig. 13, le *fer à cheval* qui sert à fixer le wagon de défournement sur le truc roulant en calant les roues ;

— fig. 14, 15, 16, 17, divers ensembles du wagon de chargement pour le poussier de coke avec un détail du registre-tiroir.

On voit, pl. XII, fig. 1 et 2, le wagon de chargement pour la houille.

Aux houillères de Blanzy, un four à dix-huit compartiments reçoit une charge de 306 hectolitres, soit 24 000 kilogrammes de houille, sans compter 36 hectolitres environ de cendres et de poussier pour couvrir les fonds mobiles. L'opération dure exactement vingt-quatre heures et on obtient 17 300 kilogrammes de coke. En tenant compte des quantités d'eau que renferment la houille enfournée (5 pour 100) et le coke défourné et éteint (10 pour 100), on trouve que le rendement de la houille en coke est à peu de chose près celui que fournit le creuset (68 $\frac{1}{2}$ pour 100).

Pour que la conduite du four Appolt soit facile et pour que sa température soit assez élevée pour une bonne carbonisation, il faut que le mélange qu'on charge renferme au moins à peu près 20 pour 100 de matières volatiles en poids, la houille étant supposée sèche. D'autre part, pour que le défournement s'effectue aisément et pour que le four dure longtemps, il ne faut pas que les houilles à carboniser soient trop foisonnantes, parce qu'alors le prisme de coke a trop de tendance à s'arc-bouter dans le compartiment.

Le coût de construction d'un four à dix-huit compartiments est environ de 50 000 francs. Dans une houillère française, les frais de fabrication du coke s'élèvent, en comprenant le mélangeage et le broyage des houilles et l'entretien des fours, à 2 fr. 15 par tonne de coke défourné.

DEUXIÈME PARTIE

FABRICATION DE LA FONTE

HAUTS FOURNEAUX

Hauts fourneaux au charbon de bois.

Dans cette planche se trouvent rapprochés deux hauts fourneaux très-dissemblables : l'un ancien, montrant le système de construction adopté autrefois en France pour la plupart des hauts fourneaux, l'autre montrant au contraire un type de construction plus récente.

Les figures 1 à 9 fournissent divers dessins d'ensemble et de détail du haut fourneau de Banca (Basses-Pyrénées). Ce haut fourneau travaillait au charbon de bois avec des minerais spathiques et des hématites brunes ; les gaz du gueulard n'étaient pas utilisés ; le chargement se faisait au moyen de paniers. La tour, pyramidale, carrée, était construite en pierres de taille ; le creuset et les étalages étaient en grès très-réfractaire et la cuve en grès ordinaire. Le creuset et l'ouvrage avaient une section rectangulaire. Il était soufflé à l'air froid par deux tuyères. Sa production était de 4 à 5 tonnes de fonte par vingt-quatre heures, avec une consommation par tonne de fonte truitée de 2 336 kilogrammes mine, 1 115 kilogrammes charbon de hêtre et 197 kilogrammes castine.

Les figures 10 et 11 représentent un haut fourneau dit *léger,* du type qu'on appelle en Angleterre *haut fourneau cubilot.* Il a été projeté vers 1862, pour le bassin de la Moselle, par MM. Thomas et Laurens. La sole, le creuset et l'ouvrage carrés sont en pierres poudingues d'Huy. Les étalages sont en pisé réfractaire. La chemise de la cuve est en briques réfractaires : elle repose, ainsi que toute la tour, sur une corniche en pierres d'Huy qui s'appuie elle-même sur des marâtres courbes supportées par huit colonnes en fonte. La tour ne se compose que d'une paroi d'une longueur de brique séparée de la chemise par un intervalle rempli de laitiers concassés, et de l'enveloppe en tôle qui maintient le tout, par un autre intervalle semblable. La paroi en briques demi-réfractaires est percée de petits évents pour faciliter le séchage.

Ce haut fourneau est muni d'une prise de gaz à trémie conique avec couvercle à joint hydraulique. L'ouvrage est entouré extérieurement d'une enveloppe en tôle et de cercles qui le consolident. Il est essentiel que la fondation des colonnes soit solide et à l'abri des corrosions dues à la fonte ou aux laitiers, afin d'éviter tout danger de tassements obliques.

PLANCHE XV.

Haut fourneau au coke, système belge.

Les diverses figures de cette planche donnent l'ensemble et les détails d'un haut fourneau au coke qui, construit vers 1854 à l'usine de Ruhrort (Westphalie), a fonctionné jusqu'à son remplacement par des appareils plus grands. Il fournit un bon exemple du type de construction qu'on trouve encore dans beaucoup d'usines de Belgique et de la Prusse rhénane.

La tour, pyramidale carrée, est en briques ordinaires. Les figures 1, 2 et 7 en font comprendre la construction et les armatures. La chemise, en briques réfractaires, est double; les figures 3 et 4 indiquent son appareillage. Elle repose sur une partie de la tour qui est en petites briques réfractaires et qui est reliée à la masse des briques ordinaires au moyen de sept étages de marâtres plates en fonte et d'un étage inférieur formé par quatre grosses marâtres également en fonte.

Les étalages, l'ouvrage et le creuset sont indépendants du reste de la maçonnerie. Les figures 5 et 6 indiquent l'appareil des briques réfractaires qui forment les étalages.

Les figures 8 à 15 de la planche XV et les figures 16 à 19 de la planche XVI indiquent l'appareil complet de la sole, du creuset et de l'ouvrage en grosses briques réfractaires.

La figure 20, pl. XVI, donne les dimensions d'une des briques qui composent la fausse chemise.

Les grosses briques de l'ouvrage et du creuset sont enfermées dans une maçonnerie extérieure en petites briques réfractaires qui est destinée à consolider l'ensemble et à empêcher le refroidissement extérieur.

Ce système de construction, lourd et coûteux, est à peu près abandonné maintenant : il a de plus l'inconvénient de ne permettre que très-difficilement les réparations.

Le haut fourneau de Ruhrort produisait environ 15 tonnes de fonte de moulage par vingt-quatre heures.

PLANCHE XVI.

Haut fourneau au coke, à tour ronde en briques.

Le haut fourneau représenté sur cette planche appartient à un type de construction très-répandu dans les usines à fonte du bassin de la Loire et du bassin du Rhône.

La tour tronc-conique est en briques ordinaires et armée au moyen de cercles en fer plat. La plate-forme du gueulard est agrandie au moyen d'un petit plancher reposant sur un encorbellement en fer très-léger. Les embrasures sont voûtées. Le parement intérieur de la tour est en briques demi-réfractaires.

La chemise de la cuve, en briques réfractaires, repose sur une banquette ménagée dans la tour, par l'intermédiaire de marâtres courbes en fonte. Les étalages, partiellement soutenus par quatre marâtres et des piliers en fonte, reposent sur l'ouvrage qui est indépendant de la tour. Celui-ci est consolidé par quatre piliers de remplissage en maçonnerie demi-réfractaire qui l'arc-boutent contre les piliers de cœur de la tour.

La sole en briques réfractaires à joints croisés repose sur un grillage et une couche de sable.

La maçonnerie de la tour est drainée pour le séchage au moyen de quatre cheminées d'aérage et d'une série de carneaux circulaires et rayonnants, débouchant seulement au dehors.

Ce fourneau est muni d'une prise de gaz à trémie conique ; le chargement se fait au moyen d'un wagon circulaire à clapets de fond.

Ce haut fourneau était en 1857 le numéro 1 de l'usine de Saint-Louis près Marseille. Sa capacité intérieure était 90 mètres cubes environ et il produisait en vingt-quatre heures 16 tonnes de fonte très-grise en traitant un mélange de minerais oligistes et hydratés de l'île d'Elbe et d'Espagne, rendant 58 pour 100 environ. Sa consommation de coke par tonne de fonte était 1 400 kilogrammes environ. Il était soufflé par deux tuyères seulement.

PLANCHE XVII.

Hauts fourneaux au coke, système Thomas et Laurens.

Le haut fourneau représenté sur cette planche appartient au système de construction adopté par MM. Thomas et Laurens, notamment pour plusieurs hauts fourneaux au coke de la Moselle et de la Meuse.

La tour ronde, presque cylindrique, est en maçonnerie de briques ordinaires, avec les arêtes des embrasures en pierre de taille : elle est armée au moyen de cercles en fer; le ciel de l'embrasure de coulée est formé de poutres en fonte nervées juxtaposées. La chemise de la cuve en briques réfractaires repose sur une rangée circulaire de huit colonnes placées en dedans de la tour ; ces colonnes supportent aussi les étalages au moyen de consoles venues de fonte. L'ouvrage, le creuset et la sole sont en pierre réfractaire taillée ; l'ouvrage et le creuset sont armés extérieurement d'une enveloppe de tôle. La sole repose sur une couche de sable et sur un grillage.

Ce fourneau est muni d'une prise de gaz à trémie conique et le gueulard est fermé au moyen d'un couvercle à joint hydraulique tournant autour d'un axe muni de contre-poids. La plate-forme du gueulard est élargie au moyen d'un plancher reposant sur un encorbellement en fonte.

Il est soufflé par trois tuyères et peut produire jusqu'à 25 000 kilogrammes de fonte blanche en vingt-quatre heures en traitant les minerais du pays, qui rendent 31 à 32 pour 100.

PLANCHE XVIII.

Haut fourneau au coke sur double colonnade en fonte.

Dans le système de construction représenté sur cette planche, la base en maçonnerie de la tour a été supprimée et remplacée par une seconde colonnade concentrique et extérieure à celle qui porte la chemise réfractaire. L'enveloppe en briques ordinaires, qui forme la tour, repose sur cette colonnade par l'intermédiaire d'un entablement en fonte formé de deux couronnes concentriques, disposition qui a pour but d'éviter les ruptures pour cause de différence de dilatation, qui pourraient survenir avec une couronne trop large, fondue d'une seule pièce. La chemise réfractaire de la cuve, double, repose de même au moyen d'une double couronne sur la colonnade intérieure. Les étalages, le creuset et l'ouvrage en briques réfractaires reposent sur la sole, qui est fondée sur une couche de sable quartzeux desséché.

Ce système de construction, adopté pour un certain nombre des hauts fourneaux du Creusot, ressemble beaucoup au système anglais. Il en diffère cependant par l'absence d'une enveloppe de tôle et la plus grande épaisseur des maçonneries. Il présente, comme le système anglais, des avantages importants au point de vue de la facilité du travail des fondeurs et des réparations à la sole, au creuset et à l'ouvrage que l'on peut atteindre sur tous les points de

leur pourtour. L'emploi de la colonnade double exige particulièrement que les fondations soient faites avec le plus grand soin, de
façon à éviter des différences de tassement qui pourraient amener
l'inclinaison des colonnes et la ruine de la construction.

On obtient dans ces fourneaux 30 à 32 tonnes de fonte blanche
par vingt-quatre heures, en traitant des lits de fusion dont la
richesse en fer varie de 26 à 30 pour 100. Ils sont munis d'une
prise de gaz à trémie.

PLANCHE XIX.

Haut fourneau au coke sur cadres-colonnes en fonte, avec prise de gaz centrale.

Dans le haut fourneau représenté sur notre planche, la tour en
briques ordinaires, ainsi que le revêtement réfractaire de la cuve,
reposent sur un plancher polygonal formé de poutres en fonte à T.
Ce plancher est supporté en dessous par huit bâtis verticaux ou
cadres colonnes ; les deux bâtis qui forment les côtés de l'embrasure de coulée sont plus espacés et ont une autre forme que les six
autres. Les poutres à T du plancher s'assemblent avec les bâtis de
manière à en empêcher le renversement ; on avait aussi disposé
des entretoises en fonte pour contreventer le système, mais l'usage
a montré qu'elles sont inutiles.

Ce haut fourneau est construit en briques réfractaires siliceuses,
de petite dimension, dont l'appareillage est indiqué, et dont la
figure 4 indique le nombre et les dimensions. La sole est en pierre
poudingue d'Huy.

La plate-forme du gueulard est très-légère, car les wagons circulaires qui servent au chargement roulent seulement sur deux files
de rails établis sur le pont et en travers du gueulard.

Le gueulard est fermé par un couvercle à joint hydraulique,
suspendu à l'extrémité d'un balancier oscillant et pivotant, muni
d'un contre-poids mobile. Les gaz sont recueillis par un cône

suspendu au centre des charges au moyen de deux bras creux, par lesquels ils se dirigent d'une part vers le bas du fourneau pour les appareils à air chaud, d'autre part au-dessus du gueulard, pour les chaudières à vapeur. Les figures 3 et 3 *bis* indiquent ces détails.

Le fourneau est soufflé par trois tuyères, dont les axes sont placés à peu près à 120 degrés les uns des autres. La conduite annulaire de vent, aérienne, est soutenue par de petites consoles boulonnées aux cadres-colonnes, et les porte-vents bottes sont de construction très-simple. La tympe est à eau, de même que les bâches sous les tuyères.

La production en vingt-quatre heures était de 34 à 35 tonnes de fonte grise, la consommation de coke étant de 1 300 kilogrammes environ par tonne de fonte et le rendement des minerais, 57 pour 100 environ.

La construction a coûté 52 000 francs.

PLANCHE XX.

Haut fourneau au mélange de coke et de houille,
sans prise de gaz.

Ce haut fourneau, qui fonctionne en consommant un mélange de coke et de houille crue, dans l'usine de Russell's Hall, près Dudley (Staffordshire, Angleterre), appartient au type de construction que les Anglais appellent *cupola furnace* ou *haut fourneau cubilot*.

La chemise réfractaire de la cuve, le revêtement en briques ordinaires et l'enveloppe extérieure en tôle reposent, par l'intermédiaire d'une couronne en fonte, sur dix montants verticaux également en fonte, qui forment une rangée circulaire autour du creuset. Les étalages, l'ouvrage et le creuset sont supportés par la sole, qui est aussi en briques réfractaires.

Le haut de la tour supporte une plate-forme en tôle où aboutit le pont de chargement et où circulent les brouettes avec lesquelles se fait la charge. Celle-ci est introduite dans le fourneau par six ouvertures munies de glissoirs, qui conduisent les matières presque au centre du fourneau, disposition assez imparfaite, qui aurait des résultats fâcheux avec des minerais moins facilement réductibles que les carbonates grillés du Staffordshire. Les gaz du gueulard ne sont pas utilisés.

Le fourneau est soufflé par cinq tuyères, au moyen d'une conduite annulaire qui en fait le tour et est supportée par les montants en fonte. De cette conduite générale descendent cinq porte-vents bottes qui amènent l'air aux tuyères.

Autour du fourneau, est aussi une conduite d'eau circulaire qui alimente la tympe à eau, les tuyères et les bâches de refroidissement plaquées contre la maçonnerie réfractaire.

Il produit 30 à 35 tonnes de fonte grise par vingt-quatre heures, avec des minerais grillés rendant 48 pour 100, en consommant par 1 000 kilogrammes de fonte 1 250 kilogrammes environ de combustible (huit neuvièmes coke et un neuvième houille).

PLANCHE XXI.

Haut fourneau au coke sur colonnes, avec enveloppe de tôle et appareil de chargement de Hoff.

Cet appareil existe dans la grande usine d'Oberhausen, située dans le bassin houiller de la Ruhr, en Westphalie. Il est établi d'après un type de construction qui s'est beaucoup répandu depuis les dernières années tant en Allemagne qu'en Angleterre.

Le haut fourneau repose sur une seule rangée circulaire de sept colonnes en fonte. La chemise réfractaire est séparée par un intervalle de 5 centimètres de l'enveloppe en briques demi-réfractaires, et celle-ci est également séparée par un vide de l'enveloppe de tôle. La plate-forme du gueulard et le pont de chargement qui réunit les plates-formes des hauts fourneaux composant une même rangée, reposent sur des consoles rivées à l'enveloppe de tôle.

L'ouvrage est percé pour six tuyères ; il est solidement armé par des cercles en fer et défendu contre la corrosion par des bâches à eau. Le vent arrive par des porte-vents bottes, depuis la conduite annulaire suspendue à l'entablement de la colonnade. Un auvent en tôle, fixé à cet entablement, protége contre la pluie les ouvriers et les abords du creuset.

Le chargement se fait par le système dit *cup and cone;* le cône fonctionne dans une partie cylindrique de la cuve, où les parois sont défendues par des plaques de fonte contre l'usure résultant du choc des matières au moment de la descente du cône. Les gaz sortent par le sommet du cône et se rendent, au moyen d'un joint à garde hydraulique, dans la conduite qui les emmène, au bas du fourneau, dans un grand laveur placé sur le réservoir à vent. Cette disposition a été employée pour la première fois à l'usine de Hoerde (Westphalie), par M. de Hoff, alors ingénieur des hauts fourneaux de cette usine.

PLANCHE XXII.

Hauts fourneaux au coke, systéme Buttgenbach frères.

La figure 1 représente le haut fourneau n° 3 de l'usine de Saint-Louis, près Marseille, après une reconstruction sur le type imaginé par MM. Buttgenbach, de Neuss. Il a été établi sur les mêmes cadres-colonnes en fonte qui servaient pour un précédent fondage, dans lequel la hauteur du fourneau était beaucoup moindre ; seulement ces cadres-colonnes ont été surmontés de hausses également en fonte. La légère plate-forme du gueulard est soutenue par huit colonnettes en fonte reposant sur les hausses. Le haut fourneau est soufflé par quatre tuyères ; la conduite de vent annulaire a été placée entre la maçonnerie des étalages et les cadres en fonte, position fâcheuse en ce qu'elle gêne pour les réparations d'étalages. Deux étages de fausses tuyères à eau servent à rafraîchir les étalages et à empêcher leur déformation. Le chargement des matières

3

au gueulard se fait au moyen d'un appareil *cup and cone*, système de Hoff, dans lequel les gaz sortent par un tuyau situé dans l'axe du fourneau.

La production de ce haut fourneau est de 45 à 48 tonnes par jour de fonte grise, avec un lit de fusion (minerai) dont la richesse est de 55 à 58 pour 100. Sa construction a coûté 75 000 francs environ.

La figure 2 représente le haut fourneau n° 2 de l'usine de Neuss (Westphalie), dirigée par M. F. Buttgenbach; c'est le premier haut fourneau construit dans ce système. Il a été mis en feu en novembre 1865 et fonctionnait encore dans d'excellentes conditions en octobre 1874, lorsque la situation des affaires amena son extinction. La chemise réfractaire est assise sur une base en maçonnerie de briques rouges, percée de six embrasures et laissant un large espace pour la circulation autour du creuset. L'ouvrage et les étalages sont munis de bâches à eau rafraîchissantes. Le gueulard est ouvert et muni d'une trémie en tôle plongeant dans les charges; on vide les combustibles et minerais à la brouette, par les ouvertures de la cheminée en tôle qui entoure le gueulard; les gaz s'échappent par des ouvertures à la circonférence et par un tuyau central suspendu, pour venir descendre, par cinq colonnes creuses en tôle, dans un lavoir circulaire également en tôle, posé sur la base du fourneau, et d'où ils se dirigent vers les appareils de combustion. Ces mêmes colonnes en tôle servent à soutenir la plateforme du gueulard, qui est indépendante de la maçonnerie, de sorte que la dilatation de celle-ci s'opère sans difficulté.

Ce haut fourneau, marchant en fonte grise de moulage, produisait 42 tonnes par vingt-quatre heures avec une consommation de 1 275 à 1 300 kilogrammes de coke, 2 730 kilogrammes de minerai et 880 kilogrammes de castine par 1 000 kilogrammes de fonte. En allure de fonte d'affinage, il produisait 46 tonnes par vingt-quatre heures avec une consommation de 1 100 kilogrammes de coke, 2 780 kilogrammes de minerai et 785 kilogrammes de castine par 1000 kilogrammes de fonte. Il était ordinairement soufflé par cinq

buses de 67 millimètres, avec du vent dont la pression était 15 centimètres de mercure et la température 400 degrés environ. Pendant
certaines périodes d'abondance de vent, la production s'est élevée
jusqu'à 55 tonnes par vingt-quatre heures avec six buses, l'allure
étant encore meilleure.

Sa construction a coûté environ 75 000 francs.

PLANCHES XXIII ET XXIV.

Haut fourneau au coke, système Buttgenbach, sur cadres-colonnes en fonte, avec appareil Chadeffaud.

Ces deux planches représentent le haut fourneau n° 5, de l'usine
d'Anzin, construit et mis en feu en 1869, et produisant en vingt-
quatre heures 47 à 48 tonnes de fonte grise de forge, avec un lit
de fusion rendant environ 30 pour 100, castine comprise.

Le haut fourneau repose sur six cadres-colonnes, réunis à leurs
sommets par une plate-forme en fonte. Six colonnes en tôle servent
à la descente des gaz et en même temps à soutenir la plate-forme
du gueulard. Celle-ci est reliée par une passerelle métallique soutenant une toiture légère, avec le bâtiment dans lequel se trouve le
monte-charge hydraulique à balance d'eau.

Il est muni au gueulard d'une trémie cylindrique en tôle ; les gaz
s'échappent entre la trémie et la maçonnerie et sortent par six
ouvertures correspondant avec des tubulures obliques des colonnes ;
dans chaque tubulure se trouve un clapet qui peut être fermé quand
le haut fourneau est arrêté. Le chargement des matières premières
se fait au moyen d'un appareil Chadeffaud ; le dessin représente cet
appareil dans la position qui correspond à l'introduction de la charge
de minerais, le distributeur tronc-conique étant abaissé ; pour
introduire la charge de coke, on élève ce distributeur au moyen
du balancier à contre-poids, de sorte que le coke, chargé toujours
sur la pointe du cône fixe, se trouve réparti surtout dans le voisinage du centre du gueulard.

Les étalages et l'ouvrage sont munis de plaques rafraîchissantes en fonte, à circulation d'eau. La conduite annulaire de vent est souterraine et assez éloignée du fourneau, qui est soufflé par cinq tuyères.

Ce haut fourneau, dont la construction avait coûté 140 000 francs environ, a été mis hors feu en 1874, pour réparation de la chemise réfractaire, après avoir produit plus de 74 000 tonnes de fonte.

PLANCHE XXV.

Haut fourneau à poitrine fermée (Blauofen).

Le haut fourneau de Mulheim-sur-Rhin, que figure cette planche, présente une particularité remarquable : la suppression de l'avant-creuset.

Il est soufflé par quatre tuyères ; son creuset présente un trou de coulée et deux tuyères à laitiers, dont une seule fonctionne ordinairement. Les tuyères à laitiers ne sont pas en fonte, avec serpentin en fer à circulation d'eau, comme M. Lurmann les a imaginées ; mais ce sont de petites pièces de bronze à circulation d'eau, disposées elles-mêmes dans le museau d'une fausse tuyère également en bronze et à circulation d'eau. Cette modification, due à M. Gericke, directeur de l'usine de Mulheim, fonctionne très-commodément.

Le haut fourneau est à enveloppe de tôle ; il est supporté sur huit paires de colonnettes creuses en fonte. Entre les deux rangées concentriques de colonnettes, se trouve la conduite annulaire de vent, à laquelle s'assemblent en dessous les quatre porte-vents boîtes à crémaillère. A l'intérieur, les colonnettes supportent la conduite en fonte qui fournit l'eau forcée aux tuyères ; l'eau échauffée s'échappe dans des entonnoirs venus de fonte aux colonnes, et va s'écouler par leur pied dans un caniveau extérieur.

Le chargement des matières et la prise des gaz se font avec un appareil *cup and cone,* système de Hoff. La chemise réfractaire est doublée intérieurement, aux abords du gueulard, d'un cuvelage en tôle pour empêcher l'érosion des briques par le choc des matières.

Il y a un espace vide entre la maçonnerie réfractaire et la maçonnerie demi-réfractaire qui l'enveloppe, et un autre espace plus petit entre la maçonnerie demi-réfractaire et l'enveloppe en tôle. Une rangée de fausses tuyères, à circulation d'eau, sert à empêcher la corrosion de l'angle que forme l'ouvrage avec les étalages.

Ce fourneau produit 30 à 35 tonnes de fonte blanche lamelleuse, avec des lits de fusion rendant 30 pour 100 environ, castine comprise.

Les hauts fourneaux à poitrine fermée sont très-employés maintenant dans certains pays. Sans parler des usines de Siegen, fabriquant des fontes manganésées, que nous avons vues, dès 1869, employer la tuyère à laitier système Lurmann, diverses usines anglaises qui fabriquent des fontes très-grises à bessemer, l'emploient maintenant couramment, même avec des laitiers qui fusent assez vite, comme nous l'avons vu en 1873 dans le Cumberland.

PLANCHE XXVI.

Appareils de chargement et de prise des gaz.

Une des dispositions les plus anciennement employées pour recueillir les gaz du gueulard est la trémie conique Thomas et Laurens, qu'on trouvera figurée dans les planches XIV, XVI, XVII, XVIII, et qui est ordinairement fermée au moyen d'un couvercle en tôle à joint hydraulique, suspendu à un balancier de manœuvre, ou fixé à un axe que l'on fait tourner au moyen de leviers à contrepoids, de façon à ce qu'il puisse être soulevé et laisser libre l'ouverture du gueulard. Avec cette disposition les gaz sortent de la cuve par une ouverture annulaire, régnant sur toute la circonférence entre la trémie et la maçonnerie. Le chargement se fait au moyen du wagon circulaire représenté planche XLVIII.

Dans une autre disposition, figurée planche XIX, les gaz sont recueillis par une cloche conique, suspendue au moyen de bras creux dans l'axe de la cuve. Le gueulard est fermé comme dans la disposition précédente, et le chargement des matières premières se fait de même.

La planche XXII, fig. 2, donne un exemple de prise de gaz avec gueulard ouvert. Les gaz sortent de la cuve par cinq ouvertures placées sur la circonférence et par un tuyau central, évasé à sa partie inférieure. Une trémie en tôle, à peu près cylindrique, plonge dans les charges de façon à laisser un vide annulaire entre elle et la paroi de la cuve. Le chargement se fait par des ouvertures ménagées dans la cheminée en tôle qui surmonte le gueulard, au moyen de wagonnets à bascule, analogues à ceux de la planche XLVIII.

Plusieurs métallurgistes ont imaginé des dispositions un peu moins simples, ayant pour but d'effectuer la prise des gaz et d'assurer en même temps une bonne distribution des matières dans la partie supérieure de la cuve.

Les figures 1 et 2 représentent l'appareil de chargement et de prise des gaz, qui a été inventé par M. Coingt, tel qu'il est maintenant employé, après divers perfectionnements apportés par l'inventeur.

Il se compose d'un tuyau de prise de gaz, qui plonge dans la colonne des charges et recueille les gaz au centre de la cuve. Le chargement se fait au moyen d'une cuvette annulaire, de section trapézoïdale, en fonte, qui est fermée en dessous par un obturateur. Celui-ci est un anneau à section triangulaire, mobile de haut en bas pour l'ouverture. Pour ouvrir et produire le chargement, lorsqu'on a placé, au moyen de wagonnets à bascule, les matières dans la cuvette, on n'a qu'à décrocher un crochet et les matières tombent en formant deux nappes, la plus considérable étant vers l'extérieur. La fermeture se fait automatiquement par l'action des contre-poids.

L'appareil Coingt est employé et a rendu de bons services, avec des gueulards larges, dans les usines de Montluçon, Aubin, Maubeuge, etc.

Les figures 3 et 4 représentent l'appareil de chargement et de prise de gaz inventé par M. Langen.

Il est surtout caractérisé par une cloche métallique, ayant le diamètre du gueulard et lui formant couvercle. C'est au milieu de cette cloche, ou dôme, que s'élève le tuyau d'abduction des gaz. Le gueulard est entouré d'une collerette formant entonnoir évasé en forme de tronc de cône, dont le plus petit diamètre est le diamètre intérieur du gueulard. Lorsque la cloche est abaissée, il reste contre les parois de l'entonnoir une rigole à section triangulaire, d'une capacité assez considérable. Elle est calculée de façon qu'elle puisse contenir toute la charge de coke, et à plus forte raison toute celle de minerai. Pour faire le chargement, on dispose d'abord, au moyen de petits wagons verseurs, la charge de coke dans la rigole, on soulève la cloche, le coke tombe dans le fourneau. On abaisse la cloche, on place dans la rigole la charge de minerai et de castine, qui est à son tour introduite par une nouvelle élévation de la cloche, qu'on abaisse ensuite de nouveau pour refermer le gueulard. La pratique démontre que la chute des matières se fait de telle sorte que les minerais tombent surtout près des parois, les gros morceaux seulement roulent vers le centre ; les cokes se répartissent plus uniformément, cependant plus au centre qu'à la circonférence. Les gaz ne quittent la cuve du fourneau, comme on voit, qu'après avoir traversé toute la colonne des charges, et tout l'appareil se trouve au-dessus du niveau du gueulard.

L'appareil Langen est employé sur un grand nombre de hauts fourneaux, surtout en Westphalie, et notamment dans les usines de Friedrich-Wilhelm, près Troisdorf ; de Heinrich, près Hamm ; de Hochdahl, près Dusseldorf.

PLANCHE XXVII.

Appareil de Hoff pour le chargement des hauts fourneaux et pour la prise des gaz.

On emploie beaucoup depuis quelques années un appareil de chargement des hauts fourneaux, qui est connu sous le nom d'appareil *cup and cone*, et paraît avoir été imaginé par M. Parry des usines d'Ebbw Vale. Il se compose d'une cuvette fixe, ou coupe tronc-conique, en fonte, placée sur le gueulard de façon à le fermer, en ne laissant libre que l'ouverture formée par la plus petite base du cône. Cette ouverture est fermée par un cône en fonte ou en tôle, qui peut s'élever et s'abaisser ; quand il est soulevé, la coupe est fermée, et on peut la remplir avec les matières de la charge ; lorsqu'il est abaissé (de 50 centimètres environ), le gueulard s'ouvre et les matières entrent dans le fourneau, en étant projetées plus ou moins près des parois, suivant les diamètres relatifs du cône et de la cuve. On donne ordinairement à la coupe comme au cône une inclinaison de 45 degrés, afin que le poids de la charge se répartisse également, et que le cône n'ait à supporter que la moitié de ce poids. Le cône est suspendu par son sommet à un balancier dont l'autre extrémité porte un contre-poids qui le tient appliqué contre la cuve ; ce balancier peut être accroché à un point fixe, de façon à l'empêcher de se mouvoir, même quand la charge est dans la coupe, sans la volonté du chargeur. Lorsqu'on le décroche, le mouvement de descente du cône doit être modéré, soit à l'aide d'un frein à courroie, soit à l'aide d'un frein hydraulique (comme dans l'appareil Wrightson). On verse le coke et les minerais dans la coupe au moyen de brouettes ou de wagons culbuteurs.

Avec cette disposition d'appareil de chargement, il doit toujours rester un espace libre entre la surface des charges dans la cuve et la base du cône, pour qu'on puisse abaisser celui-ci. Les ouvertures de sortie des gaz sont pratiquées, en plus ou moins grand nombre.

dans les parois de cet espace libre, au-dessus du niveau de la charge haute, afin que les matières ne s'y introduisent pas.

Un ingénieur westphalien, M. de Hoff, à l'usine de Hœrde, a imaginé une autre disposition de prise de gaz, qui est employée notamment aux hauts fourneaux de Saint-Louis, près Marseille. C'est l'appareil que représente la planche XXVII, et qui a été déjà décrit ici à propos de la planche XXI ; il se retrouve encore sur le haut-fourneau de Mulheim, pl. XXV.

A Saint-Louis, la partie fixe de l'appareil est soutenue au moyen de trois colonnettes en fonte, disposées en triangle rectangle et entretoisées ; celle du sommet porte le palier d'oscillation du balancier ; celles des angles supportent le tuyau de sortie des gaz, disposé perpendiculairement au balancier.

La partie mobile est équilibrée par deux contre-poids, de telle sorte que le poids des fontes, de la tôle et de l'eau qui remplit le joint n'agit point sur le balancier. L'extrémité libre du balancier est reliée au moyen d'une bielle, avec un treuil muni d'un frein, de telle sorte qu'on peut modérer autant qu'on le veut la descente du cône distributeur et l'arrêter même dans son mouvement. Ce frein est indispensable pour éviter des chocs trop brusques, lorsqu'on introduit dans le fourneau des charges de minerais qui atteignent et dépassent même 5 000 kilogrammes. Le treuil est fixé à la plate-forme métallique qui entoure le gueulard du haut fourneau.

La charge de coke varie de 2 000 à 2 300 kilogrammes, et la charge de minerai et castine, de 3 900 à 5 000 kilogrammes ; elles sont introduites l'une après l'autre et non pas simultanément.

L'appareil *cup and cone* a été modifié d'une manière particulière par M. Chadeffaud, directeur des usines de Denain.

On trouve, pl. XXIII, le dessin de cette disposition, dans laquelle les matières sont toujours introduites dans le fourneau au moyen d'un wagonnet pyramidal, s'ouvrant par le fond sur le sommet du cône fixe. Son fonctionnement, décrit p. 35, a pour effet de disposer le coke au centre et le lit de fusion contre les

parois, mode de chargement qui a produit des résultats remarquables dans les petits fourneaux de Denain que, malgré leur faible
hauteur ($13^m,50$) et leur faible capacité (79 mètres cubes), on a pu
faire marcher assez vite pour obtenir régulièrement une production
de 33 à 35 tonnes de fonte blanche en vingt-quatre heures, avec
des minerais rendant 35 pour 100 seulement.

CHAUDIÈRES A VAPEUR

Chaudières chauffées par les gaz (hauts fourneaux du Creusot).

Les dispositions des chaudières chauffées au moyen des gaz des hauts fourneaux ne diffèrent pas essentiellement de celles des chaudières à foyers ordinaires. Il importe seulement de leur donner une surface de chauffe relativement plus considérable, comme $1^m,33$ à 2 mètres carrés de surface de chauffe par force de cheval, suivant la pureté des eaux dont on dispose.

En Angleterre, on emploie surtout des chaudières à corps cylindrique, sans bouilleurs, ou des chaudières à tubes à feu, genre Cornouailles. Dans la belle usine d'Ayresome, récemment construite près de Middlesborough, par M. Gjers, les quatre hauts fourneaux, qui en fonctionnant ensemble peuvent produire 200 à 225 tonnes de fonte par jour, sont desservis par dix chaudières simples de 18 mètres de longueur et $1^m,37$ de diamètre, suspendues chacune à cinq sommiers (car en Angleterre on suspend toujours les longues chaudières, au lieu de les supporter en dessous); la cheminée des fourneaux de ces chaudières a 33 mètres de hauteur et 3 mètres de diamètre à la base comme au sommet. Dans l'usine de Newport (voir pl. LVI) on a adopté au contraire des chaudières à un tube à feu.

En France on emploie ordinairement des chaudières à bouilleurs ou des chaudières à un corps réchauffeur.

La planche XXVIII représente la disposition adoptée à l'usine du Creusot, pour la production de la vapeur au moyen des gaz des hauts fourneaux.

Les chaudières se composent d'un corps cylindrique de $11^m,77$

de longueur et $1^m,15$ de diamètre, et d'un tube réchauffeur en dessous, réuni au corps principal par deux cuissards, et ayant $0^m,80$
de diamètre pour $11^m,50$ de longueur. Elles sont pourvues d'une
grille de $1^{m2},50$, le cendrier étant fermé par des portes. Le gaz
arrive par un tuyau vertical dans une boîte en fonte, d'où il sort par
six ouvertures rectangulaires en autant de jets longitudinaux. L'air
arrive par une fente horizontale au-dessous de cette boîte, et aussi
par quatre ouvertures ménagées au-dessus de la porte du cendrier.
En outre, pour assurer la combustion complète du gaz dans le
fourneau de la chaudière, deux prises d'air situées du côté opposé
au foyer servent à introduire l'air dans deux longs carneaux, où il
circule en se chauffant au contact des maçonneries, jusqu'à deux
ouvertures latérales situées à l'extrémité du premier courant de
flammes, à l'endroit où celles-ci descendent pour entourer le tube
réchauffeur; l'air chaud, arrivant par ces carneaux, complète la
combustion des gaz. Des clapets, battant sur des siéges inclinés,
servent de soupapes de sûreté pour le cas d'explosion.

Il y a au Creusot, pour le service des machines soufflantes, un
grand nombre de chaudières chauffées par les gaz; leurs dimensions varient légèrement, mais elles sont à peu près toutes du type
décrit ci-dessus.

PLANCHE XXIX.

Chaudières chauffées par les gaz (hauts fourneaux de Terrenoire et de Bességes).

Cette planche représente le type de chaudière adopté dans les
usines de la compagnie des forges de Terrenoire, Lavoulte et
Bessèges. La chaudière à deux corps cylindriques, chauffée par trois
circuits de flamme, ne présente rien de particulier. Le gaz destiné
au chauffage arrive en tête du fourneau par un carneau vertical
rectangulaire; il se mélange à l'endroit où il débouche dans la
chauffe, avec l'air amené par plusieurs ajutages de longueurs différentes, de façon à atteindre toute l'épaisseur du courant gazeux.

Cette forme de chaudière se retrouve dans beaucoup d'usines françaises, avec des systèmes de foyers ou de brûleurs à gaz de diverses natures.

PLANCHE XXX.

Chaudières chauffées par les gaz, système Henschel.

Ce système de chaudières est employé dans plusieurs installations récentes de la Prusse rhénane, notamment à Heinrichshuette, près Hamm, et à l'usine de Mulheim-sur-Rhin. On voit que chaque chaudière se compose de deux longs tubes bouilleurs inclinés, communiquant à leur partie supérieure par deux cuissards avec un corps cylindrique court, qui sert surtout de réservoir de vapeur. Les gaz chauffent les deux bouilleurs en descendant et vont s'échapper par une cheminée traînante, placée dans la partie la plus basse ; des tampons convenablement disposés servent de soupapes de sûreté en cas d'explosion et d'orifices de nettoyage pour les poussières en temps ordinaire. Les gaz arrivent des deux côtés de la grille qui existe sous chaque bouilleur, au droit du cylindre transversal. Pour assurer la circulation de l'eau dans les longs bouilleurs inclinés, on dispose ordinairement dans chacun d'eux un long tube concentrique ouvert aux deux bouts, de telle sorte qu'il s'établit deux courants en sens inverse, l'un descendant dans le tube intérieur, l'autre descendant entre le tube et la paroi du bouilleur.

Divers ingénieurs allemands préconisent ce système au point de vue de l'économie de tôle et de la simplicité d'installation ; il fournit la surface de chauffe maxima avec un poids donné de tôle, mais il prend beaucoup de place en plan. Dans la grande usine de Georges-Marie, près Osnabruck, où l'on a fait des expériences comparatives sur les chaudières Henschel, les chaudières de Cornwall, celles à bouilleurs et celles à corps cylindrique simple, sans bouilleurs, on semble donner la préférence à ces dernières.

MACHINES SOUFFLANTES

Machine soufflante à balancier coudé.

Les machines soufflantes à balancier sont employées depuis l'époque de Watt ou à peu près. On avait alors imaginé de placer sous l'une des extrémités du balancier le cylindre vapeur et sous l'autre extrémité un cylindre soufflant d'un diamètre double, et on ne mettait pas de volant. Ce système primitif, dont il existe encore quelques spécimens (Bessèges, Terrenoire en France; Bridgeness, etc., en Écosse), présente des inconvénients graves : on est obligé de ralentir beaucoup la marche au moyen de cataractes (10 à 12 coups doubles par minute au plus), d'avoir des espaces nuisibles considérables dans les cylindres et même de limiter la course du balancier au moyen de heurtoirs.

On a reconnu, depuis, les avantages d'un volant, et on a longtemps placé les tourillons d'attache de la bielle de ce volant en un point plus ou moins voisin de l'attache du piston moteur, mais situé entre cette attache et le centre d'oscillation. Ce système a l'inconvénient de produire sur la bielle et sur la manivelle des efforts plus considérables que ceux qui se produisent sur la tige du piston, et d'exiger ainsi des pièces d'une résistance quelquefois énorme et des fondations très-solides pour l'arbre et les paliers du volant. La soufflerie la plus puissante que nous connaissions dans ce système est la grande machine d'Ebbw Vale (pays de Galles), construite en 1866, d'une force de 1 000 chevaux environ, et dont voici les dimensions principales :

Cylindre vapeur..................	$D= 1^m,83$	$C=3^m,66$
Cylindre soufflant................	$D= 3^m,66$	$C=3^m,66$
Balancier........................	$L=11^m,00$	$H=2^m,14$

Volant......................	D= 9ᵐ,35	P>80 tonnes.
Arbre carré....................	d= 0ᵐ,475	p =8 tonnes.
Tourillons....................	d = 0ᵐ,40	l =0ᵐ,61
Nombre de tours par minute......	15 à 17	

Il y a eu divers accidents : l'arbre a cassé. Il a fallu le remplacer par un autre ayant des tourillons plus forts ($d=0,50$, $l=0,90$) et des paliers plus lourds (10 tonnes chacun au lieu de 3 tonnes).

Aussi, maintenant, en Angleterre on emploie beaucoup un système de soufflerie à balancier dont la planche XXXI fournit un exemple.

Cette machine a été construite par MM. Kamp et Cᵉ, constructeurs-mécaniciens à Wesel, pour la Johannishuette, à Hochfeld-Duisbourg, usine comprenant trois hauts fourneaux, qui appartenait alors à la société Allemande-Hollandaise, et qui appartient maintenant à la maison Krupp.

Elle appartient au type appelé *Horsehead* par les mécaniciens anglais, dans lequel le balancier est coudé ; la bielle du volant vient s'attacher en un point plus éloigné du centre d'oscillation que le point d'application de l'effort moteur, et placé au-dessus de l'axe de symétrie, de façon à permettre d'avoir une longue bielle sans abaisser trop l'arbre du volant.

Mais elle présente plusieurs particularités qui la distinguent des machines anglaises :

1° On est dispensé des parallélogrammes de Watt, et les têtes des tiges de piston sont guidées au moyen de glissières disposées (au moins en ce qui concerne les cylindres-vapeur) de façon qu'on puisse ôter les couvercles des cylindres sans être obligé de les démonter elles-mêmes.

2° Il y a deux cylindres-vapeur dans le système Woolf, placés à côté l'un de l'autre, ayant des courses différentes et agissant en deux points différents du balancier.

3° Le cylindre soufflant est établi dans le système imaginé par M. Borsig : les clapets d'aspiration et de refoulement se trouvent

placés à chaque fond du cylindre, dans des chapelles formant colle-
rettes. Les clapets de refoulement s'ouvrent dans des caisses annu-
laires en tôle. La surface du piston est de $3^{m2},80$; la section d'aspiration, comme celle de refoulement, formée par une fente circulaire
ayant $0^m,065$ de hauteur, a un débouché de $0^{m2},45$, soit un huitième
environ de la surface du piston. A dix-huit tours, la vitesse du
piston est $1^m,32$, et celle de l'air affluent dans le cylindre, 11 mètres
environ.

MM. Kamp et Ce ont construit, pour une autre usine de Hochfeld-
Duisbourg, celle du Bas-Rhin (Niederrheinische huette), une machine
semblable, mais dans laquelle le balancier, au lieu d'être en fonte,
est en deux flasques de tôle armées et entretoisées par-dessous,
suivant la mode américaine.

Le système Horsehead permet mieux que le système à balancier
ordinaire l'emploi des grandes détentes. En Angleterre, la détente
se fait ordinairement dans un seul cylindre avec une distribution
de vapeur, au moyen d'une poutrelle et de soupapes à siége. On
trouve dans l'ouvrage de M. Percy le dessin de la machine de
Shelton (Staffordshire), dont voici les dimensions principales :

Cylindre vapeur .... $D=1^m,125$ $C=2,765$
Cylindre soufflant................ $D=2^m,500$ $C=2,745$
Balancier........................ $L=9^m,15$ $l=1,125$
     (*l* étant la projection horizontale de la corne)
Volant........................... $D=7^m,00$ $P=12$ tonn.
Nombre de tours par minute........ 16 à 24
Admission de vapeur.............. $\frac{1}{3}$, $\frac{1}{2}$, $\frac{3}{4}$ de course.

Il existe maintenant en France plusieurs machines à balancier
de ce système, notamment dans les usines d'Alais, de Saint-Louis,
de Terrenoire, de Givors, où elles ont été établies par MM. Revollier, Biétrix et Ce, de Saint-Étienne, et aussi dans celles d'Aubin.

On a établi récemment dans plusieurs usines à fonte d'Angleterre et d'Écosse des machines à balancier d'apparence assez singu-
lière, dans lesquelles le cylindre soufflant et le cylindre vapeur sont

à côté l'un de l'autre, leurs tiges étant attachées à une extrémité du balancier pour le premier, à un point assez voisin pour le second; le balancier oscille à son autre extrémité sur une longue bielle qui oscille elle-même autour d'un point situé au niveau de la plaque de fondation du cylindre. Ce système, dont on paraît du reste satisfait, mérite bien par son aspect le nom de *système saute-relle* que nous lui avons entendu donner.

PLANCHES XXXII ET XXXIII.

Machine soufflante verticale à action directe et à clapets verticaux.

La paire de machines soufflantes représentée sur ces deux planches est une des plus belles installations que nous connaissions dans les usines à fonte. Les ateliers du Creusot, en construisant ces machines, se sont probablement inspirés, pour la disposition des cylindres soufflants et de leurs clapets, de celle des parties analogues des machines établies par M. Gjers dans les usines des environs de Middlesborough, en Angleterre; mais ils en ont étudié toutes les parties avec un soin qui a produit dans ces nouvelles machines un des types les plus commodes et les plus avantageux qu'une grande usine puisse adopter.

Le cylindre soufflant de grandes dimensions est placé sur l'enta-blement d'un solide bâti en fonte; ses fonds sont pleins, les clapets d'aspiration et de refoulement étant placés dans des chapelles laté-rales qui communiquent avec l'intérieur du cylindre au moyen d'ouvertures disposées entre les fonds et le corps du cylindre.

Il y a à chaque extrémité deux ouvertures pour l'aspiration et deux ouvertures pour le refoulement. Les clapets de petites dimen-sions sont placés sur des siéges verticaux découpés en grilles. L'aspiration ne se fait pas à l'air libre, mais dans des caisses en tôle communiquant avec l'extérieur du bâtiment des machines, de façon à obtenir de l'air dépourvu de vapeur d'eau et de poussière.

Le refoulement se fait aussi dans des caisses en tôle communiquant par de larges tuyaux avec le réservoir à vent. Des portes pratiquées dans ces caisses permettent d'arriver aisément à tous les clapets. Le piston creux, à double garniture de cuir maintenue par des segments de couronne en fonte, est muni de fourrures en tôle qui viennent diminuer les espaces nuisibles en remplissant les intervalles vides qui font communiquer l'intérieur du cylindre avec les chapelles.

Cette disposition de cylindre et de chapelles a l'avantage de fournir de grands débouchés à l'air et d'avoir des clapets à peu près verticaux, ce qui permet la marche avec une grande vitesse du piston, sans qu'il y ait perte de rendement en vent ou en travail.

Les clapets se ferment et s'ouvrent sans chocs, et on entend à peine le bruit produit par leurs manœuvres.

Le cylindre-vapeur, également vertical, est situé au-dessous du cylindre soufflant et suivant le même axe; les deux tiges se font prolongement et s'engagent toutes deux par leurs extrémités opposées aux pistons dans une solide traverse en fer placée perpendiculairement, et guidée à ses extrémités dans des glissières fixées aux bâtis. Le cylindre-vapeur possède une distribution à soupapes, commandée par un arbre à cames placé à la partie inférieure du bâti.

La machine est pourvue de deux volants placés de part et d'autre des bâtis, sur un arbre droit qui passe au-dessous du cylindre-vapeur. Cet arbre est mis en mouvement par deux bielles en retour pendantes, articulées chacune sur une extrémité de la traverse et sur un manneton fixé dans le moyeu d'un volant.

Voici les données principales de ces machines :

Force de chaque machine..........	230 chevaux-vapeur.
Diamètre du cylindre à vapeur.......	1^m,250
— à vent........	3^m
Course du piston...................	2^m,500
Pression effective de la vapeur dans le cylindre moteur	4 kil. par centim. carré.

Nombre de tours par minute........ 12

Pression du vent.................. 20 centim. de mercure.

Volume insufflé par minute......... 300 mètres cubes.

Section du piston soufflant......... $7^{m2},07 = A$.

Section des lumières d'aspiration ou

  de refoulement................ $1^{m2},66 = 0.235\,A = \frac{A}{4,25}$ environ.

Vitesse du piston à douze tours...... 1 mètre.

Vitesse de passage de l'air dans les lu-

  mières........................ $4^m,25$

Dans une expérience faite à l'indicateur, le rapport entre le travail utile sur le piston soufflant et le travail moteur sur le piston-vapeur a été 0,76, ce dernier étant 277 chevaux-vapeur. L'admission moyenne est $0^m,460$, c'est-à-dire $\frac{1}{5,46}$ de course, soit $0^m,546$ pour l'admission dessous le piston, et $0^m,372$ pour l'admission dessus le piston, cette dernière étant moins forte, pour compenser le poids de l'attirail pendant la descente.

Le rendement en vent a été trouvé égal à 99 et demi pour 100 du volume engendré par le piston, résultat qui témoigne hautement de la perfection de l'exécution de cette machine.

Si au Creusot on avait assez d'eau pour permettre l'addition d'un appareil de condensation, ce qui ne présente aucune difficulté, en conservant les mêmes dimensions au cylindre-vapeur et la même pression initiale au début de la course, l'introduction, qui est de $\frac{1}{5,46}$, pourrait être réduite à $\frac{1}{7,7}$, ce qui donnerait encore une économie de vapeur.

Les machines soufflantes des hauts fourneaux de Denain et de Beaucaire sont munies de ce perfectionnement.

Les pompes à air et le condenseur sont établis entre les bâtis et sous les plaques de fondation, la pompe étant mue par un balancier articulé sur la traverse des pistons. Voici leurs dimensions :

Cylindre-vapeur.................. $D = 0^m,90$ $C = 1^m,70$

Cylindre soufflant .... $D = 2^m,20$ $C = 1^m,70$

Nombre de tours par minute........ 17

Pression du vent au réservoir....... 20 centim. de mercure.

La société Cockerill, de Seraing, a aussi créé un bon type de soufflerie verticale à action directe, dont un spécimen figurait à l'exposition de Vienne, et qui est surtout caractérisé par l'emploi de deux cylindres-vapeur accolés suivant le système Woolf. Voici quelques-unes des dimensions de la machine qui figurait à Vienne :

Petit cylindre-vapeur..............	D = 0m,73	C = 2m,44
Grand cylindre-vapeur.............	D = 1m,06	C = 2m,44
Cylindre soufflant.................	D = 3m,00	C = 2m,44
Deux volants.....................	D = 7m,54	P = 16½ tonn.
Hauteur totale de la machine au-dessus du sol........................	11m,45	
Nombre de tours par minute........	12½	
Pression de la vapeur aux chaudières.	4 atmosphères effectives.	
Détente totale	1 : 5	
Pression du vent au réservoir.......	20 centim. de mercure.	
Force en chevaux-vapeur..........	230	

Il existe en Belgique et en Angleterre des machines soufflantes verticales à action directe, dans lesquelles, au lieu de guider la tige commune des pistons au moyen de glissières, on a voulu employer des systèmes de parallélogrammes ou de balanciers plus ou moins compliqués : on peut citer les machines à balancier d'Oliver Evans, celles à balancier et contrebalancier. Mais ces formes de machines, avec toutes leurs articulations, nous paraissent bien inférieures à celles que nous venons de décrire.

En Angleterre, on fait marcher beaucoup plus vite les souffleries de ce type ; leur nombre de tours atteint souvent 35 par minute, avec une course de 1m,50. Ces machines ne détendent ordinairement pas beaucoup la vapeur. Un ingénieur de Middlesborough, M. A. Hill, vient d'essayer d'y appliquer le système *Compound*, de les *compounder*, comme on dit en Angleterre, dans la soufflerie des hauts fourneaux de Lackenby. Cette soufflerie se compose de deux machines verticales dans chacune desquelles le cylindre-vapeur est superposé au cylindre soufflant, la tige commune étant guidée au-dessous de celui-ci et articulée avec une bielle pendante qui actionne l'arbre du volant. Les deux machines sont attelées chacune à une extrémité de cet arbre : le cylindre-vapeur de l'une a 80 centimètres de diamètre, celui de l'autre a 1^m,50, et les cylindres soufflants ont 2 mètres, la course étant 1^m,35. Le petit cylindre-vapeur reçoit la vapeur à 6 atmosphères, et le grand reçoit la vapeur déjà détendue dans le précédent. La vapeur est fournie par des chaudières Howard chauffées par les gaz des hauts fourneaux. On paraît satisfait du fonctionnement de ces machines.

PLANCHE XXXIV.

Machine soufflante horizontale à action directe et à clapets.

Cette planche représente le système de machine soufflante horizontale adopté par MM. Farcot et ses fils, qui en ont construit un certain nombre d'exemplaires pour plusieurs usines françaises. La construction en a été très-soignée, et il peut être présenté comme un bon exemple de soufflerie horizontale.

Le cylindre soufflant porte des clapets nombreux, placés directement sur les fonds, avec une disposition qui en permet le remplacement rapide en cas d'avarie.

Le cylindre-vapeur est à enveloppe de vapeur, à détente variable à la main et à condensation.

Voici quelques données numériques de la machine :

Diamètre du cylindre à vapeur.......... 1^m,270
   —   à vent............ 2^m,120
Course des pistons.................... 2^m,10
Pression de la vapeur aux chaudières.... 5 kilog. par centim. carré.
Nombre de tours par minute............ 20 à 25
Pression du vent..................... 18 à 20 centim. de mercure.
Force en chevaux-vapeur.............. 200 à 250
Poids du volant..................... 25 000 à 30 000 kilogr.

MM. Farcot ont construit aussi la même machine, en donnant

au cylindre à vent un diamètre de $2^m,45$, le vent produit a alors une pression moindre. On trouve leurs machines dans les usines de Longwy, Firminy, Marnaval, Redon, etc.

On a établi en Allemagne, dans les usines à fonte de la Prusse rhénane, beaucoup de machines soufflantes horizontales à action directe, plus ou moins analogue à la précédente, tantôt isolées et tantôt conjuguées avec un seul volant.

Voici, comme exemple, les dimensions des machines de l'usine d'Ilsen, près Peine (Hanovre).

Cylindres-vapeur..................	$D = 1^m,10$ $C = 1^m,73$
Cylindres soufflants...............	$D = 2^m,09$ $C = 1^m,73$
Pression du vent..................	216 millim. de mercure.
Pression de la vapeur.............	$2\frac{1}{2}$ atmosphères.
Détente à	$\frac{1}{2}$ course.
Nombre de tours par minute	27

En Angleterre, on emploie peu les souffleries horizontales; c'est cependant dans l'usine de la Tees, à Middlesborough, que nous avons vu la plus grande machine de ce type qui existe à notre connaissance, et dans laquelle le piston soufflant a $2^m,75$ de diamètre et $2^m,75$ de course.

Un inconvénient assez grave des machines horizontales à action directe, établies comme celles qui précèdent, est le grand espace qu'elles occupent en longueur. On a étudié divers systèmes pour y remédier, en plaçant l'arbre du volant entre les deux cylindres. La planche XXXV montre celui qui a été adopté par MM. Thomas et Laurens pour leurs machines à tiroir. Des constructeurs de Paris, MM. Warrall, Elwell et Middleton, ont imaginé une autre disposition, dans laquelle le piston soufflant a deux tiges placées dans un plan oblique et qui a été employée avec succès dans les usines d'Ars-sur-Moselle.

PLANCHE XXXV.

Machine soufflante horizontale à tiroirs, système Thomas et Laurens.

Les machines soufflantes horizontales à très-grande vitesse et à tiroir ont de nombreux adversaires parmi les ingénieurs d'usine : on leur reproche, avec raison, pour la plupart des cas, d'être sujettes à des avaries fréquentes et de coûter cher d'entretien et de graissage. De nombreux types et de nombreuses dispositions de tiroirs à vent ont été essayés, et la plupart ont assez peu réussi. Le système le meilleur, et qui s'est le plus répandu, à une époque où les hauts fourneaux avaient des dimensions et une puissance de production bien moindres qu'actuellement, est celui de MM. Thomas et Laurens.

Dans ce système, le tiroir à vent en fonte est extérieur, latéral, un peu incliné sur la verticale; il n'a pas de tige rigide; lui seul est guidé au moyen de règles en fonte garnies de bronze en dessous qui, pressées par des ressorts, appliquent les bords contre une glace plane en fonte, soigneusement ajustée. L'air est aspiré directement dans l'atmosphère; l'air refoulé passe par l'intérieur du tiroir pour arriver à la lumière de sortie, communiquant avec le réservoir à vent.

La vitesse maximum qui ne doit pas être dépassée, si l'on veut que la machine fonctionne dans de bonnes conditions, est 50 tours par minute.

Voici les données principales de la machine représentée, qui est le plus grand modèle construit par MM. Thomas et Laurens, et qui est à détente variable et à condensation :

Diamètre du cylindre à vapeur.......... 0^m,70
    —   à vent........... 1^m,15
Course des pistons .... 1 mètre.
Pression de la vapeur................ 5 atmosphères.

Admission de la vapeur................ 1/8 de course.
Nombre de tours par minute 50
Pression du vent fourni....... .... 15 centim. de mercure.
Volume engendré à 50 tours........... 165 mètres cubes.
Force approximative................. 80 chevaux-vapeur.

Ce système de machines n'est plus approprié aux grands hauts fourneaux au coke actuels, qui exigent de grands volumes et de fortes pressions de vent ; mais il est économique d'installation et peut rendre de bons services pour le soufflage de hauts fourneaux de petites dimensions ou au combustible végétal.

Un autre système de tiroir à vent a été employé dans des machines soufflantes destinées à alimenter des hauts fourneaux au bois ou des fours à manche : c'est un tiroir fourni de deux pistons jumeaux situés sur une même tige et se mouvant dans une gaîne cylindrique qui communique par deux galeries à jour avec l'intérieur du cylindre soufflant ; l'air est aspiré par les deux extrémités ouvertes de cette gaîne, et il est refoulé par une tubulure qui se trouve au milieu de sa longueur. Voici les dimensions d'une machine de cette nature employée aux hauts fourneaux de la Solenzara (Corse) :

Cylindre-vapeur. .... $D = 0,500$ $C = 0,650$
Cylindre soufflant................. $D = 1,400$ $C = 0,650$
Nombre de tours par minute.......... 45
Volume engendré par le piston en une
     minute...................... 90 mètres cubes.
Diamètre du tiroir cylindrique........ 0,350

Il en existe d'analogues aux usines de Follonica (Toscane), de Ria (Pyrénées-Orientales), aux usines à plomb de Castuera (Espagne).

Le règlement du tiroir s'y fait absolument comme dans les machines à tiroir Thomas et Laurens.

PLANCHE XXXVI.

Machine soufflante horizontale, système Bessemer.

Cette planche représente une des machines formant la magnifique installation de la soufflerie de l'atelier Bessemer, au Creusot.
Ses dimensions sont considérables pour ce genre de machines :

Force nominale des deux machines accou-
plées............................... 650 chevaux.
Diamètre du cylindre à vapeur.......... 1^m,200
Diamètre du cylindre à vapeur.......... 1^m,500
Course des pistons.................... 1^m,800
Nombre de tours par minute.......... 21,4

Dans une expérience faite avec les deux machines fonctionnant simultanément à une vitesse supérieure à celle ordinaire,
on a eu :

Pression de la vapeur au manomètre de la
chambre des machines.............. 4^k,85
Admission de la vapeur.............. 0,41 de la course.
Nombre de tours.................... 28
Pression du vent au réservoir......... 121 centim. de mercure.
Travail sur les pistons vapeur......... 1 082 chevaux.
— soufflants .... 999 —
Effet utile........................ 0,92
Température du vent à l'aspiration...... 10 degrés.
Température du vent au refoulement .... 60 degrés.
Dépression atmosphérique dans les cylin-
dres à vent....................... 2, 3 centim. de mercure.

En ne tenant pas compte de la contre-pression dans les cylindres-
vapeur, le travail moteur se chiffre par 1148,5 chevaux.

Lorsque la vitesse est inférieure à 25 tours, comme cela a lieu
en marche normale, il n'y a pas de dépression sensible dans les
cylindres à vent.

Dans ce système de machines, l'air est aspiré au dehors de la chambre par un tuyau, et il pénètre dans le cylindre par une couronne d'ouvertures sur laquelle fonctionne un clapet-bague formé par une lame de caoutchouc.

L'air refoulé passe par des ouvertures de refoulement munies d'un clapet-bague analogue, pour se rendre dans le tuyau de sortie. Le piston est en fonte creuse, avec une garniture composée de segments en bois de noyer, chevillés de gaïac et poussés par des ressorts arqués.

Le cylindre moteur a une distribution à soupapes et à cames; il est à détente, sans condensation.

On reprochait à ce type de machines, dont la vitesse atteignait souvent et dépassait même 40 tours, d'exiger le remplacement fréquent des clapets-bagues, qui s'usaient rapidement par suite des chocs répétés et de l'échauffement de l'air. La plupart de celles construites il y a quelques années, fonctionnent sans détente et consomment beaucoup de vapeur.

Dans les machines du Creusot on a évité l'inconvénient ci-dessus en adoptant une marche relativement lente (20 à 25 tours au plus) et en installant à chaque extrémité du cylindre, au droit des clapets de refoulement, une circulation d'eau froide qui empêche l'échauffement des caoutchoucs.

Ailleurs on a préféré renoncer au clapet-bague et revenir aux clapets partiels ordinaires, que l'on a placés verticalement, en hâtant leur fermeture au moyen de ressorts ou de contre-poids.

Depuis quelque temps en Angleterre, comme aux États-Unis et en Belgique, on a adopté la disposition verticale pour les machines soufflantes des nouveaux ateliers Bessemer. La distribution du vent s'y fait souvent au moyen de pistons jumeaux, comme dans les machines pour hauts fourneaux dont nous parlions page 56. On peut voir des machines pour bessemer de ce système à Angleur et à Seraing en Belgique, et dans plusieurs usines anglaises. Dans l'immense aciérie de Barrow, il y avait en 1873 quatre machines souf-

flantes horizontales avec distribution de vent à pistons, toutes indé-
pendantes, et deux machines soufflantes verticales à action directe
avec clapets à siéges. A l'usine du West-Cumberland, à Workington, la distribution du vent par pistons est aussi employée pour
une soufflerie horizontale.

APPAREILS A AIR CHAUD

Appareil à air chaud à tuyaux horizontaux, type allemand.

Cet appareil, adopté par un certain nombre d'usines dans la Prusse rhénane, est un des meilleurs que l'on puisse établir dans le système à tuyaux horizontaux en serpentin, appelé quelquefois *de Wasseralfingen*.

Dans celui qui est représenté et qui appartient à l'usine de Heinrichshuette, près Au, la surface de chauffe atteint environ 140 mètres carrés. Il suffit pour porter à 300 degrés centigrades la quantité d'air nécessaire pour alimenter un haut fourneau au coke, produisant, par vingt-quatre heures, environ 27 000 kilogrammes de fonte blanche miroitante.

La perte de pression que subit le vent dans l'appareil paraît être de 10 millimètres de mercure environ.

Les tuyaux plats, placés sur champ dans la chambre de combustion des gaz, sont bien préférables aux tuyaux circulaires et aussi aux tuyaux elliptiques posés à plat, cloisonnés ou non. Leur supériorité tient à diverses causes.

On peut les couler plus minces, sans danger de flexion ou de rupture par flexion.

Les deux côtés plats sont également bien chauffés.

La partie supérieure, sur laquelle les cadmies ou poussières entraînées par les gaz viennent former croûte, est réduite à une largeur minima.

Les gaz combustibles arrivent en nappes au-dessous des grilles et s'élèvent sans obstacle dans toute la hauteur des chambres de combustion. Il n'y a que trois tuyaux dans la première rangée et ils sont enveloppés de brique réfractaire pour les préserver des coups de feu. Les gaz brûlés s'échappent par six petites cheminées à la partie supérieure.

Le vent arrive froid par le haut et s'échappe ensuite chaud par la partie inférieure, de sorte que son chauffage est méthodique.

Les appareils établis, comme celui-ci, avec des tuyaux horizontaux disposés en assises horizontales étagées et formant un certain nombre de serpentins placés chacun dans un plan vertical, sont très-usités en Westphalie : nous en avons vu dans lesquels le nombre des assises successives était tel, que l'appareil était aussi haut que les fourneaux de 16 mètres qu'il desservait; les six tuyaux de chaque assise étaient placés de champ, et la longueur exposée au feu et sujette à la flexion ne dépassait pas $1^m,25$. On avait reconnu des inconvénients à une longueur plus grande. La surface de chauffe par haut fourneau atteignait 300 mètres carrés. Ailleurs, au lieu de faire des appareils aussi grands, on en place deux à la suite l'un de l'autre, de telle sorte que le vent chauffé dans le premier vient se surchauffer dans le second.

PLANCHE XXXVIII.

Appareil à air chaud, système Thomas et Laurens.

Cette planche représente un appareil destiné au chauffage du vent qui alimente une tuyère d'un grand haut fourneau au coke, c'est-à-dire au chauffage de 40 à 50 mètres cubes d'air par minute. Il se compose de trois tubes verticaux en fonte, à section circulaire, garnis intérieurement de nervures rayonnantes, interrompues en quinconce, comme le montrent les figures 6 et 7, et destinées à augmenter la surface de chauffe.

Un noyau intérieur en tôle, qui pourrait être fait aussi en argile réfractaire, force le vent à passer contre la surface de fonte et entre les nervures. Le vent arrive par le haut, dans le tube le plus éloigné du foyer, et circule en sens inverse des gaz brûlés.

Le chauffage au moyen des gaz des hauts fourneaux s'effectue au moyen d'une boîte à mélange, ou brûleur, du système des inventeurs. Un tiroir à lumières parallèles sert à régler l'admission de l'air, tandis qu'un papillon règle l'admission du gaz.

La surface de chauffe de chaque tube est de 20 mètres carrés environ.

Cet appareil est employé dans diverses usines de Champagne, du Berry, de Franche-Comté et y rend de bons services.

On lui reproche cependant de causer une perte de pression qui atteint et dépasse quelquefois 15 millimètres de mercure.

On a, dans une ou deux usines, essayé de placer les tubes horizontalement, mais cette disposition n'est pas aussi bonne.

PLANCHE XXXIX.

Appareil à air chaud de Calder, à sections différentielles.

Les appareils où les tuyaux en fonte sont placés verticalement chauffent en général mieux que ceux avec tuyaux horizontaux, quoiqu'il soit plus difficile de rendre le chauffage méthodique, c'est-à-dire de faire circuler toujours le courant de vent et le courant de flamme en sens inverse; mais les tuyaux, n'étant plus exposés à la flexion, peuvent être coulés plus minces. Il en existe un très-grand nombre d'espèces qu'on peut ranger dans trois familles principales : les appareils à tuyaux de couche, dits *de Calder*, et leurs dérivés ; les appareils à serpentins ou à boîtes de pied (*foot-boxes,* comme disent les Anglais), et les appareils à tuyaux suspendus.

Dans les appareils dits *de Calder* et dans ceux qui en dérivent, le vent froid arrive par un tuyau horizontal ou tuyau de couche ; ce tuyau étant fermé à son extrémité opposée, le vent est forcé de se partager entre les divers tuyaux-siphons ou tuyaux de chauffe, en formant autant de courants séparés, qui viennent ensuite se réunir dans le tuyau de couche, collecteur du vent chauffé. Il arrive souvent que, pour augmenter la surface de chauffe, on multiplie le nombre des tuyaux, de telle sorte que la somme de leurs sections est plus grande que celle du tuyau de sortie. Il en résulte alors que le vent ne passe que par un certain nombre de tuyaux, et que les autres sont chauffés en pure perte et au grand détriment de leur durée. MM. Wurgler et Dethombay ont reconnu, par des expériences spéciales, que les tuyaux de chauffe, par lesquels le vent passait de préférence, étaient les plus rapprochés de la tubulure de sortie, tandis que le vent ne passait pas ou ne passait qu'en faible quantité dans les tuyaux de l'extrémité opposée. Ils ont alors eu l'idée de placer, aux endroits où le vent quitte le tuyau de couche d'arrivée pour entrer dans les tuyaux de chauffe, des diaphragmes à sections variées, les plus grandes sections correspondant aux siphons où le vent passe le plus difficilement, et les plus petites aux siphons où le vent passe le plus facilement. Le diaphragme n° 12 présente un débouché quatre fois plus grand que le diaphragme n° 1.

Le dessin fait clairement voir le mode de construction d'un appareil établi sur ce principe. Il y a aussi des plaques-diaphragmes dans les tubulures du tuyau collecteur de vent chaud, mais ce sont de simples calages.

Un assez grand nombre d'appareils, munis du perfectionnement de MM. Wurgler et Dethombay, ont été établis en Belgique. On a obtenu avec eux une élévation de la température du vent, ainsi qu'une économie notable de combustible.

Ainsi, dans un appareil brûlant par vingt-quatre heures 1 500 kilogrammes de houille pour chauffer l'air à 200 degrés, la simple introduction des diaphragmes a amené une économie de 250 kilogrammes de houille, en faisant croître la température de l'air de 50 degrés. En outre, les tuyaux de chauffe ont eu une durée beaucoup plus grande.

L'ancienne disposition des appareils à air chaud de l'usine de Calder (Écosse), une des premières où le vent chauffé ait été employé, a donné naissance à un grand nombre de dispositions dérivées, qu'il est impossible de décrire ou même d'indiquer brièvement ici.

PLANCHE XL.

Appareil à air chaud à pistolets.

Cet appareil, dérivé aussi de l'ancien appareil écossais, dit *de Calder,* a été imaginé pour remédier à divers inconvénients que la pratique a fait reconnaître. Les tuyaux verticaux recourbés, par lesquels les siphons du système Calder ont été remplacés, peuvent se dilater librement en s'allongeant dans le sens vertical, sans risque de ruptures ou de désorganisation de l'appareil ; ils ne sont plus aussi sujets que les siphons à être brûlés à leur partie supérieure et durent beaucoup plus longtemps.

Ce système, dit *à pistolets,* à cause de la forme recourbée des tuyaux verticaux, a été employé en premier lieu dans des usines à fonte de l'Ecosse et du Cleveland (Angleterre) ; il est maintenant adopté dans diverses usines de Westphalie et de France.

L'exemple représenté sur la planche est un des appareils de l'usine du Creusot, présentant une surface de chauffe de 120 mètres carrés environ. Il pourrait suffire à chauffer le vent nécessaire à un haut fourneau produisant environ 20 tonnes de fonte par jour ; mais on en emploie cinq pour trois fourneaux, et le vent se trouve porté à une température qui dépasse 350 degrés au porte-vent. La perte de pression est de 10 millimètres de mercure seulement entre la machine soufflante et le porte-vent.

L'appareil est chauffé par les gaz des hauts fourneaux, dont la combustion complète est assurée au moyen d'évents placés tout le long de la sole de la chambre de combustion.

On place ordinairement un registre à la base de la cheminée pour régler le tirage.

Il y a dans les usines de nombreuses variantes du type que nous venons de décrire, et la planche suivante en donne un exemple.

PLANCHE XLI.

Appareil à air chaud à cornues verticales cloisonnées.

Dans cet appareil, les tuyaux de chauffe ressemblent à ceux du précédent, sauf la courbure : ici ils sont simplement droits et rappellent la forme des cornues à gaz, ce qui permet de les mouler plus facilement avec une épaisseur réduite. Ils sont disposés en grand nombre (ici 71) à la suite les uns des autres, de façon à former une longue rangée : le vent entre froid par une des extrémités de cette rangée et sort chauffé par l'autre extrémité, après être monté et descendu plusieurs fois (ici cinq fois) dans les cornues en se partageant à chaque fois entre un certain nombre d'entre elles, nombre qui augmente à mesure que le vent se dilate en se chauffant. Cette rangée de cornues est exposée à la flamme d'un foyer à gaz placé à l'extrémité où le vent sort ; les gaz enflammés parcourent la rangée en chauffant les cornues à l'extérieur et en suivant un chemin inverse de celui parcouru par le vent : la cheminée d'échappement pour les gaz brûlés est placée à l'extrémité de la rangée, du côté où le vent y pénètre. Au lieu d'être placée dans une seule et longue galerie d'étuve, la rangée de cornues peut être divisée en deux ou trois tronçons, qu'on dispose parallèlement de façon à former une étuve à deux ou à trois compartiments, comme dans le dessin.

Le foyer à gaz, identique à celui employé pour la chaudière à vapeur de la planche XXIX, est placé à un angle de l'appareil ; les gaz des hauts fourneaux descendent en se croisant avec l'air qui pénètre en trois nappes par cinq tuyères aplaties, de longueurs différentes, et arrivent dans une chambre de combustion d'où les flammes s'échappent pour parcourir successivement les trois compartiments de l'appareil en passant à travers les rangées de tuyaux et en les chauffant des deux côtés. Chaque compartiment comprend un tuyau de couche cloisonné surmonté d'un nombre variable de cornues. Dans

l'appareil figuré, le vent froid, arrivant dans le compartiment le plus
éloigné du foyer, se partage d'abord entre 12 cornues, puis il passe
dans la deuxième série, composée aussi de 12 cornues ; la troisième
série comprend 12 cornues encore, la quatrième 13, et la cinquième
série, la dernière, est formée par 22 cornues entre lesquelles le vent
se partage avant sa sortie de l'appareil. Les compartiments sont
fermés à la partie supérieure par des plaques de fonte garnies en
dessous d'argile réfractaire : il est aisé, en ôtant quelques-unes de
ces plaques, d'enlever et de remplacer les cornues brûlées et hors
de service.

L'appareil représenté planche XLI chauffait à 400 degrés le
vent d'un haut fourneau produisant 30 à 35 tonnes de fonte grise
en vingt-quatre heures. Chaque tuyau ou cornue, représentant
3 mètres carrés de surface de chauffe environ, pesait 710 kilogrammes.

Des appareils à air chaud de ce système existent aux usines de
Marseille, de Bessèges, de Givors, de Terrenoire, etc., et y rendent
de bons services. Ils sont susceptibles de diverses variantes, surtout en ce qui concerne la circulation de la flamme pour le chauffage
des cornues. On a quelquefois voûté les compartiments où se trouvent les cornues ; mais cette disposition est moins commode que le
plafonnage en fonte, pour le remplacement des cornues brûlées.

Les appareils à boîtes de pied sont employés surtout en Angleterre, dans le Cleveland notamment ; on en trouve des dessins dans
l'ouvrage de M. le professeur Percy ; leurs tuyaux verticaux forment en général des serpentins où le vent monte et descend alternativement, en restant dans un plan vertical ou légèrement incliné.
Nous donnons, page 98, à propos de la planche LVI, quelques renseignements sur ceux que nous avons vu employer à l'usine de
Newport en 1872.

A Ferryhill, près Durham, on avait en 1869, pour chacun des
grands hauts fourneaux de $31^m,40$ de hauteur et 940 mètres de capacité, produisant environ 80 tonnes de fonte grise par jour, six

appareils à air chaud à boîtes de pied contenant chacun 18 siphons
verticaux et présentant ensemble une surface de chauffe intérieure
de 700 mètres carrés environ, pour chauffer le vent à 450 degrés
centigrades environ.

A l'usine à fonte d'hématite de Solway, près Maryport (Cumberland), nous avons vu en 1873 des appareils à boîtes de pied, au
nombre de six en feu pour un haut fourneau, produisant 65 tonnes
de fonte à bessemer par jour; ils représentaient 240 tonnes de
fonte moulée environ pour les six, et près de 700 mètres carrés
de surface de chauffe; il y avait en outre un septième appareil de
rechange. On était en train de les remplacer par des appareils
Whitwell, dont deux des quatre fourneaux de l'usine étaient déjà
pourvus.

PLANCHES XLII ET XLIII.

Appareil à air chaud à cornues suspendues.

Cet appareil, dont la disposition est assez particulière, est l'objet
d'un brevet pris en France, le 3 août 1867, par M. Wittenauer. Il
en existe quatorze dans la grande usine hanovrienne de Georges-
Marie, qui comprend six hauts fourneaux, et fabrique des fontes
aciéreuses. Cette usine, qui a imaginé et employé en premier lieu
les appareils de ce système, à la place de ses anciens appareils à
serpentins, en a construit aussi pour d'autres usines, de sorte qu'ils
sont assez répandus en Allemagne.

On s'est proposé surtout, dans leur construction, de rendre la
tuyauterie indépendante de la maçonnerie, de façon à n'éprouver
aucun inconvénient lorsqu'il se produit des dilatations inégales de la
maçonnerie et de la fonte, ce qui, dans les autres appareils, amène
souvent des fuites dans les joints mal mastiqués.

Ainsi qu'on le voit dans les dessins, le vent arrive par un tuyau
distributeur cylindrique portant huit tubulures ovales, contre lesquelles viennent s'assembler huit sommiers portant, venues de

fonte, les arcades de connexion des tuyaux de chauffe. A chaque
sommier sont suspendus quatre de ces tuyaux ayant la forme de
cornues cloisonnées ; les trente-deux cornues librement suspendues
dans la chambre de combustion représentent une surface de chauffe
totale de 140 mètres carrés environ. Le vent chaud revient par huit
tubulures dans un tuyau récepteur qui communique avec la conduite générale desservant tous les appareils à air chaud. Le chauffage se fait au moyen des gaz des hauts fourneaux qui arrivent au-
dessus d'une grille destinée à l'allumage : lorsqu'on veut chauffer
à la houille, il faut une grille de longueur double.

Ces appareils, qui présentent une grande solidité, ont en outre
l'avantage de permettre de remplacer rapidement et aisément les
tuyaux brûlés. Les cornues s'assemblent au moyen d'emboîtements
avec les sommiers. Quand on veut en remplacer une défectueuse,
on peut avec un coin faire sauter l'emboîtement, ce qui permet de la
retirer sans toucher à la maçonnerie et sans démonter aucune pièce
de l'appareil. Pour éviter toute dislocation provenant de dilatations
inégales, on intercale entre chacun des sommiers et la tubulure
correspondante du tuyau distributeur, du côté de l'arrivée du vent
froid, un anneau de compensation en cuivre rouge ayant une forme
analogue à celle d'un rond de serviette : avec cette précaution, il
n'y a pas à craindre de ruptures entre les sommiers chauffés et les
conduites maîtresses de vent qui reposent sur la maçonnerie.

Au moyen de registres et de valves convenablement disposés, on
peut partager le vent entre deux appareils et obtenir ainsi de l'air
chauffé de 300 degrés à 350 degrés, ou bien faire passer dans le
deuxième appareil l'air déjà chauffé dans le premier, ce qui lui fait
atteindre une température de 450 degrés à 500 degrés.

Ce système d'appareil à air chaud a cependant l'inconvénient de
ne pas présenter au vent qui le traverse une section d'écoulement
croissante à mesure qu'il se dilate en s'échauffant.

Chaque haut fourneau à l'usine Georges-Marie est pourvu de trois
appareils.

PLANCHE XLIV.

Appareils à air chaud en matériaux réfractaires, à chauffage alternatif.

Les appareils à air chaud en fonte ne peuvent chauffer le vent à des températures égales ou supérieures à 500 degrés sans donner lieu à un entretien coûteux, par suite de la nécessité du remplacement fréquent des tuyaux de chauffe brûlés par les coups de feu. Deux ingénieurs anglais, MM. Cowper et Whitwell, ont imaginé des appareils construits en matériaux réfractaires qui ne présentent pas cet inconvénient et qui permettent de chauffer le vent jusqu'à 700 degrés et au delà; ces systèmes d'appareils sont tous deux fondés sur le principe qu'emploient MM. Siemens dans leurs fours dits *à chaleur régénérée*, pour chauffer les courants de gaz combustible et d'air comburant. Ils fonctionnent toujours par paires, et tandis qu'un des appareils conjugués reçoit les gaz qui élèvent jusqu'au rouge la température des maçonneries qui le composent, l'autre appareil reçoit le vent qui doit être chauffé et qui vient reprendre aux maçonneries réfractaires la chaleur qu'elles ont reçue pendant une période antérieure.

Les appareils Cowper ont fonctionné d'abord dans l'usine d'Ormesby, près Middlesborough, appartenant à MM. Cochrane et Cᵉ. Cette usine en compte actuellement (1873) douze qui desservent les quatre hauts fourneaux, et les figures 1 et 2 représentent un des appareils qui y ont été installés en dernier lieu. Il se compose, ainsi qu'on le voit, d'une tour circulaire en maçonnerie réfractaire complétement encaissée dans une enveloppe de tôle, de façon à pouvoir résister à la pression intérieure du vent; on prend les précautions nécessaires pour que la dilatation des parois ou de la voûte en maçonnerie puisse avoir lieu sans faire crever les tôles. Au centre de la tour se trouve un puits circulaire concentrique destiné à servir de chambre de combustion pour les gaz, ainsi qu'on le verra : il est également con-

struit en maçonnerie réfractaire. L'espace entre le puits et les parois
de la tour est rempli par des empilages de briques disposés de façon à
former des canaux verticaux carrés, dont les faces sont cannelées horizontalement par suite des retraites et des saillies alternatives des assises de briques : les figures 3 et 4 font comprendre cet arrangement.
A la partie inférieure les empilages reposent sur des sommiers et
un grillage en fonte. Une tubulure, placée tout au bas des parois,
amène les gaz des hauts fourneaux au fond du puits central ; une
autre tubulure placée directement au-dessus amène l'air nécessaire
à leur combustion ; elles sont toutes deux munies de registres-
vannes pour le règlement. Les gaz s'enflamment et brûlent dans le
puits : les flammes s'épanouissent dans l'espace libre entre les empilages et la voûte, puis elles redescendent à travers les empilages
qu'elles échauffent, pour se diriger vers l'orifice qui les conduit à la
cheminée d'appel, orifice situé au-dessous des sommiers et grilles en
fonte et muni d'un moyen de fermeture hermétique. Quand les empilages ont été amenés à la chaleur rouge, on interrompt l'arrivée du
gaz et de l'air, on ferme la communication avec la cheminée et on fait
arriver le vent froid par une tubulure latérale située au-dessous des
grilles de fonte ; ce vent s'élève à travers les empilages en s'y
chauffant à leurs dépens ; arrivé à la partie supérieure, il s'engouffre
dans le puits de combustion, où il acquiert sa plus haute température, pour venir sortir par une tubulure spéciale munie d'un registre-vanne. Ce registre, qui est soumis à une très-haute température,
est à circulation d'eau, comme le montrent les figures 5 et 6. La
soupape de fermeture, du côté de la cheminée, est également à circulation d'eau.

Dans les installations les plus récentes, on a placé le puits de
combustion, non pas au centre, mais tangent aux parois de la tour,
afin de faciliter l'arrivée des gaz et de l'air dans ce puits, et de permettre une répartition plus égale des gaz brûlés sur toute la section
des empilages. En France, on a trouvé plus commode pour les net-
toyages de disposer les empilages de façon à ce qu'ils forment des

canaux prismatiques verticaux à parois lisses. Les appareils se salis-
sent, en effet, assez rapidement par les poussières qu'entraînent les
gaz, à moins que ceux-ci ne soient bien épurés : ces poussières, en
se déposant sur les empilages, peuvent amener des obstructions, et
il faut de temps en temps procéder à un nettoyage. La figure 4 indique un mode de nettoyage usité à Ormesby : on introduit par le
trou d'homme de la partie supérieure un tuyau, qui peut être
tourné à l'aide d'un engrenage, haussé et baissé à l'aide d'une vis,
et par lequel on injecte successivement dans chacun des canaux le
vent de la soufflerie; on peut aussi souffler les canaux par le bas
avec un tuyau muni d'un écran tronconique. On a aussi nettoyé en
faisant tomber en dessous des grilles les poussières déposées dans les
canaux en y provoquant des ébranlements au moyen de détonations.
Quand on a trois appareils et qu'on peut en laisser refroidir un, on
le nettoie en faisant passer dans les canaux des chaînes armées de
brosses en fil de fer. On nettoie tous les trois ou quatre mois au plus.

Les dimensions des appareils Cowper varient : les derniers construits sont moins larges et plus hauts que celui d'Ormesby, leur
diamètre est $5^m,80$, et la hauteur de la partie cylindrique, $15^m,25$.
On en établit ordinairement 3 par haut fourneau (les dimensions
ci-dessus correspondant à un fourneau produisant 50 tonnes par
vingt-quatre heures) ou 5 pour deux hauts fourneaux.

On en trouve en France, à Montluçon (10 appareils pour 4 fourneaux), au Creusot, à Terrenoire, à Marnaval, à Anzin.

M. Whitwell, directeur de l'usine de Thornaby, près Stockton,
a installé les premiers appareils de son système dans la grande
usine de Consett, qui en possède maintenant 20 desservant cinq
grands hauts fourneaux. Les figures 7, 8 et 9 donnent le dessin
d'un des appareils de Consett et la disposition des quatre appareils
desservant un même haut fourneau.

On voit que chacun d'eux se compose d'une tour en maçonnerie réfractaire enfermée dans une enveloppe métallique ; cette tour
est partagée en compartiments au moyen de cloisons parallèles for-

mant chicanes; les compartiments sont fermés à leur partie supérieure par de petites voûtes, et le plafond en tôle de l'appareil est soutenu extérieurement par des sommiers également en tôle, pour qu'il ait la force de résister à la pression intérieure du vent. Lorsque celui-ci passe dans l'appareil, il arrive froid à l'extrémité d'un des diamètres de la base, monte et descend six fois de suite avant de s'échapper par une tubulure garnie de matériaux réfractaires et munie d'une soupape à circulation d'eau, qui se trouve de l'autre côté de la tour. De ce même côté est la tubulure d'admission des gaz, placée à la base et entourée d'évents qui communiquent avec une prise d'air extérieure, de manière à former brûleur. Des évents pratiqués dans la première, la troisième, la cinquième et la septième cloison, laissent arriver encore de l'air puisé à l'extérieur par des regards de prise d'air, et qui s'est chauffé en traversant les maçonneries, de façon à assurer la combustion des gaz. Les gaz enflammés circulent dans l'appareil dans un sens inverse à celui du vent pendant les périodes de soufflage ; des petits regards munis de tubes à oculaires permettent de juger de leur température. Les gaz brûlés s'échappent par une tubulure conjuguée avec celle d'arrivée du vent froid et munie aussi d'une soupape de fermeture et d'un registre.

Les appareils Whitwell fonctionnent comme les appareils Cowper, par paires et par périodes alternatives de chauffage, pendant lesquelles les gaz enflammés circulent à l'intérieur, et de soufflage, pendant lesquelles le vent passe en s'échauffant.

Un fourneau peut être desservi par une paire ou par deux paires d'appareils : ainsi pour un fourneau produisant 50 tonnes de fonte par jour, on établit deux paires d'appareils (voir la disposition, fig. 9) ayant un diamètre de 6^m,70 et une hauteur de 8^m,70.

Le nettoyage des carneaux verticaux à chicanes se fait aisément en marche, en introduisant, par les ouvertures à tampons ménagées sur le plafond de l'appareil, des râbles à brosses qui font tomber les poussières au bas des compartiments, d'où on les retire par sept tubulures d'extraction latérales munies de tampons. Il faut pour ce nettoyage environ six heures, et il doit s'effectuer à des intervalles qui varient de trois à six mois, suivant la propreté des gaz.

Les usines à fonte du Creusot, du Prieuré près Longwy, d'Hayange, de Saint-Jacques de Montluçon, de Denain, possèdent des appareils Whitwell.

Les appareils Whitwell, comme les appareils Cowper, sont d'un prix de construction très-élevé. On ne peut guère évaluer à moins de 200 000 francs les frais nécessaires pour leur application à un grand haut fourneau produisant 50 tonnes environ de fonte par vingt-quatre heures.

DIVERS

PLANCHE XLV.
Portevents et tuyères.

Cette planche contient divers types de portevents qui sont ou ont été employés dans certaines usines.

Les figures 8 et 9 représentent un ancien portevent de haut fourneau au bois soufflé à l'air froid, avec soupape à siége ; son emploi n'est pas à conseiller pour les hauts fourneaux soufflés à l'air chaud. Le disque de la soupape s'ajuste difficilement sur son siége par suite des dilatations et au bout de peu de temps la fermeture n'est plus étanche.

Les figures 10, 11, 12 et 13 s'appliquent à un portevent muni d'un joint télescopique qu'on peut faire fonctionner au moyen d'une crémaillère et d'un pignon de rappel, de façon à faire rentrer dans le tuyau principal le bout de tuyau plus petit qui porte le busillon et l'obturateur de tuyère.

Les figures 1, 2 et 3 donnent le détail d'un portevent des hauts fourneaux du Creusot. Il s'ajuste sur une tubulure du tuyau général enterré dans le sol. Sur la partie montante, ce portevent est muni d'un registre en coin, qui se manœuvre à l'aide d'une vis en rentrant dans une boîte venue de fonte avec les tuyaux, et d'une tubulure de sûreté pourvue d'un robinet et destinée à fournir un échappement au vent lorsque le registre doit être fermé ; la colonne verticale se termine par une coupe dans laquelle vient reposer une sphère creuse venue de fonte avec la partie horizontale du portevent et qui forme un joint à rotule ou genou. Le tuyau horizontal est pourvu d'un regard avec plaque de cristal, d'une ouverture de nettoyage, d'un trou pour l'introduction du pyromètre destiné à mesurer la température du

vent et enfin d'un joint télescopique qui peut se manœuvrer à bras.
Ce même portevent a été employé au Creusot avec des conduites
de vent aériennes supportées au-dessus du sol des fourneaux, et y
forme portevent-botte ; il est nécessaire alors de soutenir la partie
horizontale en la buttant en dessous ou en la suspendant à la partie
verticale.

Les figures 4, 5, 6 et 7 montrent les dessins d'un portevent à
joint télescopique et à genou, employé à l'usine de Dowlais dans
le pays de Galles, et qui n'a pas besoin d'explication spéciale pour
être compris. Les deux pièces formant le joint à genou sont maintenues serrées par deux boulons à œil.

La figure 14 représente une tuyère en fonte de fer ou en bronze,
coulée avec une ouverture annulaire antérieure que l'on ferme avec
un anneau plat de fer mastiqué.

La figure 15 montre une disposition de tuyère très-employée en
Angleterre et qui n'est qu'un tronc de cône formé avec un tuyau de
fer enroulé en hélice à diamètres décroissants. Les spires sont jointives, et de plus on peut en mastiquer les interstices avec de la terre
réfractaire.

Enfin on voit dans la figure 10 le dessin d'une tuyère en tôle formée de deux troncs de cône en tôle soudés sur les deux faces de deux
anneaux de fer.

PLANCHE XLVI.

Portevents.

Les figures 1, 2, 3, 4, 5 représentent un portevent destiné à
s'ajuster sur une conduite générale souterraine et qui est très-employé dans les usines belges. La partie horizontale se compose de
deux tuyaux en fonte dont l'un peut rentrer dans l'autre à la façon
d'un tube de lunette d'approche : une bague à cannelure sert à
assurer l'étanchéité du joint. A l'extrémité se trouve un joint à
rotule qui permet de donner au busillon diverses inclinaisons sur le

portevent; un système spécial de trois boulons permet d'effectuer le serrage du busillon dans les diverses positions qu'il peut prendre. Le tube rentrant est muni d'un galet qui roule sur un guide horizontal : au moyen d'une crémaillère qui lui est attachée et qui est commandée par un pignon dont l'axe est fixé sur l'autre partie du portevent, on peut en faisant tourner une roue à manette le faire avancer et reculer. Sur la branche horizontale du portevent se trouve aussi un registre-vanne qui se manœuvre au moyen d'un balancier et d'une chaîne à poignée; lorsqu'on ferme la vanne, une autre chaîne attachée au balancier fait ouvrir une soupape d'échappement placée sur le montant vertical du portevent : celui-ci est aussi muni d'un regard avec plaque de cristal ou de mica.

Les figures 6, 7, 8 et 9 montrent la disposition d'un portevent double, destiné à desservir deux tuyères voisines et employé aux hauts fourneaux de Torteron. Sur le montant vertical fixe se trouvent ajustés deux manchons pouvant tourner autour de lui ; le manchon inférieur repose par une partie ajustée conique sur la bride du montant; le manchon supérieur repose en bas par un ajustement conique sur une bague en fer vissée contre le montant, et en haut, par l'intermédiaire du tampon boulonné, sur l'extrémité conique du montant. Chacun des manchons porte une arcade destinée à conduire le vent à une tuyère et la branche descendante de chaque arcade est munie d'une botte ajustée au moyen d'un joint à genou et soutenue au moyen d'un collier et d'un étrier à vis. Le joint à genou permet de donner aux busillons diverses inclinaisons ; la rotation des arcades permet d'éloigner les busillons des tuyères lorsqu'on veut y travailler. Dans le montant vertical se trouve une soupape à siége qui, lorsque le vent y arrive, est maintenue soulevée par la pression du vent et appliquée contre une ouverture du tampon supérieur, et qui, lorsque la soufflerie est arrêtée, retombe par son propre poids sur un siége inférieur, de façon à empêcher les gaz du fourneau de revenir par les arcades jusque dans les conduites de vent : ils s'échappent par la partie supérieure.

Cette disposition de portevent permet de dégager les embrasures
de tuyères en plaçant le montant vertical contre un des piliers de
cœur ou contre une des colonnes qui soutiennent le haut fourneau.

Les planches XXIII et XXIV montrent la disposition d'un autre
système de portevent employé aux hauts fourneaux d'Anzin et se
raccordant avec une conduite de vent souterraine.

PLANCHE XLVII.

Portevent pour conduites aériennes.

Dans les hauts fourneaux de construction récente on place ordinairement en l'air la conduite circulaire qui amène le vent aux
diverses embrasures de tuyères, en la soutenant au moyen des
colonnes du haut fourneau. Cette disposition est en effet meilleure
que celle qui consiste à placer la conduite générale de vent dans un
caniveau souterrain plus ou moins difficilement accessible pour les
réparations de fuites, et plus ou moins exposé aux inondations d'eau
ou aux infiltrations de fonte en cas d'accident. Lorsque la conduite
circulaire est ainsi placée en l'air, le vent doit descendre aux tuyères
par des portevents-bottes.

Les hauts fourneaux dessinés sur les planches XIX, XX, XXII
et XXV fournissent divers exemples de cette disposition et divers
types de portevents.

La planche XLVII donne les dessins détaillés du portevent employé par la plupart des usines à fonte westphaliennes et qu'on voit
indiqué comme ensemble sur la planche XXV. Cet appareil est soutenu par un support dans lequel se trouve un verin qui permet de
le placer à diverses hauteurs : il communique en dessus par un
joint télescopique avec une tubulure de la conduite circulaire générale. Il se compose d'un manchon horizontal dans lequel glisse un
autre tube ajusté : une crémaillère, attachée en dessous à ce tube
mobile et engrenant avec un pignon attaché au support fixe, permet de le faire entrer ou sortir du manchon fixe. Une large fente

longitudinale fait communiquer l'intérieur du tube mobile avec le manchon qui reçoit le vent.

Le tube mobile porte une bride inclinée sur laquelle s'ajuste un clapet et un bout de tuyau conique percé, sur sa face supérieure qui est plane, d'une ouverture que le clapet vient fermer lorsqu'il est soulevé par la pression du vent. Le clapet se rabat et intercepte la communication entre la tuyère et le portevent lorsque le vent n'arrive plus. Sur le bout de tuyau à portée conique s'ajuste le busillon en fonte.

Un regard avec plaque de cristal permet de voir dans l'axe de la tuyère.

La figure 7 montre comment le busillon s'ajuste dans une tuyère de bronze coulée d'une seule pièce.

Cette disposition de portevent est ingénieuse, mais elle a l'inconvénient d'être lourde et coûteuse et de gêner les manœuvres qu'on peut avoir à faire en face de la tuyère, à moins qu'on ne démonte complétement le système.

PLANCHE XLVIII.

Cassage des minerais. Wagons de chargement.

Les figures 1 et 2 représentent une machine à casser les pierres et les minerais, qui est très-employée en Amérique et en Allemagne et qui commence à se répandre en Belgique et en France. Elle a été inventée aux Etats-Unis par M. Blake, et se compose essentiellement de deux mâchoires en fonte dure ou revêtues de plaques en fonte dure. L'une des mâchoires est fixe, l'autre est mobile et reçoit son mouvement au moyen d'une sorte de presse à genou commandée par l'arbre moteur de l'appareil. Le type représenté peut casser en dix heures de travail 100 tonnes de minerai dur en absorbant une force de 4 chevaux environ. Cet appareil fonctionne régulièrement sans dérangements et sans réparations trop fréquentes : il a l'avantage de ne faire que fort peu de menu ou de poussière.

Les autres figures de la planche représentent divers types de wagons de chargement.

Les figures 3 et 4 sont deux élévations d'une brouette anglaise en tôle et fer pour le chargement des minerais ; les figures 5 et 6, l'élévation et le plan d'une brouette anglaise à claire-voie en fer pour le chargement du coke.

On trouve, fig. 7 et 8, les dessins d'un wagonnet de chargement à bascule qu'on emploie surtout en Allemagne pour le service des appareils Langen, de Hoff, etc.

Les figures 9 à 12 donnent divers dessins d'un wagon de chargement circulaire à clapets de fond partiels, employé avec la prise de gaz à trémie dans un grand nombre d'usines françaises. Les six clapets ou volets, qui composent le fond de la caisse cylindrique et qui sont maintenus fermés chacun par un loquet tournant entrant dans deux gâches fixées aux parois de la caisse, peuvent être ouverts tous à la fois au moyen d'une couronne qui enveloppe la caisse et qui, par l'intermédiaire d'appendices verticaux, décroche en même temps tous les loquets, lorsqu'on lui donne un petit mouvement de rotation.

PLANCHE XLIX.

Fours de grillage pour les minerais de fer.

Le grillage des minerais de fer n'est guère pratiqué maintenant en France. Les fours à griller employés pour des hématites rouges sulfureuses à Lavoulte, et ceux employés pour des minerais hydratés à Tamaris près Alais, sont connus par plusieurs publications ; le combustible dont on se sert est la menue houille. Dans le Dauphiné, aux environs d'Allevard, on grille au bois des minerais carbonatés dans des fours analogues aux précédents, mais munis d'une grille à la partie inférieure.

En Angleterre et dans le district métallurgique du Cleveland notamment, le grillage est pratiqué sur une large échelle pour les minerais carbonatés oolithiques du pays. Deux systèmes de fours y sont
usités. Les figures 1 et 2 représentent un des fours, système Gjers,
de l'usine d'Ayresome, à Middlesborough. Il se compose simplement d'une enveloppe en tôle, avec un garnissage réfractaire de
$0^m,35$, reposant sur une couronne en fonte. Celle-ci est supportée
par huit piliers reposant eux-mêmes sur une base qui dépasse de
$0^m,45$ le niveau du sol, afin de faciliter le chargement des brouettes.
Ces colonnes ont une hauteur de $0^m,70$ environ, ce qui laisse un
espace libre tout autour pour l'entrée de l'air et pour le défournement des minerais. Au centre est un cône qui dirige le minerai
vers les ouvertures : ce cône en fonte est fait en deux parties, dont
l'une, recouvrant l'autre, laisse un intervalle pour la pénétration de
l'air dans l'intérieur du four, ce qui est utile avec des appareils d'un
diamètre aussi grand ; l'air arrive dans le cône par des conduits ménagés dans la maçonnerie de la base ; sur la rangée inférieure des
tôles se trouvent un certain nombre de regards ordinairement fermés avec des portes, et qui servent à introduire des ringards en cas
d'engorgement. Une double voie repose sur la rangée des fours,
avec un passage au milieu et de chaque côté. La hauteur du four
est de $10^m,65$ jusqu'au niveau de la passerelle ; le diamètre est
$7^m,72$ et la capacité environ 225 mètres cubes. Il peut griller
800 tonnes de minerai brut par semaine, et la consommation de
combustible est de 1 tonne de houille menue pour 24 ou 25 tonnes
de minerai.

Les figures 3, 4, 5 représentent un autre type de four de grillage
employé dans le Cleveland et imaginé par M. Borrie, ingénieur
des usines de MM. Bolckow et Vaughan : il est caractérisé par un
mode particulier de remplissage automatique des brouettes ou wagonnets. Ces fours ont ordinairement une hauteur totale au-dessus
du sol de 15 mètres, et leur diamètre est d'environ 6 mètres. Ils
supportent généralement aussi une double voie sur laquelle roulent

les wagons des chemins de fer du Cleveland. Quelques-uns ont le
gueulard fermé, et le chargement se fait au moyen de trappes inclinées munies de contre-poids ; les fumées sortent alors par des ouvertures latérales communiquant avec des cheminées. A la base se
trouvent six ouvertures toujours ouvertes où le minerai prend son
talus naturel ; le pied du talus est soutenu par une vanne mobile :
en levant cette vanne, on laisse échapper dans le wagonnet la quantité de minerai qu'on veut. Ces fours contiennent de 500 à 550 tonnes et peuvent griller par jour 150 à 200 tonnes de minerai brut.

Dans quelques contrées dépourvues de combustibles minéraux,
on a cherché à employer les gaz des hauts fourneaux comme combustible pour le grillage des minerais. Les figures 6, 7, 8 montrent
le four qui est employé en Suède, dans le district de Dannemora,
et qui fournit en vingt-quatre heures 20 à 25 tonnes de minerai
grillé. La conduite de gaz en fonte fait le tour de la base du fourneau : elle est munie d'ouvertures fermées par des tampons pour
permettre le nettoyage ; dix tubulures conduisent le gaz dans dix
ouvreaux horizontaux ménagés dans la maçonnerie et fermés extérieurement par des portes munies de regards. Dans chaque ouvreau
est un registre glissant qui permet de régler la quantité de gaz qui
passe : l'air pour la combustion arrive en assez grande abondance
par les joints, et on tient tout l'appareil aussi bien fermé que possible. Une seconde rangée d'ouvreaux a pour but de permettre l'introduction de ringards, en cas d'accrochages. Il y a quatre ouvertures de défournement également fermées par des portes. L'air
arrive surtout par la circonférence du four, aussi le centre est-il quelquefois trop peu chauffé ; c'est pourquoi on ne peut augmenter
beaucoup le diamètre, et on mélange quelquefois du menu charbon
avec le minerai. Une des dimensions de ce four présente une assez
grande importance, c'est la hauteur qui sépare les ouvreaux par où
entre le gaz, de la couronne de fonte au-dessous de laquelle le four
s'élargit pour le défournement. A Dannemora, où on grille à très-
haute température, et où les minerais, passablement ramollis, ten-

dent à se coller les uns aux autres, on a réduit cette hauteur à
0^m,60 environ, afin de pouvoir désagréger les agglomérations en introduisant des ringards par les ouvreaux. Ailleurs, où on a besoin
d'une moins haute température, cette hauteur de chute des minerais atteint jusqu'à 2 mètres, ainsi qu'on le voit dans un four figuré
dans l'ouvrage de M. le professeur Percy ; elle ne peut être trop
faible sans exposer à une sortie plus rapide des minerais à la circonférence qu'au centre. Ces fours ont été imaginés et construits
d'abord par M. Westman. Ils ont été importés en Styrie et en Carinthie par M. le professeur Tunner, de l'Ecole des mines de Leoben.

Ces fours de grillage à cuve ne peuvent guère être employés que
pour des minerais en morceaux. On a cherché à l'usine d'Eisenerz,
en Styrie, à griller les minerais menus au moyen des gaz, en se
servant d'un four à réverbère imaginé par M. Moser, et représenté
par les figures 9 et 10. Le minerai est versé des wagonnets dans
un couloir, d'où il descend lentement sur une sole inclinée en sens
inverse du courant de flamme fourni par un tuyau de gaz à la
partie inférieure; il sort par une embrasure à la partie inférieure.
Les gaz sortent du tuyau par une ouverture étroite, longitudinale,
présentant une section de 0^{m2},0440 : la flamme est rabattue sur
la sole par des plaques de fonte. Les minerais séjournent trois à
quatre heures dans le four, et deux de ces fours alimentent un haut
fourneau qui produit par semaine 84 à 95 tonnes de fonte. Un
four produit par vingt-quatre heures 46 à 47 tonnes de minerai
grillé.

PLANCHE L.

Détails et outillage des hauts fourneaux en Angleterre.

Cette planche donne, d'après M. Truran, quelques détails de construction, de disposition et d'outillage des hauts fourneaux dans le
pays de Galles.

Les figures 4 et 2 montrent la disposition adoptée pour la coulée

de la fonte et pour l'échappement des laitiers. L'embrasure de coulée est partagée en deux parties par la plaque de gentilhomme qui
s'appuie contre une nervure de la plaque de dame. Un des côtés de
l'embrasure est remblayé avec du fraisil à la hauteur de la dame et
les laitiers coulent sur ce remblai dans des rigoles en fonte qui les
dirigent vers des wagons spéciaux. Ces wagons (fig. 4) ne sont autres
que des trucs roulant sur voies ferrées et portant des caisses en fonte
susceptibles de se démonter. Lorsqu'un wagon est plein, on l'emmène et on le remplace par un autre vide ; le pain de laitier se
solidifie assez rapidement, on démonte les parois de la caisse et on
conduit le truc chargé au bord d'un crassier, où on le décharge au
moyen d'un culbuteur. Dans l'autre moitié de l'embrasure se trouve
le trou de coulée, d'où une rigole (fig. 6) conduit la fonte vers le chantier de coulée, remblai en sable présentant une pente douce, dans
lequel sont préparés, au moyen des outils que montre la figure 8, les
moules de gueusets, ou sur lesquels sont disposées les lingotières
(fig. 5). Une grue appliquée contre une des parois de l'embrasure aide
à la manœuvre des outils pesants et des blocs de laitier ou de fonte.

Dans des usines récemment établies, on remplace avec avantage la
caisse à quatre parois amovibles par un moule tronconique en fonte,
d'une seule pièce, muni de tourillons qui permettent à une grue de
le soulever. Ailleurs la caisse-moule est formée par des volets articulés contre la base du fourneau, de sorte que lorsque le truc s'éloi-
gne, il n'emporte que le pain de laitiers.

Dans d'autres usines, on n'emploie pas ce matériel et on fait arriver le laitier par une rigole dans un trou creusé dans le sable où
on dispose un crochet, et où il forme autour de ce crochet un bloc
qu'on soulève pour le mettre en wagon au moyen d'une grue (fig. 3).

La figure 7 donne les croquis des outils des fondeurs, savoir :
ringards pointus, ringards biselés, porte-bouchon, crochets. pelle,
fouloir, râteau, tels qu'on les emploie dans le pays de Galles.

PLANCHE LI.

Monte-charges à vapeur à double effet.

Lorsque les hauts fourneaux sont construits en plaine, les matières premières doivent être portées au niveau des gueulards par
des élévateurs spéciaux qui sont soit des plans inclinés, soit des
monte-charges verticaux. Les dispositions mécaniques, de même
que les moteurs employés, varient à l'infini, surtout pour les
monte-charges verticaux.

Les moteurs à vapeur sont les plus employés, aussi bien pour
les plans inclinés que pour les élévateurs verticaux, et ils agissent
le plus souvent à l'aide de câbles ou de chaînes, comme les machines d'extraction dans les houillères. La planche LI montre une
installation de monte-charges à vapeur employée à l'usine de Saint-
Louis près Marseille, pour racheter une différence de niveau de
$4^m,15$, la plate-forme du gueulard des fourneaux dépassant de cette
quantité le niveau de la halle de chargement où arrivent les matières
et où se composent les lits de fusion. Les deux guidages où manœu-
vrent les deux cages sont adossés au mur de la halle de chargement, dans lequel se trouve, à $4^m,15$ au-dessus du sol, la baie
donnant accès au pont de chargement qui conduit au gueulard du
haut fourneau. Les deux cages (dont les plateaux ont $2^m,30$ sur $1^m,50$)
sont équilibrées, et le treuil à vapeur n'a à soulever que le poids
utile de la charge. L'appareil travaille sans avoir causé d'embarras,
depuis six années, en élevant quotidiennement 175 à 200 tonnes de
minerais, combustibles et fondants contenus dans des wagons culbuteurs, au moyen de cinq cents manœuvres environ.

A côté de cet exemple d'un petit monte-charges à vapeur, il faut
citer celui des hauts fourneaux de l'usine de Newport, près Middlesborough, dont le plan se trouve figuré planche LVI. Ce monte-charges
est installé, comme on le voit, entre deux hauts fourneaux; trois
colonnes de fonte, servant en même temps de guides, supportent en

son milieu la plate-forme qui réunit les deux appareils. Le treuil à vapeur est établi sur ce pont dans une petite construction. La vapeur vient des chaudières par une conduite longue de 60 mètres entourée de matières isolantes. Le moteur est une petite machine à vapeur avec deux cylindres de $0^m,20$ de diamètre et $0^m,30$ de course, dont la distribution se fait au moyen de coulisses; il conduit, au moyen de deux pignons placés sur l'arbre de la manivelle, un arbre inter- médiaire : celui-ci actionne par un seul pignon placé en son milieu la grande roue dentée ($3^m,66$ de diamètre) placée sur l'arbre du monte-charges. De chaque côté de cette roue est une poulie recevant sur sa demi-circonférence, dans une gorge exacte, un câble d'acier de $0^m,031$ de diamètre. Chaque cage, dont le plateau carré a 3 mètres de côté environ, est donc attachée à deux câbles par l'intermédiaire d'un double levier qui assure leur égale tension. Aussitôt qu'une cage touche au sol, les câbles ne sont plus tendus et ne mordent plus sur les poulies, de sorte que l'autre cage ne peut être enlevée trop haut. La machine à vapeur travaille à 150 tours par minute; on fait une manœuvre, c'est-à-dire on élève une charge de 2 tonnes à 28 mè- tres de hauteur en une minute. On peut donc élever 120 tonnes par heure à cette hauteur. Ce monte-charges a coûté, d'après M. Sa- muelson, son propriétaire, y compris fondations, guidage, machine, cabinet de machine, etc., la somme de 51500 francs environ. Il dessert maintenant trois hauts fourneaux semblables, produisant ensemble 252 tonnes à peu près par vingt-quatre heures.

Avec ce système ou ceux analogues, il faut conduire la vapeur par des conduites d'un grand développement aux moteurs placés sur les plates-formes, ce qui est un inconvénient sérieux. Aussi, souvent on a préféré placer les machines au niveau du sol et faire fonctionner les cages du monte-charges, comme celles d'un puits de mine, au moyen de longs câbles s'enroulant sur des bobines mues par la machine et allant passer sur les poulies au sommet du gui- dage. Cette disposition présente un autre inconvénient, celui d'exi- ger des câbles fort longs, qui peuvent donner des embarras pour le règlement exact des hauteurs auxquelles les cages peuvent s'arrêter et qui présentent des chances fâcheuses d'usure et de rupture.

Une disposition meilleure est celle qui vient d'être employée par M. Verdié pour le monte-charges des hauts fourneaux de Firminy (Loire). Le bâti est formé de six colonnes en tôle formant deux encadrements dans lesquels montent et descendent les cages dont le plateau, à peu près carré, a 2 mètres de côté. Elles sont attachées aux deux extrémités d'un solide câble plat qui passe sur une molette au haut du guidage et ne sert qu'à les supporter de façon qu'elles s'équilibrent l'une l'autre. Au-dessous de chaque cage est attachée une chaîne qui va passer sur une poulie et de là s'enrouler sur une bobine dont l'axe est perpendiculaire à celui de la molette supérieure. Les deux bobines sont mises en mouvement par une machine à deux cylindres, à changement de marche, qui fait monter une cage en tirant l'autre en bas. Avec ce système, la longueur de câble ou de chaîne est un minimum, la machine peut être très-rapprochée et une chaîne peut casser sans qu'il s'en suive forcément la chute des cages.

En Angleterre, on emploie beaucoup de monte-charges à vapeur à action directe pour les fours de grillage, comme celui qui sera décrit pour l'usine de Newport (pl. LVI). Dans une usine, celle de Normanby, près Middlesborough, on emploie un monte-charges de cette nature pour des hauts fourneaux de 22ᵐ,50 ; le cylindre vapeur est enterré dans le sol, et le piston plongeur qui porte la plate-forme a une course de 22ᵐ,50.

PLANCHE LII.

Monte-charges hydraulique à balance d'eau.

Cet appareil a été établi par MM. Thomas et Laurens, pour un haut fourneau de la Meurthe, ayant une hauteur de 11 mètres et produisant 10 à 12 tonnes de fonte en vingt-quatre heures. Une pompe foulante annexée à la machine soufflante envoie continuellement de l'eau dans le réservoir situé au sommet de la tour du monte-charges : cette eau est dépensée par éclusées, pour ainsi dire, pour remplir la bâche-réservoir fixée à la cage supérieure de la balance d'eau, de telle sorte que son poids détermine la chute de cette cage et l'élévation de la cage inférieure qui porte la charge. Les deux cages sont fixées aux extrémités d'une chaîne qui passe sur la gorge d'une poulie ; elles s'équilibrent mutuellement, et une autre chaîne, attachée en dessous à chacune d'elles et passant sur deux poulies au bas du monte-charges, fait équilibre aux longueurs différentes des deux brins de suspension. Chaque cage est guidée par quatre pièces en fer fixées au plateau inférieur et embrassant quatre tringles de fer rond attachées à la partie supérieure du monte-charges et tendues en bas par des contre-poids ; la figure 7 donne le détail de ces guides. L'eau arrive alternativement dans l'une ou dans l'autre des bâches-réservoirs (fig. 6) au moyen d'un appendice de ces bâches, où vient s'introduire un bout de manche en cuir fixé au robinet à plusieurs eaux placé entre les deux guidages, comme on le voit figures 1 et 4.

Lorsque la bâche pleine arrive en bas avec le wagon vide, elle se vide au moyen d'une soupape dans un tuyau à double entonnoir qui dirige l'eau vers un égout : la soupape est manœuvrée au moyen d'une poignée logée dans l'épaisseur du plancher de la cage ; un crochet indiqué figure 3 permet de la fixer, une fois ouverte, jusqu'à vidange complète. Quelquefois on a rendu cette soupape automatique, en la munissant d'une tige qui vient butter dans l'entonnoir de décharge : on a alors l'avantage que le câble est soulagé un peu plus tôt ; mais si l'autre cage n'est pas à ce moment bien arrêtée par un clichage ou par des crochets, elle court le risque de retomber avant qu'on ait eu le temps d'enlever le wagon plein ; de plus, l'écoulement de l'eau se fait souvent trop brusquement, ce qui entraîne de l'humidité autour de l'appareil.

La cage, en arrivant à la partie supérieure, soulève un plancher mobile qu'elle emporte avec elle, et ses traverses supérieures vont

s'agrafer dans deux crochets suspendus (voir fig. 1, 2 et 4) à contre-
poids, ce qui empêche la descente, jusqu'à ce que, au moyen d'un
levier à manette indiqué sur ces mêmes figures , on ait écarté les
crochets des traverses de la cage.

Un frein puissant dont le levier, placé obliquement (voir fig. 1 et 4),
est commandé par une vis, permet d'exercer un serrage énergique
sur la chaîne et la gorge de la poulie elle-même. Cette disposition
est plus sûre que celle qui consiste à faire agir le frein sur une
jante spéciale venue de fonte avec la poulie, parce qu'elle empêche
tout glissement de la chaîne sur la poulie ; mais les sabots du frein
s'usent plus rapidement. Une disposition, qui présente des avantages, consiste à munir le frein d'un puissant contre-poids qui le
tient toujours serré, tant que l'ouvrier qui veut permettre au mouvement de se produire, n'exerce pas un certain effort pour le sou-
lager. Le frein est indispensable pour modérer la vitesse à l'arrivée
et pour éviter les chocs.

Il faut avoir, dans les attelages de la chaîne aux cages, un moyen
de compenser facilement les allongements qui peuvent se produire
à la mise en train ; on y arrive au moyen d'un boulon fileté pouvant
se rattacher aisément avec une clavette à l'un quelconque des chaî-
nons.

Les plus grands monte-charges à balance d'eau se trouvent
dans le district du Cleveland en Angleterre. On peut citer ceux de
l'usine d'Ormesby, près Middlesborough : l'un dessert deux hauts
fourneaux de 22^m,80 produisant chacun 400 à 450 tonnes par
semaine ; l'autre a été construit pour desservir deux hauts fourneaux de 27^m,45 qui ne fonctionnent pas encore. Les cinq monte-
charges des usines de Clay Lane et de South Bank, aussi près de
Middlesborough, desservent des hauts fourneaux de 26 mètres de
hauteur. Voici quelques détails sur leurs dispositions. Une double
charpente verticale s'élève depuis le niveau du sol jusqu'à 4^m,50 environ au-dessus de la plate-forme de chargement des hauts fourneaux : cette charpente est formée de six colonnes de fonte, solide-

ment entretoisées et formant en plan deux compartiments carrés dans lesquels circulent les cages. Le réservoir repose sur un entablement au sommet des six colonnes (l'eau y arrive par un tuyau logé dans une des colonnes) ; il a une forme rectangulaire et présente au centre un espace vide quadrangulaire assez grand pour le logement des arbres, des poulies et des freins ; les tourillons de ces arbres tournent dans des paliers fixés au réservoir. Les deux cages sont suspendues aux extrémités d'un ou de plusieurs câbles en fer qui passent sur une ou plusieurs poulies. Elles ont 3 mètres de côté et contiennent quatre wagons de chargement ; les bâches sous les cages contiennent chacune plus de 40 hectolitres. La course des cages est de $28^m,20$ d'un niveau à l'autre.

On a construit autrefois des monte-charges hydrauliques à simple effet, c'est-à-dire dans lesquels il n'y a qu'une seule cage à une extrémité du câble et une bâche à eau à l'autre extrémité. Quelquefois aussi on suspend les deux bâches aux deux extrémités d'une chaîne passant sur une poulie de diamètre moindre que celle, calée sur le même arbre, qui porte la chaîne des cages ; les bâches ont alors une course moindre que les cages, et l'on peut faire monter celles-ci à un niveau supérieur à celui du réservoir d'eau.

Un inconvénient, commun à tous les systèmes de monte-charges à balance d'eau, est que le réservoir et la conduite d'eau sont exposés à geler en hiver, si l'on ne prend pas des précautions contre le froid.

PLANCHE LIII.

Monte-charges pneumatique à cloche.

L'usage des monte-charges pneumatiques à cloche, dans lesquels la charge est placée sur le plafond d'une cloche en tôle renversée dans un puits plein d'eau, pour être ensuite soulevée au niveau du gueulard par la pression du vent de la soufflerie, avait pris, il y a quelques années, une extension assez considérable dans certaines

usines d'Angleterre et de France. Ces monte-charges présentent cependant des inconvénients graves, tant au point de vue de leur établissement qu'à celui de leur fonctionnement. Ils exigent notamment
le foncement d'un puits de plus de 2 mètres de diamètre, ayant une
profondeur qui dépasse toujours de 2 mètres au moins la hauteur
d'élévation des charges, construction souvent très-difficile et toujours coûteuse. Leur fonctionnement absorbe des quantités de vent
considérables et peut ainsi amener des variations fâcheuses dans la
soufflerie. Mais, par contre, ils sont d'une manœuvre simple et commode; leur établissement est peu compliqué, il n'y a pas besoin de
clichage; le départ et l'arrivée des charges les plus lourdes se font
sans le moindre choc; le mouvement est si doux et si aisément con-
trôlé, que les chances d'accident sont presque nulles, et les réparations rares et peu importantes, si le puits a été bien construit.

On a pu les employer avec avantage dans certaines grandes
usines qui possèdent une soufflerie très-puissante et des régulateurs de vent très-volumineux et où, par suite d'un demi-ados-
sement des hauts fourneaux, les charges n'ont pas à être élevées
de toute leur hauteur. Ainsi la planche VIII représente le monte-
charges pneumatique qui sert au Creusot à élever les charges de
$6^m,10$ seulement, les hauts fourneaux de $16^m,50$ ayant derrière eux
une terrasse haute de plus de 10 mètres. Dans la figure 1, la cloche
est à fond ; dans la figure 2, elle est à l'extrémité supérieure de sa
course. Le guidage est fait à l'extérieur par les quatre angles de la
plate-forme carrée qui surmonte la cloche, ainsi qu'on le voit dans
la figure 4; dans l'eau, le bas de la cloche porte deux appendices
diamétralement opposés, qui glissent dans des coulisses venues de
fonte avec le tuyau de descente du vent et avec un tuyau symétriquement placé à ce dessein. La distribution du vent est faite par une
boîte à deux soupapes, que l'on peut manœuvrer du haut ou du bas.
Deux contre-poids circulant dans deux gaînes latérales en tôle équilibrent le poids mort de la cloche et de sa plate-forme. La charge
maximum à soulever se compose d'un wagon plein de minerai et

castine qui représente 3 340 kilogrammes, savoir : 840 kilogrammes, poids du wagon, et 2 500 kilogrammes, poids de la charge; elle exige une pression de vent de $0^m,13$ à $0^m,14$ de mercure. Le puits a $2^m,50$ de diamètre et $8^m,375$ de profondeur ; il est fait en deux épaisseurs de maçonnerie entre lesquelles on a intercalé une couche de $0^m,04$ en mortier ou béton de goudron pour assurer l'étanchéité de la construction.

On trouve dans l'ouvrage de Truran des renseignements assez complets sur un monte-charges pneumatique installé à l'usine de Corbyn's Hall (Staffordshire) et qui dessert quatre hauts fourneaux. La cloche a $1^m,68$ de diamètre; le vent y arrive par un tuyau de $0^m,175$ de diamètre avec une pression de $0^m,12$ de mercure, ce qui lui donne une puissance ascensionnelle de 3 615 kilogrammes. Le poids d'une charge, y compris les brouettes et les ouvriers, étant 2 283 kilogrammes environ, en moyenne, il reste un excédant de 1 332 kilogrammes pour compenser le poids mort de la cloche et de ses accessoires. Avec un vent plus tendu, comme celui employé dans quelques usines du pays de Galles, on pourrait élever la même charge avec une cloche beaucoup plus petite ; mais en pratique il vaudrait mieux employer une cloche large et accroître le nombre des brouettes en proportion.

Le prix de revient de l'élévation des charges avec un appareil pneumatique est aussi grand qu'avec un plan incliné ou une balance d'eau, mais l'entretien et les réparations sont certainement moindres. Avec un appareil des dimensions ci-dessus, montant à 15 mètres, la consommation de vent est d'environ $22^{m3},250$ par 1000 kilogrammes montés. Si l'on admet qu'il faut 8 tonnes de matières premières par tonne de fonte produite, il faudra donc pour les élever environ 180 mètres cubes de vent à la pression de $0^m,12$ de mercure. Le coût de la compression de cet air varie avec les usines, mais dans plusieurs usines du pays de Galles on admet que le coût de 1 000 mètres cubes de vent, tout compris, n'atteint pas 0 fr. 10. L'élévation coûterait donc par tonne de fonte 0 fr. 018, ou, en ajoutant 0 fr. 017 pour les frais d'établissement et d'entretien de l'appareil, 0 fr. 035.

Lorsqu'au Creusot en a construit des hauts fourneaux de 20 mètres et plus, on a été obligé de renoncer au système pneumatique. Il en a été de même à Ormesby, près Middlesborough, où les monte-charges pneumatiques ont été remplacés par des balances d'eau.

On a construit des monte-charges pneumatiques de plusieurs autres systèmes qu'on trouve employés dans les environs de Middlesborough. Le monte-charges pneumatique de Gjers se compose d'un tube vertical en fonte plus haut que le fourneau, ajusté intérieurement, dans lequel se meut un lourd piston contre-poids équilibrant, au moyen de câbles et de poulies, la cage du monte-charges; lorsque celle-ci au bas de sa course est chargée, le piston est en haut du tube, et on le fait descendre en faisant le vide en dessous; quand la cage au contraire doit redescendre, le piston est en bas, et on injecte de l'air comprimé pour le faire remonter. Il est employé dans les usines de Linthorpe, Tees Side, Ayresome, près Middlesborough, et à Germaniahütte, près Cologne.

Le monte-charges hydro-pneumatique de M. Wrightson comprend aussi un tube vertical plus haut que le fourneau, mais plein d'eau, dans lequel se meut une cloche ouverte en dessous, assez lourde pour élever la cage, à laquelle elle est reliée par un câble passant sur une poulie, au sommet de sa course, en tombant elle-même librement au bas du tube; pour faire remonter la cloche et descendre la cage, on envoie de l'air comprimé sous la cloche jusqu'à ce qu'un volume d'eau suffisant soit déplacé pour qu'elle tende à flotter et par suite à monter au haut du tube.

PLANCHE LIV.

Monte-charges hydraulique à action directe.

L'eau sous pression sert de fluide moteur à plusieurs systèmes de monte-charges hydrauliques. Le plus simple est celui où l'eau agit directement sur un piston plongeur qu'elle soulève avec la charge placée sur le plateau qui termine sa partie supérieure. La planche LIV représente l'élégante disposition adoptée au Creusot pour le service des nouveaux hauts fourneaux de grandes dimensions (25^m,20 de hauteur), qui dépassent de 15 mètres la terrasse où se trouvent les matières premières. Le cylindre hydraulique est formé de quatre tuyaux assemblés; le piston, en fonte également, est formé de tubes qui s'ajustent par des emmanchements coniques et qui sont serrés par deux clavettes rivées ensuite et tournées à l'extérieur. Sur la plate-forme mobile est un cliquet pour retenir le wagon de chargement. Sur la plate-forme fixe qui réunit la cage de l'appareil au gueulard se trouve aussi un appareil à taquets pour empêcher le wagon de revenir en arrière quand on l'a poussé vers le gueulard. Le dessin fait suffisamment comprendre la construction de l'appareil. Les indications relatives au haut fourneau ne sont que sommaires. Voici quelques données numériques :

Poids maximum de la charge (wagon et minerai)............................	5 500 kilogr.
Poids de la tige et du plateau.............	4 200 —
— à soulever, y compris frottement....	10 900 —
Diamètre du piston	0^m,210
Pression nécessaire pour tenir la pression en équilibre........................	31^k,5 par centim. carré.
Course totale.........................	14 mètres.
Nombre d'ascensions en vingt-quatre heures.	90
Volume d'eau dépensé par jour...........	43000 litres.
Pression de l'eau sous l'accumulateur des pompes.............................	43 kil. par centim. carré.

Dans d'autres monte-charges hydrauliques, on a adopté le système Armstrong qui permet d'élever les charges au niveau des gueulards des fourneaux les plus élevés avec des cylindres hydrauliques d'une course réduite.

A l'usine de Ferryhill, près Newcastle, nous avons vu deux monte-charges Armstrong, qui desservent des fourneaux de 31^m,50 et de

$24^m,40$ avec des cylindres ayant une course égale au dixième de la hauteur des fourneaux.

Voici la description sommaire et quelques dimensions du monte-charges des derniers fourneaux $(24^m,40)$.

La charpente du monte-charges se compose de six colonnes en fonte reliées par des entretoises dans la hauteur et par un entable-ment au sommet : chaque colonne a une hauteur de 28 mètres et est formée de huit tronçons; elles forment en plan un rectangle de $3^m,05$ sur $6^m,70$ d'axe en axe.

De chaque côté de cette charpente se trouve un cylindre hydrau-lique placé verticalement sur des pièces de bois fixées aux colonnes de fonte: ce cylindre contient un piston de $0^m,30$ de diamètre et $2^m,44$ de course. Cette longueur de course se trouve décuplée par l'action des moufles et la chaîne va s'attacher au crochet d'une des cages, après avoir passé sur une poulie de $1^m,90$ au sommet de la charpente.

Chaque cage a son cylindre et sa poulie, et les deux cages ($3^m,05$ sur $2^m,82$ en plan) sont en outre réunies par une chaîne qui va pas-ser sur une grande poulie centrale de $3^m,05$ de diamètre, au sommet de la charpente, de façon qu'elles se fassent équilibre. L'eau com-primée provient d'un accumulateur qui lui donne une pression de 49 kilogrammes par centimètre carré, et où elle est refoulée par des pompes à action directe mues par deux cylindres vapeur de $0^m,35$ de diamètre et $0^m,45$ de course.

On trouve en France des monte-charges Armstrong aux hauts fourneaux d'Hayange et de Denain, par exemple.

M. Wrightson, de Stockton, construit des monte-charges hydrau-liques dans lesquels l'action des cylindres sert à faire tourner l'axe de la poulie principale : l'appareil est alors une sorte de treuil hydrau-lique. En France, aux hauts fourneaux de Montluçon, on peut voir un système de monte-charges qui rappelle celui-là.

M. Wrightson a présenté en 1870, à la Société des ingénieurs du Cleveland, un mémoire contenant la description des principaux systèmes de monte-charges employés dans ce pays, et le calcul de leur effet utile. Il les classe par ordre de mérite sous ce dernier rapport, en donnant pour chacun le poids de matières élevées à 30^m,30 (100 pieds) de hauteur par la combustion de 1 kilogramme de houille.

Monte-charges à vapeur avec treuil (vertical ou à plan
incliné) .... 3739 kilogr.
Monte-charges hydro-pneumatique de Wrightson.... 3252 —
Monte-charges à balance d'eau.................... 3033 —
Monte-charges pneumatique de Gjers............. 3024 —
Monte-charges à vapeur à action directe .... 2859 —
Monte-charges hydraulique d'Armstrong .... 2463 —

Nous donnons ici ces chiffres sans en prendre la responsabilité.

PLANCHE LV.

Disposition générale des hauts fourneaux et fonderies de Mazières.

L'usine de Mazières, dont la disposition est suffisamment indiquée par le dessin et sa légende, se trouve dans le Berry, à une faible distance de Bourges, et elle produit des moulages de première et de seconde fusion, bruts ou ajustés, notamment des coussinets, des plaques tournantes, des grues hydrauliques, etc., pour les chemins de fer : elle a exécuté entre autres les colonnes et la charpente en fonte des Halles centrales de Paris.

Ses deux hauts fourneaux ont été construits par MM. Thomas et Laurens, pour traiter les minerais pisolithiques du pays avec un mélange de coke et de charbon de bois comme combustible. Les minerais, les charbons de bois, les houilles et les cokes sont amenés par le canal du Berry, qui passe derrière l'usine et qui communique avec elle par un bassin spécial : le coke était à l'origine fabriqué dans huit fours à boulanger voisins du bassin, et qui ont été supprimés depuis. Ces matières premières arrivent à un niveau inférieur de 3 ou 4 mètres au sol de la fonderie, et le monte-charges ou balance

d'eau qui dessert les hauts fourneaux a à les élever à une hauteur
plus grande que celle de ces appareils.

Les hauts fourneaux construits dans le type Thomas et Laurens
(voir pl. XVII) ont une hauteur de 14 mètres et un diamètre au ventre de $3^m,50$: ils ont des prises de gaz à trémie. On y consomme un
mélange de moitié coke et moitié charbon de bois environ, le mesu-
rage étant fait au volume.

Les gaz servent à chauffer les chaudières et les appareils à air
chaud. Ceux-ci sont du sytème Thomas et Laurens (voir pl. XXXVIII).
Il y en a deux sous les voûtes qui avoisinent les fondations du fourneau n° 1 et deux autres contre le mur de soutenement : les flammes
de ces derniers chauffent en même temps des chaudières à vapeur.
Les deux machines soufflantes sont horizontales.

La halle devant les hauts fourneaux forme un vaste atelier de
fonderie, muni d'un grand nombre de grues.

PLANCHE LVI.

**Disposition générale de l'usine à fonte de Newport,
près Middlesborough.**

L'usine à fonte de Newport (ou plutôt les deux nouveaux hauts
fourneaux de cette usine), située dans un faubourg de Middlesborough, fournit un exemple assez complet et assez exact du genre de
disposition adopté pour l'établissement des nouvelles usines en Angleterre.

Les voies d'arrivée des matières premières, les fours de grillage,
les appareils à air chaud, les hauts fourneaux, les voies de départ
des fontes et des laitiers forment cinq rangées ou alignements parallèles, tandis que les machines soufflantes et les chaudières à vapeur
sont en équerre sur une des extrémités de ces alignements.

Les matières premières (cokes et minerais) arrivant sur wagons
par les chemins de fer du Cleveland sont dirigées d'abord vers l'estacade qui règne sur les fours à griller le minerai et sur les cases à em-

magasiner le coke. Ces wagons, qui pèsent chargés environ 14 tonnes, sont élevés de 12 mètres au moyen d'un élévateur à action directe dont le cylindre vapeur a $0^m,95$ de diamètre. Ils circulent sur l'estacade pour être vidés soit dans les fours de grillage analogues à celui décrit pl. XLIX, fig. 1 et 2, soit dans des cases à coke en charpente; puis ils sont redescendus au niveau du sol au moyen d'un *drop* ou écluse sèche, appareil muni d'un frein.

Les deux hauts fourneaux, de mêmes dimensions, ont 26 mètres de hauteur et 840 mètres cubes de capacité; le creuset, de $2^m,40$ de diamètre, est soufflé par quatre tuyères et possède un avant-creuset de $0^m,60$ de largeur; le gueulard est muni d'un appareil *cup and cone*, manœuvré au moyen d'un frein hydraulique, système Wrightson, le diamètre inférieur de la coupe étant $3^m,95$. La charge se fait au moyen de brouettes qui sont élevées par le monte-charges à vapeur décrit page 85. Les gaz du gueulard sortent par une ouverture latérale et descendent par une colonne en tôle doublée de briques (ayant 2 mètres de diamètre) dans un carneau souterrain qui les distribue aux chaudières et aux appareils à air chaud.

Les chantiers de coulée sont très-spacieux: on peut y mouler 1200 gueusets pour chaque fourneau: ils sont découverts.

Les caisses à laitiers, au nombre de huit, peuvent contenir chacune 3 tonnes de laitiers.

Il y a huit chaudières à vapeur à tube intérieur, dont sept ordinairement en service; elles sont suspendues à des sommiers en fonte et ne reposent aucunement sur la maçonnerie en dessous. Les gaz arrivent dans une chambre de combustion située en avant, traversent le tube, reviennent en dessous de la chaudière jusqu'au devant, puis descendent dans le carneau de fumée qui les conduit à la cheminée. Chaque chaudière a $1^m,68$ de diamètre, le tube ayant $0^m,83$; la longueur est $10^m,68$.

Les pompes alimentaires sont dans un petit bâtiment annexe de la soufflerie, de même que les pompes qui élèvent l'eau pour les tuyères. Ces dernières pompes prennent l'eau dans un puits et la

refoulent dans un réservoir placé sur le bâtiment de la soufflerie ;
des tuyères l'eau se rend à un réservoir de refroidissement qui communique avec le puits.

Les machines soufflantes sont au nombre de quatre, accouplées en
deux paires n'ayant qu'un seul volant chacune. Elles sont verticales
et à action directe : le cylindre vapeur surmonte le cylindre soufflant et la tige des pistons actionne l'arbre placé en dessous au moyen
d'une bielle pendante, selon une disposition usuelle dans le Cleveland : les soupapes d'aspiration et de refroidissement sont placées,
comme dans les machines du Creusot (pl. XXXIII), sur des siéges
verticaux et dans des chapelles. Le diamètre du cylindre vapeur est
$0^m,80$; celui du cylindre soufflant, $1^m,65$; la course commune des
pistons, $1^m,20$; la vitesse est de 24 tours par minute ; la pression
du vent fourni est $0^m,23$ de mercure, celle de la vapeur étant
3 atmosphères trois quarts et l'admission un quart de la course :
il n'y a pas de condensation. Chaque fourneau consomme par minute environ 225 mètres cubes d'air mesurés à la pression atmosphérique ; la pression du vent est $0^m,232$ de mercure à la soufflerie,
$0^m,220$ au sortir des appareils à air chaud, et $0^m,194$ à la tuyère la
plus éloignée des machines.

Les appareils à air chaud sont au nombre de neuf pour chaque
fourneau, huit seulement étant en service : les tuyaux de chauffe
sont en U renversé et forment deux rangées dans chaque appareil.
La surface de chauffe totale pour chaque fourneau est de 929 mètres
carrés. L'air chaud se rend aux fourneaux par des conduites en tôle
doublées de briques réfractaires sur une épaisseur de $0^m,35$: sa température peut atteindre 660 degrés centigrades mesurés au calorimètre Siemens et au sortir des appareils.

D'après M. Samuelson, propriétaire de l'usine, les deux hauts
fourneaux produisent en moyenne chacun 430 tonnes de fonte grise
de moulage, en consommant par tonne de fonte 1 018 kilogrammes
de coke, 2 306 kilogrammes de minerai grillé et 535 kilogrammes de
castine. L'usine emploie 77 ouvriers, savoir : 52 de jour et 25 de nuit.

L'établissement des deux hauts fourneaux et de tous leurs accessoires a coûté environ 1 408 281 francs en 1869-1870, non compris la valeur des terrains. Les plans ont été préparés et la construction a été surveillée par M. Richard Howson, alors ingénieur de l'usine.

Voici le relevé des dépenses par chapitres :

Deux hauts fourneaux.........................	262 936f 45
Plate-forme de chargement....................	21 443 30
Monte-charges des fourneaux..................	24 337 35
Machine du monte-charges et son cabinet.......	27 060 80
Estacade des fours de grillage.................	58 794 35
Élévateur des fours de grillage................	55 871 65
Drop des fours de grillage....................	19 856 55
Cases à coke	47 145 40
Cinq fours de grillage........................	108 198 »
Dix-huit appareils à air chaud	156 027 10
Huit chaudières et leurs fourneaux.............	128 304 75
Deux paires de machines soufflantes...........	118 260 40
Cabinet de la soufflerie et réservoir............	61 730 »
Conduites de vent froid......................	14 496 »
Conduites de vent chaud.....................	29 965 10
Conduites de gaz et carneaux	43 088 30
Cheminée...................................	12 486 »
Pompes foulantes, tuyauterie de vapeur et d'eau..	49 775 60
Dallages en fonte et pavage	14 513 75
Deux locomotives............................	43 750 »
Dix-huit wagons à fonte......................	13 050 »
Trente wagons à laitiers......................	18 327 »
Vingt wagonnets de chargement...............	2 250 »
Un pont-bascule	750 »
Chemins de fer (2500 mètres environ)..........	75 862 95
TOTAL................	1 408 281f »

TROISIÈME PARTIE

FABRICATION DU FER MALLÉABLE

MÉTHODE DIRECTE D'EXTRACTION DU FER
DE SES MINERAIS

PLANCHES LVII ET LVIII.

Forges à la catalane.

Ces deux planches figurent le matériel d'une forge à la catalane du département de l'Ariége. Ces antiques établissements métallurgiques disparaissent rapidement, ruinés par la concurrence des usines modernes, et il est probable qu'avant peu on ne trouvera plus une seule forge à la catalane dans les Pyrénées françaises.

La figure 7 de la planche LVIII montre la disposition générale d'une forge à un feu. On y voit le *feu*, cavité ménagée dans une sorte de remblai adossé à un des murs de la forge (le *fousinal*), derrière lequel se trouve la *trompe* alimentée d'eau par un réservoir (*paicherou*). En face du feu, de l'autre côté de la halle, sont des cases où l'on place les rations de minerai et de charbon de bois. Sur le côté, se trouve le marteau ou *mail* commandé par une roue hydraulique.

Les figures 1, 2, 3, 4, pl. LVII, donnent tous les détails du *feu* catalan. On y voit la *sole*, formée par une grosse pierre siliceuse et les quatre parois du feu, savoir : 1° le fond du feu ou *cave*, fait avec des pierres grossièrement maçonnées au mortier réfractaire ; 2° le côté de la tuyère, formé d'un mureau (*piech del foc*), doublé dans sa partie inférieure de pièces de fer grossièrement forgées et formant une paroi métallique (*porges*), et dans sa partie supérieure de pierres jointoyées (*paredou*) ; 3° la face de travail ou *laitairol*, formée de deux pièces de fer verticales (*laitairolles*) (entre lesquelles se trouve le trou de *chio* et la *restanque*, petit piquet en fer destiné à appuyer le ringard), et de la *plie*, pièce transversale ser-

vant de buttoir à la *banquette,* que fournissent des plaques de fer
enfoncées d'un côté dans le parédou et de l'autre dans le remblai ;
4° le contrevent ou *ore,* face curviligne, formée de pièces de fer
prismatiques, appuyées sur le remblai ; l'angle de l'ore et du laitairol est ordinairement consolidé, au moyen de pierres lourdes
cerclées de fer ou d'une vieille tête de marteau, comme le dessin
l'indique. La tuyère est une feuille en cuivre rouge, repliée de façon
à fournir un œil elliptique de $0^m,04$ sur $0^m,05$ environ.

Les dimensions principales du feu sont ordinairement :

$0^m,60$ à $0^m,70$ au fond, du laitairol à la cave ;

$0^m,55$ à $0^m,67$ au fond, des porges à l'ore ;

$0^m,75$ à $1^m,00$ de profondeur, mesurée de l'arête de l'ore jusqu'au
niveau de la sole ;

$0^m,50$ à $0^m,66$ de profondeur, mesurée de la plie à la sole.

Les figures 5, 6, 7, 8, pl. LVII, donnent l'ensemble et les détails
du marteau à queue pyrénéen ou *mail.* Le manche en bois passe
dans une bague en fer ou en fonte (*hurasse*), munie de tourillons
pointus (*poupes*), qui oscillent dans des coussinets en fonte (*oubliets*),
encastrés dans deux fortes pièces de bois (*soucs-massés*), solidement
établies. L'arbre de la roue agit par quatre cames sur la queue du
marteau : une pierre placée dessous (*chappe*) fait l'office de rabat.
La tête en fonte (voir fig. 2 et 3) pèse 600 à 670 kilogrammes.
L'enclume se compose d'une panne en fer, encastrée dans une
pièce de fonte (*demme*), qui elle-même est enchâssée dans une
grosse pierre. La levée varie de $0^m,35$ à $0^m,47$ (on la modifie au
moyen d'une pièce de bois nommée *tacoul* montée sur la queue
du marteau) ; le mail doit pouvoir frapper 100 à 125 coups par minute, ce qui correspond à 10 chevaux d'effet utile environ.

Les figures 9 et 10, pl. LVII, représentent les tenailles qui servent
à saisir d'abord le *massé,* puis celles dont se sert le forgeron ou
maillé pour le travail sous le mail.

Les figures 1, 2, 3, 4, pl. LVIII, représentent la soufflerie primitive ou *trompe* de la forge catalane de Montgaillard (Ariège). Elle se

compose de deux tuyaux verticaux ou *arbres,* dont le vide intérieur est prismatique. Ils débouchent en haut dans le réservoir, dont l'eau s'engouffre dans les ajutages ou *étranguillons* qui les surmontent : au moyen d'un bouchon manœuvré par un balancier, on peut ouvrir ou fermer plus ou moins le passage de l'eau. L'air est aspiré par des trous rectangulaires ou *aspirateurs,* ménagés sur les arbres. Les extrémités inférieures des arbres, qui sont coupées d'une façon particulière, pénètrent dans une *caisse* trapézoïdale. Les deux colonnes d'eau viennent se briser sur une planche transversale ou *tablier,* en abandonnant l'air qu'elles ont entraîné. L'eau s'en va par un trop-plein en siphon. L'air s'échappe avec pression par un tuyau en bois vertical (*homme*), placé vers le petit bout de la caisse ; une manche en cuir (*bourec*) s'attache à une tubulure conique (*burle*) rapportée sur l'homme, et conduit le vent à une buse en fer (*canon de bourec*), qu'on introduit dans la tuyère. Un manomètre (*pèse-vent*) placé sur l'homme (fig. 8) mesure la pression du vent. Quelquefois, au lieu d'une caisse prismatique, on se sert, comme réservoir à vent, d'une cuve tronc-conique (*tine*), formée avec des douves : les figures 5 et 6 en montrent une avec son trop-plein. Il faut une chute d'une certaine hauteur pour établir facilement une trompe : 5 mètres sont à peu près le minimum. Plus la chute est faible, plus il faut dépenser d'eau pour avoir un volume de vent donné. Avec une chute de 6 mètres, il faut environ 1 mètre cube d'eau pour avoir 1 mètre cube de vent avec une pression de $0^m,03$ à $0^m,07$ de mercure. D'après un exemple cité par M. Tom Richard, une trompe, ayant $8^m,80$ de chute et dépensant 137 litres d'eau par seconde, alimentait une buse de $0^m,035$, avec une pression de $0^m,081$ de mercure. L'effet utile des trompes est très-faible ; le coefficient est 0,10 à 0,15 au plus.

Les dessins ci-dessus décrits sont empruntés à M. Tom Richard, qui a publié en 1838 un ouvrage important sur les usines pyrénéennes qui fabriquent le fer par la méthode directe. A cette époque, le département de l'Ariége à lui seul contenait 57 forges ;

en 1868, le nombre en était réduit à 10, et cependant le mode de travail a fait de grands progrès et la production est devenue beaucoup plus économique.

En 1838, d'après M. Tom Richard, une opération (un *feu*) consommait 487 kilogrammes de minerai de Rancié et 544 kilogrammes de charbon pour obtenir 151^k,6 de fer en barres, en perdant dans les scories plus de 60 kilogrammes de fer, c'est-à-dire environ 30 pour 100 du métal contenu dans le minerai. On faisait 1 000 feux par an. Le prix de revient brut des 100 kilogrammes s'établissait à peu près ainsi :

325 kilogrammes de minerai à 25 francs................	8^f	12
15 hectolitres (345 kilogrammes) de charbon à 1 fr. 80.....	27	»
Main-d'œuvre..	6	22
Entretien du matériel et direction....................	0	70
EN TOUT........	42^f	04

En 1868, d'après M. Mussy, le produit d'une opération était 170 kilogrammes de fer, et le prix de revient brut s'établissait comme suit :

300 kilogrammes de minerai à 15 francs................	4^f	50
290 kilogr. (13 hectol. envir.) de charbon de bois à 64 fr...	18	56
Main-d'œuvre..	4	72
Entretien du matériel et direction....................	0	71
EN TOUT.	28^f	49

Malgré cet abaissement du prix de revient, les forges catalanes voient leur situation commerciale s'aggraver rapidement.

FABRICATION DES FERS AU CHARBON DE BOIS

Feu d'affinerie comtois.

Les forges françaises, qui fabriquent encore le fer au combustible
végétal par affinage au bas foyer, se trouvent surtout dans les an-
ciennes provinces de la Franche-Comté et du Berry. Les usines
d'Audincourt, près Montbéliard (Doubs), sont au nombre des plus
importantes, et nous avons choisi leur type de feu comtois pour
exemple de ce genre d'appareil. L'élévation, les deux coupes verticales et le plan, figurés sur les planches LIX et LX, font complète-
ment comprendre le mode de construction d'un feu comtois dont les
flammes perdues chauffent une chaudière à vapeur.

La figure 5 montre rabattues les diverses *platines* en fonte qui
constituent le feu lui-même. Le fond de feu est plus étroit que la
partie vide laissée par la juxtaposition des platines; ce qui manque
est remplacé par une barre de fer appelée *couteau*, que l'on enlève la
première, quand on veut changer le fond. Sous celui-ci coule constamment de l'eau froide, afin de le rafraîchir et d'empêcher le fer
de s'y coller.

Les deux tuyères reposent sur une des parois du fer (*warme*) qui
est échancrée et sur la *platine* ou *plaque de dessous des tuyères;*
elles sont maintenues par le *bloc des tuyères*, qui est lui-même calé
dans le *châssis des tuyères*, et les buses sont solidement boulonnées
à la plaque de dessous, qui porte à cet effet deux entailles. Le vent
arrive aux buses par des tuyaux en tôle mince. Les tuyères en
cuivre rouge (fig. 6) sont des troncs de pyramide, présentant un
œil elliptique de $0^m,035$ sur $0^m,020$. On les alimente avec du vent
froid qui a une pression de $0^m,65$ à $0^m,75$ d'eau. La saillie (*war-*

mage) de la tuyère de derrière est plus grande que celle de la tuyère
de devant; elles sont toutes deux légèrement inclinées.

La fonte qui doit être affinée est sous forme d'une *gueuse*, pesant
500 à 650 kilogrammes, qui pénètre dans le feu par une ouverture
ménagée sur la *rustine* ou *haire :* elle est posée sur des rouleaux,
de façon qu'on puisse aisément la faire reculer ou avancer.

La warme est montée verticalement : la platine de haire et celle
de *contrevent* sont inclinées ; la platine de *chio* est verticale : elle
présente les trous nécessaires à l'écoulement des scories. En avant
se trouve une banquette (ou tablier) soutenue par des plaques exté-
rieures, enfoncées dans le sol. Le fond du feu est incliné de la haire
au chio et de la warme au contrevent. La profondeur du feu au-
dessous des tuyères varie de $0^m,210$ à $0^m,185$, suivant que les
fontes sont plus ou moins noires. Les flammes sortent par une ouverture pratiquée du côté du contrevent, pour passer dans les carneaux d'une chaudière à vapeur.

Un feu fait en vingt-quatre heures environ neuf opérations, et
chacune fournit 110 à 130 kilogrammes de fer soudé en deux
barreaux ou en deux largets. La production journalière est donc
1 000 kilogrammes·de fer environ, et les consommations par tonne
de fer sont de 1 290 à 1 320 kilogrammes de fonte (si on travaille
avec la fonte seule), ou de fonte avec 20 à 30 pour 100 de ferraille (si
on travaille avec des ferrailles), et de 50 à 53 hectolitres de charbon
de bois. La production mensuelle d'un feu atteint 25 000 kilogrammes.

Cette fabrication a fait beaucoup de progrès; depuis l'époque où
M. Thirria publiait dans les *Annales des mines* (1840) des détails
que tous les ouvrages de métallurgie, même récents, ont reproduits
sans changement. A cette époque, un feu comtois ne faisait que
17 000 kilogrammes de fer par mois, et consommait 70 hectolitres
de charbon par 1 000 kilogrammes de fer. L'amélioration obtenue
tient surtout à l'accroissement du volume et de la pression du vent
employé : en 1840, la pression était de $0^m,45$ à $0^m,50$ d'eau seulement; elle est maintenant de $0^m,70$ à $0^m,75$.

PLANCHE LXI.

Marteau à soulèvement avec ordon à drome coupé.

Les marteaux à soulèvement avec bâtis (ou *ordons*) en charpente
ne font plus partie du matériel des forges modernes : ils ont, même
dans beaucoup d'usines où l'on fabrique le fer au combustible végétal, cédé la place au marteau-pilon à vapeur. Ainsi, aux forges
d'Audincourt on fait desservir deux fours comtois soit par un
marteau à soulèvement pesant 350 à 400 kilogrammes et battant
120 coups par minute, soit par un marteau-pilon pesant 1 000 kilogrammes battant 50 à 60 coups par minute.

Nous avons choisi, comme exemple des anciens marteaux à soulèvement qu'on rencontre encore dans certaines mines des pays de
forêts, le marteau de la forge de Montreuil-sur-Blaize (Haute-
Marne).

Les figures 1, 2 et 3 font comprendre le mode de construction de
l'ordon. On y voit la pièce verticale (*grande attache*) avec laquelle
s'assemble, à l'aide d'un fort tenon et de harpons en fer, la pièce
horizontale (*drome*), qui s'appuie en avant sur une autre pièce
verticale plus courte (*court carreau*); ces pièces sont solidement
reliées entre elles et avec la charpente de fondation à l'aide de
boulons et d'étriers. Sur le drome viennent s'appuyer, par leurs
extrémités inférieures, les deux *jambes* de l'ordon, dont les pieds
sont encastrés dans une des pièces de la fondation; ces deux pièces
sont fortement assemblées avec le drome au moyen d'un étrier en
dessus et d'un gros boulon en bois à clavette en dessous. L'une des
jambes, la *jambe sur l'arbre*, est verticale, l'autre, la *jambe sur la
main*, est inclinée ou dévoyée, afin de laisser un passage libre à la
barre de fer, qui s'allonge sous le marteau. Dans ces jambes sont
encastrées les plaques de fonte (fig. 6) munies de creux dans lesquels tournent les cornes de la *hurasse* (fig. 8), c'est-à-dire les tourillons de la bague qui est fixée au manche du marteau : la position

de ces plaques peut être réglée à l'aide de cales et de coins, comme on voit figure 9.

La tête du marteau (fig. 4) s'assemble à une des extrémités du manche à l'aide de coins : l'autre extrémité de ce manche est fixée dans la hurasse à l'aide d'un calage. Le manche est soulevé par les cames dans le voisinage de la tête, et en cet endroit il est enveloppé d'une pièce de fer qu'on nomme *braye* (fig. 9). Une longue pièce de bois encastrée dans le court carreau et dans la grande attache, de façon à présenter une certaine élasticité, et nommée *rabat*, sert, en répondant au choc du manche, à le renvoyer plus rapidement. L'enclume (fig. 5) a une panne de forme correspondante à celle du marteau et est placée sur un *stock* en charpente indépendant des fondations du marteau.

La roue à cames (fig. 10) est montée sur l'arbre d'une roue hydraulique, arbre dont l'axe est légèrement incliné sur celui du marteau. Les cames ont des sabots en bois retenus par un embrèvement et une frette, de façon à adoucir le choc contre le manche. La figure 7 donne un détail du palier qui reçoit le tourillon de l'arbre.

La construction d'un marteau à soulèvement avec son ordon absorbe une grande quantité de bois de charpente : elle peut atteindre jusqu'à 18 mètres cubes.

Le poids de la tête varie de 200 à 450 kilogrammes; le levier, qui est ordinairement en raison inverse du poids, varie de $0^m,80$ à $0^m,55$; le nombre des coups varie de 90 à 120 par minute.

Les marteaux légers allant vite servent surtout pour l'étirage, les marteaux lourds pour le cinglage. L'effet utile d'un marteau de poids moyen est d'environ 8,50 à 9 chevaux; mais, à cause des frottements et du rendement des roues hydrauliques, il faut des chutes beaucoup plus puissantes pour les activer.

PLANCHE LXII.

Martinets de forges.

Les figures 1, 2 et 3 représentent une *batterie* de deux martinets ou marteaux à queue employés à la forge de Bonneville (Eure) pour l'étirage des billettes et leur transformation en petits fers martinés. On voit que leur ordon se compose de trois *poteaux mouvants* encastrés au-dessous du sol et aussi à leur tête entre des *jumelles* moisées; ils reposent sur un grillage de fondation, sur lequel ils sont arc-boutés en outre par des jambes de forme oblique. Les *jambes* de l'ordon viennent se placer entre les jumelles; il y a une mortaise allongée dans chacune de ces jumelles, afin de pouvoir serrer avec des coins. Elles sont en fonte, à section rectangulaire, et portent des trous pour recevoir les cornes de la hurasse. A côté des jumelles inférieures est une pièce de bois appuyée par ses bouts sur deux pièces du grillage et jouissant d'une certaine élasticité; c'est le *rabat;* on a encastré dedans une plaque de fonte. La queue du marteau est armée d'une bande de fer encastrée et maintenue par une frette, à l'endroit où frappe la came; une autre frette inclinée sert à garantir la partie qui choque le rabat. Souvent, du reste, la pièce de bois qui sert de manche est armée de diverses frettes qui empêchent les fissures. Les cames en fer trempé au paquet sont maintenues dans la bague à cames par un coin en fer; il y en a de huit à trente-deux. La hurasse est ordinairement au tiers de la largeur du manche. La tête est évidée et la panne a la forme d'un T. L'enclume, de forme correspondante, repose, au moyen d'une queue pyramidale, dans la *chambre* de la *chabotte* en fonte; celle-ci est encastrée dans un bloc de bois.

Les martinets de forge donnent de 100 à 360 coups par minute; la tête pèse de 40 à 250 kilogrammes, et la levée varie de $0^m,25$ à $0^m,50$. La force motrice nécessaire varie beaucoup : elle est de 8 à 10 chevaux pour un martinet de 250 kilogrammes, levant à $0^m,50$ et battant 150 coups.

La figure 4 est destinée à donner une idée des tenailles employées dans le service des feux d'affinerie.

Les figures 5 à 11 représentent un martinet de 250 kilogrammes construit par MM. Flachat, Barrault et Petiet, pour plusieurs forges. La tête, en fer, a une levée de $0^m,50$ environ et donne 150 à 160 coups par minute, en absorbant une force de 8 à 9 chevaux. L'arbre moteur, en fonte, fait au plus 27 tours; la bague à cames porte six cames; le volant a une jante de $0^m,20$ sur $0^m,09$, qui pèse 1600 kilogrammes. La hurasse est en fer et se meut entre deux crapaudines de fonte maintenues dans deux cages munies de moyens de règlement (coins, vis) pour la position de l'axe d'oscillation. L'enclume et la chabotte sont en fonte.

FABRICATION DES FERS BRUTS PUDDLÉS

Finage de la fonte. — Finerie double pour la fonte liquide.

Le fourneau représenté sur cette planche est un feu de finerie de la grande usine de Dowlais (pays de Galles), destiné à recevoir la fonte liquide sortant du haut fourneau et à la finer immédiatement par l'action de quatre tuyères; il appartient, par suite, à l'espèce de finerie désignée sous le nom de *running out fire* dans le pays de Galles.

La fonte liquide arrive du côté de la rustine dans un bas foyer rectangulaire, dont trois parois sont formées par d'épaisses bâches en fonte où arrive constamment de l'eau dont le trop-plein se déverse dans des auges, placées latéralement pour refroidir les outils ; le quatrième côté est formé par la plaque de chio munie d'une ouverture pour la coulée. Au-dessus du foyer s'élève une cheminée rectangulaire supportée sur un cadre en fonte, soutenu lui-même par quatre montants placés aux quatre angles et reposant sur une plaque de fondation noyée dans la maçonnerie. Du côté du chio et du côté de la rustine, l'espace libre entre les montants est fermé par des portes en fonte à deux battants, sauf à la partie inférieure. Latéralement les intervalles sont fermés au moyen de plaques boulonnées aux montants et dont la plus basse est percée de créneaux pour le passage des tuyères. Des petits réservoirs en fonte, fixés aux montants, reçoivent l'eau froide et la distribuent aux tuyères d'où elle passe dans les bâches. En avant de la face de chio est une banquette en fonte soutenue par deux plaques latérales.

En avant du chio se trouve la *table de coulée,* dont les figures 2, 3 et 5 fournissent des détails. C'est une lingotière découverte for-

8

mée par la juxtaposition de segments épais en fonte : les joints
doivent être disposés de façon à empêcher les infiltrations de métal
fluide, attendu que la lingotière est placée au-dessus d'un bassin
rempli d'eau, où l'arrivée de la fonte déterminerait une explosion
dangereuse. La plaque de *fine-metal* a ordinairement une épaisseur
de $0^m,07$ à $0^m,08$.

On voit sur les figures comment les assemblages sont faits, tant
pour la lingotière elle-même que pour les plaques qui garantissent
ses bords. Les joints de la table de coulée, comme ceux du feu lui-
même, sont garnis avec de la terre réfractaire.

La figure 6 donne le détail de la chapelle de distribution du vent
aux trois tuyères latérales d'une finerie à six tuyères.

Le finage est une opération peu pratiquée maintenant. Sa durée
moyenne varie d'une demi-heure à trois heures, suivant que le feu
de finerie reçoit la fonte liquide ou qu'il doit effectuer la fusion,
et suivant qu'on pousse l'opération plus ou moins loin. On fait de
six à dix opérations par vingt-quatre heures. Le déchet sur la fonte
varie de 7 à 12 pour 100, suivant la nature de cette fonte et celle
du produit qu'on veut obtenir, la pureté du coke et l'habileté des
ouvriers. La consommation de coke varie de 200 à 400 kilogrammes
par tonne de fine-metal, en même temps que la durée de l'opération, suivant que la fonte est chargée liquide ou solide. Les tuyères
sont ordinairement inclinées sous un angle de 38 degrés, et leur
œil a $0^m,035$ à $0^m,045$ de diamètre : on consomme 2 600 mètres
cubes de vent à une pression de $0^m,75$ à $0^m,125$ de mercure
environ par tonne de fonte blanche, et 3 100 mètres cubes par
tonne de fonte grise quand on n'a pas à la fondre; mais, quand il
faut la mettre en fusion dans la finerie, la fonte blanche exige
3 800 et la fonte grise 4 300 mètres cubes. Une finerie double
peut finer par semaine 150 à 160 tonnes dans le premier cas, et
80 à 100 seulement dans le second cas. Ces données numériques
sont empruntées à des publications anglaises.

Dans le pays de Galles, les feux de finerie carrés, de $1^m,20$ de

côté environ et de 0ᵐ,40 à 0ᵐ,45 de profondeur, ont deux ou trois
tuyères de chaque côté. Dans le Yorkshire, les tuyères alternent,
deux d'un côté et trois de l'autre. Les dimensions varient : on a
des fineries *simples* avec deux ou trois tuyères sur la rustine, et
des fineries *doubles* à quatre ou six tuyères en deux rangées latérales. La charge varie avec les dimensions depuis 450 kilogrammes
jusqu'à 2 000 kilogrammes. En France, l'usage des feux de finerie
a presque disparu.

PLANCHES LXIV, LXV ET LXVI.

Four à puddler à courants d'air avec chaudière à vapeur horizontale.

Les fours employés pour le puddlage de la fonte présentent d'assez
nombreuses variantes de construction, suivant les localités et aussi
suivant les conditions de travail auxquelles ils doivent satisfaire. Ils
diffèrent surtout par le mode de rafraîchissement employé pour les
autels et le pourtour de la cuvette : tantôt les autels, comme le
pourtour, sont à circulation d'air appelé par une cheminée ou insufflé par un ventilateur ou par un jet de vapeur; tantôt ces autels
et les parois de la cuvette sont formés par des tuyaux de fonte où
circule constamment de l'eau froide; tantôt ils renferment seulement des bacs à eau froide dont la vaporisation continue les ra-
fraîchit; tantôt on trouve associés deux de ces systèmes, l'un étant
employé pour les autels et l'autre pour les parois de la cuvette.

Le four à puddler représenté par les trois planches LXIV, LXV
et LXVI est employé dans une des grandes forges françaises, où il
sert au puddlage des fontes grises, soit pour fabrication de fers ordinaires, soit pour fabrication de fers à fin grain. Les divers dessins
fournissent tous les détails de sa construction.

On y voit que la cuvette du laboratoire est formée par une plaque
de sole en trois parties (disposées de telle façon que celle du milieu
puisse être aisément remplacée en cas de besoin), par deux autels

curvilignes formant les courants d'air latéraux (et dont chacun porte dans la partie médiane une fourrure amovible, qui le préserve des coups de feu, même quand elle est fendue), par une pièce creuse droite formant le courant d'air postérieur, enfin par la pièce qui porte le trou d'évacuation des scories, ou chio.

La sole porte les courants d'air : elle est elle-même supportée par des consoles en fonte fixées aux plaques d'armature du four. Celui-ci est, en effet, complétement enfermé entre des plaques de fonte boulonnées entre elles, entretoisées par des tirants en fer, et reposant sur des patins en fonte dans la fondation. Les sommiers de la grille reposent également sur des consoles analogues.

Les plaques d'armature proprement dites sont interrompues dans la partie où se trouve la porte de travail. Une plaque de forme spéciale remplit l'intervalle au-dessous de la porte en dedans des armatures, et elle soutient, sur un retour d'équerre muni en dessous de deux goussets, le seuil de la porte de travail. Au-dessus de ce seuil se trouve en retraite une plaque spéciale qui forme l'embrasure de la porte et qui est fixée aux brides des plaques d'armature. La porte de travail, en fonte doublée de briques réfractaires, peut être manœuvrée à l'aide d'un balancier installé comme le montrent les dessins.

Deux trous carrés, ménagés dans les plaques d'armature de part et d'autre de la porte, servent d'orifices d'aspiration pour l'air appelé par la cheminée au moyen d'un tuyau descendant placé à l'arrière, et d'un carneau souterrain situé entre les deux fours jumeaux.

Les flammes, au sortir du laboratoire, se rendent dans les carneaux d'une chaudière horizontale à un bouilleur-réchauffeur placée à la suite du four, puis reviennent dans une cheminée traînante souterraine qui dessert une rangée de fours à puddler. En cas de réparation à la chaudière, les flammes peuvent être envoyées directement, en ouvrant un registre, dans cette cheminée traînante.

On remarquera que la grille a une surface de $0^{m2},56$, que le rampant a une section de $0^{m2},11$, que la surface de chauffe de la chaudière est de 30 mètres carrés, que la circulation des flammes a un développement de 20 mètres environ, et que leur carneau d'échappement dans la cheminée traînante a $0^{m2},22$ de section.

Dans ce four on puddle, en douze heures, six à huit charges de 210 à 230 kilogrammes fonte grise, suivant qu'on travaille pour fer à grain fin ou pour fer ordinaire. Les consommations sont, par 1 000 kilogrammes de fer puddlé :

1 080 à 1 100 kilogrammes fonte et 13 à 16 hectolitres de houille (1 040 à 1 280 kilogrammes), quand il s'agit du fer ordinaire ;

1 120 à 1 200 kilogrammes fonte et 20 à 22 hectolitres de houille (1 600 à 1 760 kilogrammes), quand il s'agit du fer à fin grain.

PLANCHES LXVII ET LXVIII.

Four à puddler à une sole et à courants d'air.

Les deux fours à puddler conjugués que représentent ces planches appartiennent à un type de construction en usage dans le South Staffordshire (Angleterre). On y reconnaît de suite la chauffe spacieuse et la grande surface de grille nécessaires aux fours qui consomment certains charbons de ce district métallurgique, charbons qui produisent un mâchefer assez abondant pour encombrer rapidement les grilles.

L'autel et les parois de la cuvette sont rafraîchis par des circulations d'air. L'air froid, arrivant dessous la sole par une large ouverture pratiquée à l'arrière du four et par une autre ouverture voisine de la cheminée, pénètre par sept ouvertures dans les carneaux ménagés dans l'épaisseur de l'autel et des parois, et s'échappe chauffé par quatre cheminées qui débouchent au-dessus du four.

La sole, en cinq pièces, repose sur un encadrement à plusieurs feuillures, au moyen desquelles on peut appuyer les plaques verticales qui forment les parois du courant d'air ; le plafond du courant d'air est fait au moyen de plaques munies en dessous de nervures échancrées qui entretoisent les plaques latérales. Les figures 2, 4 et 5 font suffisamment comprendre ces détails de construction.

Le mode d'armature du four, la disposition du seuil et de la porte de travail se voient aussi clairement dans les dessins. On peut y remarquer que la plaque de seuil porte encastrée une petite plaque d'acier amovible, destinée à offrir plus de résistance au frottement des outils et à pouvoir être renouvelée après usure.

Ces fours à puddler ne chauffent pas de chaudières, et leurs flammes se rendent directement dans les cheminées dont la figure 3 indique la construction.

On voit que la surface de la grille est de 1^{m2},00, la section du rampant 0^{m2},105, et celle de la cheminée, dont la hauteur est 10^{m},60 environ, 0^{m2},2025. On remarquera que le rampant est dans l'axe de la chauffe : pour renvoyer la flamme du côté de la porte de façon à chauffer également la sole, les puddleurs du Staffordshire installent sur l'autel, du côté le plus éloigné de la porte, un petit barrage en briques réfractaires à sec, qu'ils appellent *singe* (*monkey*), et qui remédie à l'inconvénient que présenterait autrement le chauffage, avec une chauffe dans l'axe du rampant.

Ces fours à puddler durent six mois, mais il faut les réparer chaque semaine. La sole peut durer seulement un mois ou bien deux ans et plus, suivant l'habileté du puddleur. La construction d'un four coûte 3 250 francs environ.

Dans le Staffordshire, d'après M. Bauerman, deux ouvriers (puddleur et aide) puddlent, en douze heures, cinq à sept charges de 200 kilogrammes de fonte grise, ou de 225 kilogrammes d'un mélange contenant d'un quart à un tiers fine-metal. Le déchet est de 7 à 10 pour 100 sur la fonte chargée ; la consommation de houille de 1 000 à 1 100 kilogrammes par tonne de barres puddlées. On consomme, en douze heures, pour garnir la sole et les cordons, 300 à 350 kilogrammes de *bulldogs* (scories liquatées), et 100 à 150 kilogrammes de minerai d'hématite, sans compter les crasses de laminoirs ajoutées avec la charge.

Un four à puddler ordinaire, en Angleterre, a une sole de $1^{m2},80$ environ, et la chauffe a une surface comprise entre le tiers et la moitié de celle de la sole, c'est-à-dire de $0^{m2},65$ à $0^{m2},75$. La toquerie est à $0^{m},25$ au-dessus de la grille et on brûle de 75 à 100 kilogrammes de charbon par heure. La cheminée a souvent intérieurement $0^{m},50$ de côté et de 10 à 15 mètres de hauteur.

En Écosse où on puddle des fontes grises riches en silicium sans finage préalable, on ne fait, d'après M. Bauerman, que quatre à cinq charges de 200 kilogrammes en douze heures. Le déchet est de 15 à 18 pour 100 sur la fonte, et on brûle 1 250 à 1 300 kilogrammes de houille par 1 000 kilogrammes de fer brut.

PLANCHE LXIX.

Four à puddler à courants d'air et d'eau.

Ce four à deux soles est pourvu d'une circulation d'eau dans les autels et dans les parois antérieures de la cuvette, et d'une circulation d'air dans la paroi postérieure curviligne; c'est le modèle actuellement employé dans la grande usine du Creusot, où il a été étudié. Il présente un excellent type de construction, disposé de façon à ce que l'entretien soit aussi peu coûteux que possible, et à ce que les réparations ou changements de pièces puissent se faire rapidement, sans démolir le four.

La chauffe est disposée de façon à pouvoir être soufflée : un encadrement, venu de fonte avec la plaque de tête, autour de l'ouverture du cendrier, peut recevoir des portes qui ferment par leur propre poids, tandis qu'une ouverture, ménagée sur l'un des côtés du cendrier, permet d'y envoyer de l'air lancé par un ventilateur. Trois trous venus de fonte dans la plaque de tête, à une certaine hauteur au-dessus de la grille, permettent d'introduire de l'air ou de faire passer des ringards pour décrasser la grille. La voûte de la chauffe est formée de briques réunies entre elles dans un double crochet,

de manière à former un seul voussoir qui tient toute la largeur de la
voûte ; avec ce système, elle peut être reconstruite très-rapidement.

Les deux autels sont de gros tuyaux à section rectangulaire,
avec lesquels sont venues de fonte les bâches trapézoïdales, qui
forment les deux parois antérieures obliques de la cuvette. Ils
reçoivent de l'eau par l'arrière du four, et cette eau s'écoule par une
petite cascade dans les deux trop-pleins en saillie sur la façade antérieure du four. Le courant d'air curviligne postérieur est formé par
des plaques juxtaposées : celles qui constituent la sole et le plafond
sont des plaques planes curvilignes, munies de nervures triangulaires qui servent à maintenir l'écartement d'une plaque en tôle
courbée qui forme la paroi de la cuvette, et d'une plaque en fonte
cylindriquement courbée qui forme la quatrième paroi du carneau :
l'air s'introduit par deux ouvertures ménagées dans la façade postérieure du four, il arrive dans le carneau, en dessous, par des trous
de la sole en fonte, et vient sortir au milieu par un trou de la paroi
latérale postérieure, entraîné par l'appel d'une petite cheminée en
tôle qui surmonte le four.

La plaque de sole repose sur les deux autels et sur un rebord du
courant d'air postérieur ; mais les bâches obliques, formant les parois
antérieures de la cuvette, ont une profondeur moindre que les autels,
de façon que la plaque de sole peut être retirée par devant, en la
tirant comme un tiroir, à la condition que la pièce de fonte en
forme d'H, qui arme le four au droit de la porte de travail, ait été
préalablement enlevée. Les autels peuvent se retirer aussi facilement
par devant. Deux sommiers soutiennent la sole en dessous. L'air
pénètre largement au-dessous de la sole de puddlage, comme au-
dessous de la sole réchauffeuse, et une petite cheminée en tôle, qui
débouche au-dessous de cette dernière, entretient une circulation
constante de l'air sous ces plaques.

Au sortir du laboratoire, les flammes descendent pour aller
chauffer une chaudière à vapeur verticale.

Le four est armé au moyen de plaques, de montants d'armatures et de tirants, dont les dessins expliquent suffisamment la disposition. Au droit de la porte de travail se trouve une pièce importante d'armature en forme d'H. Avec cette pièce s'assemblent le dormant de la porte de travail et le seuil ou tablette de cette porte. Le dormant est fixé par des boulons à clavettes : la tablette passe dans un logement ménagé dans l'armature et est soutenue par le dormant ; deux petits tenons l'empêchent de glisser ou de basculer ; la partie antérieure de la tablette, celle qui regarde le feu et où s'appuie l'outil du puddleur, est trempée en coquille. Le trou de la porte mobile, où passe l'outil pendant le travail, est également trempé en coquille.

La chauffe a une surface de $0^{m2},72$, la section d'échappement de la flamme au-dessus du petit autel étant $0^{m2},14$ environ, et la section du carneau annulaire de la chaudière verticale $1^{m2},67$. L'axe du rampant n'est pas dans l'axe de la chauffe : il est rapproché de la face de travail, ainsi qu'on le voit sur la figure 3. Il est en effet utile de rapprocher la flamme de la porte de travail, mais on est limité dans ce rapprochement par la difficulté qu'éprouve le puddleur à atteindre avec son outil l'angle antérieur voisin du rampant.

On fait dans ce four de six à onze charges par douze heures, suivant les fontes que l'on emploie et la qualité de fer qu'on veut obtenir ; le poids d'une charge varie de 180 à 240 kilogrammes, et la consommation de fonte de 1 250 à 1 150 kilogrammes, suivant qu'il s'agit de fers extrafins ou de fers à rails. La chauffe consomme toujours par douze heures environ 1 500 kilogrammes de houille.

PLANCHE LXX.

Four à puddler à circulation d'air autour de la sole.

Ce type de four à puddler à deux soles est emprunté à une usine du nord de la France. Après les descriptions des fours précédents, il n'est pas nécessaire de donner beaucoup de détails sur ses dispositions.

Les armatures sont des plaques munies de fortes nervures arrondies venues de fonte ; elles sont maintenues par des tirants à écrous. La plaque de sole est en quatre pièces, munies de nervures en dessous et assemblées au moyen de boulons à clavettes. Les cordons à circulation d'eau reposent sur la sole : ils sont formés par deux tuyaux à section trapézoïdale de la courbure convenable : l'eau arrive par une tubulure située à gauche de la porte de travail, dans le tuyau qui forme le grand autel ; elle passe à l'arrière du four, au moyen de deux tubulures et d'un bout de tuyau courbe en cuivre, dans le second tuyau en fonte, pour venir sortir par une tubulure située à droite de la porte de travail ; les deux tuyaux de fonte s'appuient l'un sur l'autre à l'arrière du four, au moyen d'un tenon demi-circulaire et d'une mortaise de forme correspondante.

La chauffe a une surface de $0^{m^2},60$; la section d'échappement au-dessus du petit autel est de $0^{m^2},13$ environ, et celle du rampant conduisant à la chaudière horizontale placée à la suite est $0^{m^2},33$ environ. Deux fours à puddler sont accouplés pour chauffer une chaudière horizontale de 45 chevaux.

On fait en douze heures dans ces fours de sept à neuf charges de fonte blanche, pesant de 200 à 220 kilogrammes chacune. La consommation moyenne de houille est de 830 kilogrammes par tonne de fer brut, le déchet sur la fonte variant de 12 à 14 pour 100.

PLANCHE LXXI.

Four à puddler mécanique, système Danks.

On a fait depuis longtemps des tentatives pour supprimer le travail musculaire humain dans l'opération du puddlage. Les efforts des inventeurs se sont effectués dans deux directions différentes.

Les uns ont cherché à conserver le four à puddler tel qu'il existait, en faisant manœuvrer l'outil du puddleur par un mécanisme automate qu'on n'aurait qu'à surveiller. L'appareil le plus pratique appartenant à cette catégorie est celui de M. Lemut, du Clos-Mortier, à Saint-Dizier.

Les autres, plus radicaux dans leurs recherches, ont modifié plus ou moins complétement le four à puddler lui-même, en lui donnant un mouvement de rotation ou d'oscillation destiné à remplacer le brassage au moyen d'un outil. Le système qui paraît avoir obtenu le plus de succès pratique dans cette direction, est celui imaginé ou plutôt perfectionné par M. Danks, métallurgiste américain, et dont la planche LXXI donne les dessins, d'après ceux de l'inventeur. En voici la description, d'après celle faite par M. Danks dans le *Journal of the Iron and Steel Institute.*

Le four mécanique a une grille, qui ressemble au premier abord à celle d'un four à puddler ordinaire, mais qui en diffère considérablement sous plusieurs rapports. Le cendrier est soufflé, afin d'activer la flamme et de produire du gaz. Il y a aussi des jets de vent au-dessus du feu, afin d'assurer une combustion plus parfaite du combustible. Une valve permet de régler la quantité de vent, et par suite de gouverner parfaitement le chauffage. Le cendrier et la toquerie sont fermés par des portes, et le cadre de la toquerie est à circulation d'eau. La plaque du pont de chauffe contient aussi un tuyau en fer encastré dans la fonte, et où circule de l'eau froide; elle est revêtue de briques réfractaires du côté de la chauffe, et d'une garniture en minerai du côté qui regarde la charge : son sommet est du reste recouvert d'une assise de briques réfractaires. Cette plaque porte assemblée avec elle un anneau plat sur l'une de ses faces, anneau qui est à circulation d'eau et qui peut être fait en une ou plusieurs pièces : il doit en effet rester froid, et c'est contre sa face plane que frotte une des extrémités du laboratoire mobile ; aussi cette face peut avec avantage être faite en fonte trempée en coquille, pour éviter l'usure par le frottement.

Le laboratoire tournant se compose de deux pièces tronconiques, formant les deux extrémités, et de douelles qui forment le corps de l'appareil. Les deux pièces terminales sont disposées de manière à recevoir des frettes en fer, et à permettre le remplacement de deux bagues en fonte amovibles, placées aux deux endroits les plus exposés au feu. Elles reposent sur des galets qui permettent une rotation facile, et sont munies de nervures convenables pour les consolider et de trous qui permettent de river les bagues et les douelles. Elles sont, en effet, réunies par les douelles, de façon à former un cylindre de la longueur qu'on a jugé convenable : ces douelles en fonte portent des nervures creuses longitudinales, qui servent soit à maintenir la garniture, soit à la rafraîchir. Quand toutes ces pièces sont rivées ensemble, elles forment une surface de révolution cylindro-conique, ouverte aux extrémités, dont un bout s'appuie contre l'anneau du four de chauffe, et dont l'autre bout sert de porte pour le chargement de la fonte et pour l'extraction des boules : cette même extrémité sert encore d'échappement aux produits de la combustion, qui passent par un chapeau mobile, faisant communiquer le four et la cheminée; ce chapeau sert à la fois de porte et de carneau. On peut le mouvoir à volonté au moyen d'une suspension convenable; quand il est en place pour le puddlage, les gaz brûlés y passent pour se rendre dans le carneau fixe et par là à la cheminée ou à la chaudière. Quand on l'a tiré de côté pour l'introduction de la charge, l'ouverture du cylindre est tout entière libre. Pour le maintenir en place pendant le travail, on l'appuie au moyen de béquilles. Le chapeau porte du reste une circulation d'eau pour le rafraîchir, et il y a un regard au centre qui permet de suivre le travail dans le four.

On fait tourner le laboratoire à l'aide d'une couronne dentée qui lui est fixée. Chaque four a son petit moteur spécial qui permet de lui donner diverses vitesses de rotation.

Le laboratoire est d'abord doublé d'une *chemise*, formée avec un mélange de minerai de fer pulvérisé et de chaux vive, malaxé avec de l'eau de façon à donner une pâte épaisse : cette chemise, que l'on sèche à mesure qu'on la met en place, dépasse de $0^m,02$ à $0^m,03$ les nervures creuses. Quand cette chemise est dure et sèche, on fait dans le four la *garniture* en minerai de fer, comme dans les fours à puddler ordinaires, mais dans toute la surface intérieure.

On remarquera sur le tronc de cône qui termine le laboratoire du côté de la sortie de la flamme un trou qui est le *chio*, destiné à évacuer à volonté les scories.

On retire la boule au moyen d'une sorte de grosse fourche en fer qu'on introduit dans le four, et qu'on peut manœuvrer avec une grue. On charge la fonte au moyen d'une cuiller à long manche, qui se manœuvre de la même façon.

Les charges de fonte varient, suivant les usines, de 300 à 500 kilogrammes ; l'opération dure une heure et demie environ. La consommation de houille, quand on fond la fonte dans le four lui-même, varie de 1 000 à 1 450 kilogrammes par tonne de fer brut fabriqué. Le poids du fer brut obtenu est généralement supérieur à celui de la fonte chargée.

Il existe aux États-Unis et en Angleterre un assez grand nombre d'usines qui fabriquent le fer brut au moyen du puddleur Danks : les usines d'Hayange (Lorraine), de Sclessin (Belgique), et peut-être d'autres encore l'ont essayé sur le continent.

Avant le succès obtenu par M. Danks, M. Menelaus, l'habile directeur de l'immense usine de Dowlais, avait essayé un four rotatif tournant autour d'un axe horizontal, en perfectionnant l'appareil inventé par Walker et Warren en 1853, et déjà modifié par Tooth en 1859. M. Menelaus, après des essais prolongés, avait renoncé à son four rotatif, surtout par suite du peu de durée des garnitures.

En France, M. Pernot, chef de fabrication des forges et aciéries de Saint-Chamond (Loire), a réussi récemment à obtenir des succès pratiques avec un autre système d'appareil. Il a repris l'idée de Dyson (1856), perfectionnée par Maudslay en 1859, en construisant un four à puddler dans lequel la sole circulaire, inclinée de l'arrière à l'avant, tourne autour d'un axe légèrement incliné sur la verticale, en amenant successivement dans la position la plus basse, au droit de la porte de travail, tous les points de sa circonférence. Le four Pernot promet de rendre de sérieux services à la fabrication du fer.

PLANCHE LXXII.

Appareils de cinglage.

Les appareils qui servent à cingler les boules sortant des fours à puddler, appartiennent à deux catégories différentes. Les uns opèrent *par choc :* ce sont les marteaux ; les autres opèrent *par pression :* ce sont les presses.

Les usines anglaises, lors de l'invention de la méthode de fabrication du fer à la houille, employèrent pour le cinglage un appareil, qui s'est perpétué chez elles jusqu'à présent et qui s'est répandu en Belgique et dans quelques forges françaises : c'est le marteau frontal.

Les figures 1 à 13 représentent un marteau frontal des usines de Dowlais, dans le pays de Galles. Son massif de fondation repose sur une couche d'argile vierge, recouverte de brindilles de bouleau sur une épaisseur de 0^m,15 à 0^m,20 ; il se compose de poutres en chêne jointives, assemblées en cinq ou six assises horizontales croisées, et cube environ 20 mètres cubes ; les poutres sont fortement serrées par des boulons, afin que les joints ne s'ouvrent pas et que le tout forme une seule masse. Ce massif est couronné par une plaque de fondation, sur laquelle sont fixés les deux paliers du marteau dans de robustes ergots : un troisième palier porte un des tourillons de l'arbre de la bague à cames. On voit (fig. 7) la forme du marteau, dont la tête renflée est percée d'un *œil* pour recevoir la *panne*, dont la *table* carrée a 0^m,45 de côté : la queue de la panne est serrée dans l'œil au moyen de coins en chêne, qu'on chasse de façon à ce que leur extrémité qui traverse l'étranglement se gonfle ensuite, et produise ainsi un serrage énergique. La tête porte en avant, sur le *front* (ou appendice au moyen duquel le marteau est soulevé) un trou carré, dans lequel on fixe une pièce de fer recourbée, qui reçoit le choc de la came ; sur le côté de la tête est une *oreille*, destinée à maintenir, au moyen d'une barre ou *valet*, la tête du marteau soulevée hors de portée des cames. Sur la plaque de fondation, au-dessous de la tête du marteau, est fixée dans un encastrement la *chabotte*, où s'enchâsse une *panne* mobile, munie d'une queue rectangulaire : une ouverture, pratiquée de part en part dans la chabotte, permet de faire levier au-dessous de l'enclume pour la sortir de son logement ; deux pièces rapportées, assemblées à queue d'hironde, se trouvent sur des appendices latéraux de la chabotte, et un creux pratiqué dans l'une d'elles reçoit l'extrémité inférieure du valet. La *croisée* du marteau se termine par deux *couteaux* arrondis.

La bague à cames est un tourteau en fonte, calé sur l'arbre moteur au moyen de quatre ailettes en croix : les cames en queue d'hironde y sont assujetties par un calage en bois et fer ; l'arbre a $0^m,40$ de diamètre et $0^m,65$ dans la partie qui porte la bague. La levée de ce marteau est de $0^m,40$ environ. L'arbre fait 18 à 19 tours par minute, de sorte que le marteau donne 72 à 76 coups dans le même temps.

Voici le poids approximatif des diverses pièces :

Plaque de fondation..........................	11 000 kilogr.
Paliers du marteau, bronze compris	3 000 —
Marteau....................................	5 500 —
Panne......................................	750 —
Chabotte	5 500 —
Enclume	800 —
Paliers de l'arbre de la bague à cames..........	2 500 —
Arbre à cames..............................	7 000 —
Bague à cames..............................	4 250 —
Quatre cames	1 200 —
TOTAL.............	41 500 kilogr.

Ce marteau frontal absorbe une force motrice de 20 chevaux environ et dessert dix à douze fours à puddler.

Les figures 14 à 18 fournissent un type d'appareil de cinglage par pression ou *squeezer*, également emprunté à l'usine de Dowlais : c'est un squeezer double. Sa plaque de fondation repose sur deux poutres longitudinales en charpente et mesure 6 mètres sur $1^m,50$.

A une extrémité se trouvent de forts paliers, solidement calés pour
recevoir un arbre coudé, qui donne le mouvement à la presse au
moyen d'une bielle. La presse est un levier en forme de V obtus,
oscillant entre deux paliers : il porte des évidements venus de fonte
pour recevoir les mâchoires mobiles qui ont $0^m,90$ sur $0^m,45$.
Sur la plaque de fondation, un fort bâti, solidement calé, porte les
deux mâchoires - enclumes, ayant chacune $1^m,80$ sur $0^m,45$.
Quand le levier est horizontal, le bord interne de chaque mâchoire
mobile est à $0^m,13$ de l'enclume, et le bord externe est à $0^m,40$.
L'arbre fait 50 à 60 tours par minute. Le poids des pièces est à peu
près le suivant :

Plaque de fondation	6 000 kilogr.
Paliers de l'arbre moteur	2 500 —
Arbre manivelle	600 —
Bâti des enclumes	4 000 —
Paliers du squeezer	2 800 —
Squeezer	3 250 —
Enclumes	1 800 —
Mâchoires	700 —
EN TOUT	21 650 kilogr.

Un squeezer ordinaire peut desservir douze à quinze fours à puddler, en absorbant une force motrice de 10 à 12 chevaux.

PLANCHE LXXIII.

Appareils de cinglage.

Les cingleurs par choc fournissent un fer brut plus épuré que les
presses ; aussi les marteaux sont-ils généralement préférés. Mais les
marteaux frontaux, qui sont encombrants et d'une manœuvre assez
difficile, sont maintenant remplacés dans les forges nouvelles par
des marteaux-pilons de construction très-simple, comme celui que
représente la planche LXIII et qui est employé dans une forge
française.

On y remarquera l'enclume, placée presque au niveau du sol,

pour faciliter la manœuvre de la boule ; les glissières en fer rapportées contre les montants du marteau et fixées par des boulons
à tête fraisée ; la manière dont l'entablement est fixé sur les montants
et dont le cylindre est fixé sur l'entablement ; la distribution de vapeur à la main au moyen d'un tiroir cylindrique équilibré ; enfin la
disposition qui permet à la vapeur de passer au-dessus du piston
quand il a dépassé une certaine limite, de façon à l'empêcher de
heurter le fond du cylindre lorsqu'on fait fonctionner le pilon à
simple effet. En faisant tourner de 180 degrés le tiroir autour de son
axe vertical, on modifie la distribution de façon à permettre au pilon
de fonctionner à double effet.

Le poids du marteau et de sa tige est de 1 800 kilogrammes ;
la levée maximum est 1^m,30. Le diamètre du cylindre est 0^m,485.

Un marteau-pilon de 2 500 kilogrammes peut desservir dix à
quinze fours à puddler, et il est alimenté par la vapeur produite par
deux fours à réchauffer.

PLANCHE LXXIV.

Laminoirs. Ancien train de puddlage.

Un train de laminoirs se compose ordinairement de trois *cages*,
savoir : la cage à pignons, la cage des cylindres dégrossisseurs, la
cage des cylindres finisseurs. Le train qui sert à l'étirage des boules
cinglées est établi de cette manière.

L'arbre moteur porte la partie fixe du manchon d'embrayage,
dont l'autre moitié peut glisser sur l'arbre de communication,
qui repose sur une fourchette à pivot, et qui s'assemble par l'intermédiaire d'une *moufflette* ou manchon d'accouplement avec le
trèfle du pignon inférieur. Le mouvement se transmet d'une cage
à l'autre au moyen d'*allonges* ou arbres d'accouplement, placés
entre les trèfles des cylindres et des pignons, et de *moufflettes*
qui enchâssent chacune un trèfle et une extrémité de l'allonge :
des entretoises en bois, retenues par des courroies, servent à con-

server l'écartement des moufflettes. Un chéneau en bois, placé au-dessus du train, distribue l'eau aux tourillons par l'intermédiaire de petits tubes en cuivre. Un chemin de fer aérien suspendu supporte au moyen de galets les deux *aviots*, leviers destinés à aider à la manœuvre des loupes pendant les passes.

Les tourillons des cylindres tournent dans des coussinets main-tenus dans des *empoises*, pièces de fonte calées entre les montants des *colonnes* qui composent la cage. L'empoise du cylindre inférieur repose sur le patin de la colonne; celle du cylindre supérieur repose au moyen de cales sur celle inférieure, et une vis, qui traverse le chapeau de la colonne et qui appuie sur une *boîte de sûreté*, main-tient le tout en s'opposant au soulèvement du cylindre supérieur, lorsque la barre est engagée dans une cannelure.

A l'entrée et à la sortie des cylindres dégrossisseurs qui portent les cannelures ogives, se trouvent le *tablier* et la *plaque de garde*, sou-tenus par des sommiers en fonte, encastrés dans les rainures des colonnes : les figures 2 et 4 montrent cette disposition.

Les figures 3 et 5 indiquent la disposition de la cage finisseuse, dont les cylindres portent les cannelures plateuses; on y voit une barre de fer rond, horizontale, servant de guide à l'entrée, et des *gardes* et *sous-gardes* à la sortie; les gardes s'appuyant sur un sommier encastré entre les deux colonnes, et les sous-gardes, contre une nervure de la plaque de fondation.

Les colonnes composant les cages sont serrées à l'aide de coins entre les ergots de la plaque de fondation, et fixées à l'aide de boulons.

La plaque repose sur un *beffroi* en charpente, composé de *lon-grines* longitudinales, de *sommiers* transversaux, de *chandelles* ver-ticales et de *contre-fiches* inclinées; toutes ces pièces étant assemblées par des tenons très-courts et doubles, et serrées par des boulons. Cette fondation en charpente repose elle-même dans une *fosse* sur un radier en béton.

La construction de ce train comprend :

Maçonnerie		30 mètres cubes.
Charpente		$8^{m3},60$
Fonte : Cages	18400	
Plaques	8200	35600 kilogr.
Accessoires	9000	
Fer : Boulons	450	
Garnitures	900	
Entretoises, etc	320	2170 —
Gardes, etc	500	
Bronze		800 —

On considère, comme établi dans de bonnes conditions, un train de puddlage dont les cylindres ont $0^m,45$ à $0^m,50$ de diamètre, et tournent avec une vitesse de 50 à 60 tours à la minute. Une vitesse plus grande nuit à la qualité du fer, en ne laissant pas aux scories le temps de s'échapper, et oblige à augmenter le nombre des passes, en diminuant la pression dans les cannelures, pour que les cylindres puissent prendre la barre ; de plus on augmente sans profit la fatigue des ouvriers. Un train de puddlage, marchant comme ci-dessus et desservi par une brigade de six hommes, peut laminer les boules de quinze à seize fours. En ajoutant un aide à la brigade, le train peut suffire pour trois à quatre fours de plus, tous les fours à puddler étant supposés faire en douze heures huit charges à quatre boules chacune, c'est-à-dire fournir trente-deux barres par poste.

Les trains de puddlage sont ordinairement mus par des machines à transmission directe sans engrenage, le plus souvent horizontales, mais quelquefois, comme en Belgique et dans le Nord, verticales à pilon. Leur force, pour que le travail s'opère dans de bonnes conditions, doit être de 55 à 60 chevaux au minimum. Au Creusot, dans la nouvelle forge, deux trains de puddlage à dégrossisseurs trijumeaux sont conduits par une machine horizontale à détente Meyer et à condensation, dont la force est estimée à 160 chevaux, et dont le piston a $0^m,80$ de diamètre et $1^m,50$ de course. Dans une usine du Nord, le train de puddlage est conduit par une machine verticale à bielle pendante et à bâti pyramidal, sans condensation et à faible détente, dont le piston-vapeur a $0^m,70$ de diamètre et $0^m,90$ de course : elle fait 50 tours par minute et sa force est estimée à 60 chevaux.

PLANCHE LXXV.

Laminoirs. Train de puddlage anglais.

Ce train, qui existe dans l'usine de Dowlais (pays de Galles), présente des dispositions qui diffèrent assez notablement du précédent.

On remarquera d'abord qu'il ne comprend pas de cages à pignons. L'arbre moteur transmet, au moyen d'un manchon d'embrayage, le mouvement à un arbre de communication, tréflé à son autre extrémité, de façon à permettre le mouvement d'un autre manchon, qui vient s'emmancher sur le trèfle du cylindre finisseur inférieur; ce manchon porte une couronne dentée, qui engrène avec une autre roue placée sur le trèfle du finisseur supérieur. Le finisseur inférieur transmet le mouvement par un seul manchon d'accouplement au dégrossisseur inférieur. Celui-ci, au moyen d'un manchon denté qui peut s'emboîter sur son trèfle extrême, communique le mouvement au dégrossisseur supérieur. Un arbre coudé, placé en queue du train, sert à transmettre le mouvement à une presse squeezer. Ce système de transmission de mouvement dans le train permettrait, comme on voit, d'employer des cylindres finisseurs d'un diamètre différent de celui des cylindres dégrossisseurs.

Les figures 1, 2 et 3 montrent l'installation générale du train; les figures 4, 5, 6, 7 et 8 donnent le détail d'une colonne de cage à cylindres, et on voit (fig. 9 et 13) comment sont organisés le tablier et la plaque de garde dans les dégrossisseurs, les gardes et sous-gardes en fer dans les finisseurs; les figures 10, 11, 12, 14, 15, 16, 17, 18, 19 et 20 indiquent en détail ces diverses pièces.

Dans les colonnes, le cylindre supérieur est suspendu de chaque côté aux montants mêmes des colonnes, au moyen d'un sommier transversal qui porte son empoise, et de deux tiges de suspension ; il est ainsi indépendant du cylindre inférieur.

Les figures 23 et 24 donnent le dessin d'une colonne de cage à pignons de construction simple, dans laquelle la position du pignon supérieur est réglée au moyen de longues clavettes sans emploi de vis.

Les cylindres des trains de puddlage ont ordinairement en Angleterre, d'après Truran, $0^m,45$ de diamètre et $1^m,10$ de longueur entre les coussinets, les tourillons ont $0^m,25$ de diamètre et la longueur totale est 2 mètres environ. Un équipage peut fonctionner un mois sans nettoyage et se trouve usé au bout de quatre ou cinq mois. L'effort considérable exercé sur les colonnes exige qu'elles aient une grande solidité. La somme des sections de rupture pour les deux colonnes d'une même cage ne doit pas être inférieure, dans la partie la plus faible, à $0^{m2},15$; et pour la cage à pignons, il faut à peu près la même solidité.

La vitesse des trains de puddlage, en Angleterre, varie de 40 à 80 tours par minute. Les usines du Staffordshire travaillent à faible vitesse ; celles du pays de Galles vont de 50 à 80 tours. La vitesse que les ouvriers préfèrent et qui se trouve la plus avantageuse, sauf avec un métal très-rouverain, est 56 tours ; quand le fer est très-rouverain, on fait moins de déchet en allant plus vite.

A la vitesse de 80 tours par minute, la barre passe à la vitesse de 6800 mètres à l'heure environ et les ouvriers doivent la suivre, tandis qu'avec 56 tours elle ne fait que 4800 mètres environ.

D'après des expériences citées par Truran, pour actionner un train de puddlage, composé d'une paire de cylindres dégrossisseurs, d'une paire de cylindres finisseurs ($0^m,45$), en même temps qu'un squeezer double et deux cisailles, en lui faisant faire 55 tours par minute pour le laminage de fers bruts de $0^m,075$ sur $0^m,049$, il fallait pour la marche à vide 41 chevaux, et pour le travail à raison de 300 tonnes par semaine, 34 chevaux de plus, soit en tout

75 chevaux. Un autre train identique, mais marchant à 82 tours par minute, exigeait une force de 17 chevaux et demi pour mettre en mouvement la machine et la transmission, 28 chevaux et demi pour faire tourner les cylindres à vide, 67 chevaux et demi pour laminer 360 tonnes par semaine, soit en tout 113 chevaux et demi. Nous ne savons comment Truran a déterminé ces forces, dont la dernière nous paraît exagérée.

A l'usine d'Ebbw Vale, d'après M. Percy, il y a deux ateliers de puddlage. Le plus grand contient cinquante fours à puddler ; il est desservi par trois squeezers, deux marteaux-pilons et trois trains de laminoirs de 0^m,45, faisant quarante tours par minute. La machine motrice des trains et des squeezers est une machine à balancier à condensation faisant vingt tours, dont le piston a 1^m,08 de diamètre et 2^m,44 de course. L'autre atelier, plus indépendant, contient seize fours à puddler seulement, qui fournissent la vapeur à un marteau-pilon et à la machine motrice. Celle-ci actionne un train et un marteau frontal de 4 tonnes ; elle est à balancier et à condensation, le cylindre-vapeur a 0^m,66 de diamètre, la course est 1^m,50, et le nombre de tours vingt-cinq par minute ; la vapeur arrive dans le cylindre à une pression de 3 atmosphères environ, et l'admission est d'un quart de course.

Les trains de puddlage du Staffordshire comprennent ordinairement, d'après M. Bauerman, deux paires de cylindres de 0^m,45 à 0^m,50 de diamètre et 1^m,10 à 1^m,50 de longueur : les finisseurs fabriquent des barres de 0^m,062 à 0^m,175 de largeur et 0^m,013 à 0^m,050 d'épaisseur. Quelquefois on ajoute une troisième paire pour laminer des largets pour couvertes de 0^m,175 à 0^m,375 de largeur. Un train dessert de seize à vingt fours à puddler.

PLANCHE LXXVI.

Outillage des usines à fer.

Les figures 1 à 6 représentent les outils en usage pour le travail des fours à puddler et des appareils de cinglage, à la forge de Cyfarthfa (pays de Galles).

Les figures 7 à 9 représentent le matériel, qui sert à la confection des paquets et au chargement des fours à réchauffer dans la même usine.

Les figures 10 à 14 montrent le chariot à paquets et les outils des réchauffeurs de l'usine de Dowlais, également dans le pays de Galles.

Les figures 15 et 16 donnent les dessins des diverses tenailles et de l'aviot, dont se servent les lamineurs.

PLANCHE LXXVII.

Cisailles à fer.

On a réuni dans cette planche diverses formes de cisailles, employées soit pour le fer brut, soit pour le fer marchand.

Les figures 1 à 5 représentent une cisaille à queue, dont la construction n'a pas besoin d'explications. On y voit la manière dont sont fixés les couteaux en acier soit dans une entaille du bloc, soit dans la mâchoire mobile : ces lames doivent parfaitement se joindre. On voit aussi l'attache de la bielle articulée qui donne à la cisaille le mouvement de va-et-vient. Cette disposition est très-employée pour le cisaillage des fers bruts.

Les figures 6 à 9 donnent une forme anglaise de cisaille à fer brut, employée dans le pays de Galles. On y fait marcher les cisailles à la même vitesse que les trains, quand ceux-ci ne font que 56 tours à la minute; mais s'ils tournent plus vite, il faut introduire une transmission telle que les cisailles ne donnent pas plus de 56 coups à la minute.

La cisaille double, représentée par les figures 10 et 11, est empruntée à l'usine du Phénix, à Ruhrort (Westphalie). Elle est commandée par une machine oscillante de 12 chevaux, ayant un cylindre de $0^m,305$ de diamètre et $0^m,94$ de course, et sert à couper des vieux rails, des couvertes pour rails, etc. D'autres cisailles, presque identiques du reste, servent aussi au cisaillage des fers bruts pour le paquetage.

FABRICATION DES FERS FINIS EN BARRES

Four à réchauffer pour train marchand.

Le four à réchauffer, que représentent les figures de cette planche, est le type employé dans les usines de la société du Phénix, en Westphalie, notamment dans celles d'Eschweiler-Aue et de Ruhrort ; les dimensions cotées sont celles d'un four pour le train marchand moyen d'Eschweiler.

On remarquera dans ce four l'autel à circulation d'air, les deux portes de travail, la dissymétrie du rampant qui force les flammes à s'approcher surtout du côté où sont les portes de travail, la position du bec plus bas que le pont de chauffe, l'ouverture latérale au rampant, munie d'un réchaud pour l'écoulement des scories.

La surface de la chauffe est de $0^{m2},86$; la section de passage pour la flamme au-dessus du pont de chauffe est de $0^{m2},35$ environ, et celle au bec est de $0^{m2},15$. La sole a $1^m,227$ de largeur sur $1^m,830$ de longueur.

A Ruhrort, des fours à réchauffer du même type, servant pour le gros train, ont une chauffe de $0^m,92$ de longueur sur $1^m,30$ de largeur, soit $1^{m2},20$ environ ; la sole a $2^m,24$ de longueur sur $1^m,36$; la section libre au-dessus du pont de chauffe est de $0^{m2},40$ environ, et au rampant, de $0^{m2},22$. Les fours à réchauffer pour fers marchands et éclisses font, par douze heures, de 6 à 10 charges, et fournissent 3 500 à 5 000 kilogrammes de fer fini : le déchet atteint 11 pour 100, et la consommation de charbon est de 500 à 700 kilogrammes par tonne de fer fini. Un four pour le petit train, qui fabrique des fers ronds et carrés de $0^m,007$ à $0^m,026$, ainsi que des fers à vitrages et de

petites cornières, produit en douze heures 3 500 kilogrammes en
9 à 12 charges, avec un déchet de 10 pour 100 et une consommation de 700 kilogrammes de houille. Pour un train à rails,
on employait en 1863, à Ruhrort, cinq à six fours de première
chaude et trois de deuxième chaude. Chaque four de première
chaude faisait 5 à 6 charges en douze heures, chaque charge
étant composée de cinq paquets pesant chacun 275 kilogrammes ;
le déchet total de soudage atteignait 14 pour 100 et la consommation de charbon variait de 650 à 750 kilogrammes par tonne de
rails finis.

Dans une grande usine française, on emploie pour la fabrication
des rails des fours à réchauffer qui ont trois portes de chargement
du même côté. La chauffe a une section de $1^m,10$ sur $1^m,10$, soit
$1^{m2},21$; elle est soufflée en dessous de la grille, le cendrier étant
fermé, et on injecte aussi un peu d'air par des ouvertures
ménagées dans la paroi transversale, de façon à former des jets
obliques sur la longueur des barreaux de grille. La sole a
$1^m,60$ de largeur et $3^m,50$ de longueur. La section d'échappement
des flammes au rampant est de $0^{m2},18$. L'autel est très-incliné,
de façon à laisser beaucoup plus de passage à la flamme sur
le devant du four que sur le derrière, où elle tend toujours
à se porter. L'axe du rampant est plus rapproché du devant
du four que l'axe de la grille : la distance entre les deux axes
est de $0^m,15$. La flamme, au sortir du rampant, se dirige dans
les carneaux d'une chaudière verticale, présentant 40 mètres carrés
de surface de chauffe environ.

Dans une autre usine française, les fours à réchauffer qui servent
à la fabrication des fers marchands ont une grille de $0^m,90$ sur $0^m,90$,
qui consomme 30 à 32 hectolitres, soit 2 550 à 2 700 kilogrammes,
par douze heures, et une cheminée dont la section est $0^{m2},30$ environ ; ils chauffent une chaudière de 26 mètres carrés de surface de
chauffe en produisant 650 à 700 kilogrammes de vapeur à l'heure.

Ailleurs on considère 30 mètres carrés comme la surface de

chauffe minimum correspondant à une grille de $0^m,90$ sur $0^m,90$, et l'on donne à la cheminée une section égale à peu près au double de la section libre de la grille.

PLANCHE LXXIX.

Fours à réchauffer et appareils de serrage des paquets.

Les figures 1 et 2 représentent un four à réchauffer de l'usine de Cyfarthfa, dans le pays de Galles; les figures 3, 4, 5 et 6, deux fours à réchauffer de l'usine de Dowlais. Dans ces trois fours, l'axe du rampant se trouve dans l'axe de la grille; mais les chauffeurs anglais savent forcer la flamme à venir sur le devant du four, en gênant son passage sur la partie postérieure de l'autel au moyen de hausses en briques réfractaires. Deux de ces fours ont la sole, qui est en sable siliceux, établie sur une plaque en fonte; c'est un mode de construction assez généralement employé.

Dans le grand four, la charge était de 4 paquets pour rails, pesant 200 kilogrammes chacun environ; on faisait 9 charges en douze heures, ce qui correspond à une production de 83 tonnes par semaine. Avec un four moyen, on chargeait seize à dix-huit paquets de $0,45 \times 0,075 \times 0,075$, et on fabriquait, à raison de 14 charges en douze heures, 31 tonnes par semaine. Avec un petit four dans lequel la charge se composait de 25 à 30 billettes, on fabriquait 15 à 25 tonnes de fer à guides par semaine.

Le déchet au feu peut être réduit, en y mettant le soin nécessaire, à 4 pour 100 pour les gros paquets, 6 pour 100 pour les moyens et 9 et demi pour 100 pour les petits paquets, destinés au train à guides. La consommation de houille varie dans le même sens; elle est de 350 kilogrammes par tonne de fer chargé pour les gros paquets, 500 kilogrammes avec les moyens et 650 kilogrammes avec les petites barres.

Les figures 7 à 12 donnent l'ensemble et les détails d'un marteau frontal, employé à Dowlais pour le serrage des paquets sortant du four à réchauffer. Il diffère du frontal de puddlage en ce que la panne du marteau est venue de fonte avec le marteau lui-même; celui-ci est plus lourd et pèse 7 à 8 tonnes; l'ensemble de l'appareil pèse près de 60 tonnes. Le paquet reçoit de 12 à 20 coups pendant un espace de 10 à 18 secondes.

PLANCHE LXXX.

Gazogènes Siemens pour charbons gras.

Cette planche représente une batterie de huit générateurs à gaz du système Siemens, destinés à produire avec des charbons gras du bassin de la Loire les gaz combustibles, nécessaires à l'alimentation des chauffes de fours à réchauffer et de fours à fabriquer l'acier sur sole. Cette batterie se compose de deux groupes et chaque groupe de quatre gazogènes, qui envoient leurs gaz dans une même cheminée ascendante.

Chaque générateur forme, comme on voit, une capacité quadrangulaire dont la face postérieure verticale présente un gradin, dont les faces latérales sont légèrement en surplomb et dont la face antérieure est fermée par une paroi oblique, en forme de plan incliné de 45 à 60 degrés, fait de briques réfractaires, soutenu à sa base par des sommiers en fonte, doublé de plaques de fonte ou de tôle, et s'arrêtant à une petite hauteur au-dessus d'une grille à barreaux légèrement inclinés aussi. Cette capacité est recouverte par une voûte, dans laquelle se trouvent cinq ouvertures. Deux de ces ouvertures, à section rectangulaire, situées en avant, sont surmontées de trémies de chargement, sorte de boîtes fermant en haut par un couvercle hermétique à joint de sable et en bas par un clapet à contre-poids: on peut par leur moyen introduire dans le gazogène des charges de houille, sans le mettre en communication avec l'atmosphère, et par suite, sans que les gaz qui le remplissent et qui ont une certaine pression, puissent s'échapper. Trois autres ouvertures, de forme circulaire, situées en arrière, sont des regards par lesquels on peut surveiller la manière dont s'effectue la marche de l'appareil. En outre, quatre petits trous ronds, fermés par des bouchons, se trouvent sur une même ligne, au sommet du plan incliné et au pied des trémies de chargement, et permettent en cas de besoin d'introduire par là des ringards pour pousser la houille sur le plan incliné. La houille chargée par les trémies forme, en effet, une couche épaisse ($0^m,75$ à $0^m,90$ pour les charbons gras), qui descend lentement sur la paroi oblique de face : elle repose à sa base sur la grille à barreaux inclinés. Les sommiers en fonte, qui forment la base du plan incliné, sont percés de six ouvertures, qui servent soit à donner de l'air au travers de la couche, soit à introduire des ringards qui puissent pénétrer jusqu'au mur de fond du gazogène : ces sommiers, comme ceux qui supportent la grille en avant, sont soutenus par deux montants latéraux et un montant médian, tous trois en fonte. La grille inférieure est courte, parce que ses barreaux doivent toujours être recouverts d'une couche épaisse de houille, s'étendant même jusqu'au gradin du fond : le nombre et l'écartement de ses barreaux varient avec la nature de la houille consommée. L'air, dont l'oxygène se transforme d'abord en acide carbonique, puis en oxyde de carbone, pénètre par les interstices de ces barreaux ; la température développée par la demi-combustion, qui s'opère dans la région inférieure de la couche de houille, sert à distiller partiellement la houille des parties superposées, de façon à ce que les gaz du gazogène contiennent non-seulement de l'oxyde de carbone, mais aussi des hydrogènes plus ou moins carbonés mélangés à l'azote ; le gradin, qui se trouve dans le fond du gazogène, sert à empêcher qu'un filet d'air, en s'introduisant dans l'appareil sans traverser une couche suffisante de combustible, ne vienne apporter de l'acide carbonique au mélange gazeux. Un tuyau muni d'un robinet amène de l'eau au-dessous de la grille : cette eau sert tant à rafraîchir les barreaux pour les empêcher de rougir trop, qu'à produire de la vapeur qui, s'introduisant dans le gazogène, vient utiliser pour sa décomposition une partie de la chaleur en excès et fournir de l'hydrogène aux gaz.

Les cendres et résidus de la combustion sont aisément évacués par la grille inférieure.

Les gaz dont la température est élevée et qui sont plus légers que l'air atmosphérique, s'échappent par une ouverture située au fond et dans un angle du gazogène; ils s'élèvent par un carneau vertical jusqu'à une certaine hauteur (0^m,90), au-dessus de la plate-forme des gazogènes. Là, les quatre carneaux d'un même groupe se confondent pour former une seule cheminée ascendante, sur une hauteur de 2^m,60. A la base de cette cheminée se trouvent des ouvertures horizontales étroites, par lesquelles on peut glisser des plaques de fonte pour isoler au besoin un ou plusieurs gazogènes; une ouverture de chaque côté, placée au-dessus, sert à luter avec du sable ce registre provisoire, s'il est nécessaire.

Dans chaque carneau vertical se trouve au-dessus même de la plate-forme un regard en fente verticale, fermé par une glissière en tôle et par lequel on peut constater la pression intérieure du gaz, essayer ce gaz, mesurer sa température.

Le massif des quatre gazogènes est solidement armé et ancré à l'aide de montants en fonte et de tirants en fer.

Sur les deux cheminées des deux groupes repose le *tuyau de refroidissement* des gaz, à section carrée, en tôle rivée; il doit, d'après M. Siemens, présenter une surface de 5^{m2},50 au moins par gazogène; il doit aussi avoir une section croissante, à mesure qu'il reçoit plus de gaz : ici, comme il ne dessert que deux groupes, il a 0^m,90 de côté entre les deux cheminées et 1^m,20 au-delà de la seconde. Il se raccorde avec les cheminées au moyen de coffres, qui viennent s'emmancher dans des joints à garde hydraulique en fonte, placés sur le sommet des cheminées; on voit (fig. 2) le tuyau d'arrivée de l'eau, le caniveau suspendu qui fait communiquer les deux joints et le tuyau d'échappement de l'eau. Le tuyau de refroidissement porte à ses deux extrémités de grands clapets inclinés, destinés à parer aux explosions et à servir pour le nettoyage; il est muni en outre, aux points convenables, de clapets de sûreté pour les explosions. Dans ce tuyau s'effectue la condensation de la vapeur d'eau et du goudron que peut contenir le gaz.

A l'extrémité du tuyau de refroidissement, les gaz redescendent par une *cheminée de refoulement* (fig. 6), tuyau vertical en tôle qui les conduit au carneau souterrain, par lequel ils sont dirigés vers les appareils de combustion. On dispose quelquefois au pied de cette cheminée des moyens de recueillir les produits goudronneux de condensation.

Les gaz sortent par la cheminée verticale, peu élevée, avec une assez faible puissance ascensionnelle; ils se refroidissent dans le tuyau de refroidissement, et augmentent de densité avant d'arriver à la cheminée verticale en tôle, où ils se précipitent de haut en bas par l'effet de leur augmentation de densité, et qui joue un rôle complétement analogue à celui d'un extracteur dans une usine à gaz, en produisant une certaine aspiration dans la conduite horizontale supérieure, et un refoulement dans la canalisation souterraine qui mène aux fours. La production de gaz dans le générateur se trouve réglée par la consommation même de ces gaz ; si la consommation s'arrête, la production du gaz s'arrête aussi ; elle recommence dès que la circulation générale reprend ; plus on consomme de gaz, plus il s'en produit. Ce fait n'est pas un des caractères les moins remarquables de la combinaison d'appareils imaginée par MM. Siemens pour leur système de chauffage.

La consommation en vingt-quatre heures d'un gazogène varie, en marche normale, de 1 500 à 2 000 kilogrammes de houille. Les gaz doivent sortir du gazogène à la température du rouge sombre, soit 600 à 700 degrés. Leur composition, d'après un exemple cité par M. C. W. Siemens, de fabrication avec un mélange de trois quarts charbon gras et un quart charbon maigre, est à peu près comme suit :

Oxyde de carbone........................   24,2 en volume.
Hydrogène...............................   8,2   —
                 A reporter........   32,4 en volume.

Report	32,4	en volume.
Hydrogène carboné	2,2	—
Acide carbonique......................	4,2	—
Azote...............................	61,2	—
	100,0	en volume.

Lorsqu'on a à desservir un certain nombre de fourneaux chauffés par le système Siemens, on groupe généralement ensemble tous les gazogènes, et leurs gaz se réunissent dans un canal commun qui alimente les divers fourneaux au moyen de branchements. On place ces gazogènes, quand on le peut, à un niveau inférieur à celui des fourneaux ; mais ordinairement ils sont placés au même niveau, et c'est la cheminée de refoulement qui sert à envoyer le gaz aux appareils situés souvent à une assez grande distance. Par ce groupement des gazogènes, on obtient une grande régularité dans la marche.

Ainsi à la grande usine à rails de fer Britannia, près Middlesborough, nous avons vu une batterie de 32 gazogènes desservant 12 grands fours à souder à une distance de 100 à 150 mètres. Dans l'aciérie de Barrow, 72 gazogènes groupés en deux rangées et consommant chacun 3 000 kilogrammes de houille par vingt-quatre heures, alimentent tous les fours à réchauffer, au nombre de 60 environ, et dont les plus éloignés sont à 240 mètres de distance. Il en est de même à l'usine à rails d'acier du West Cumberland, à Workington, où tous les fours sont chauffés par une batterie de gazogènes Siemens, sans qu'on aperçoive un morceau de charbon dans la halle de laminage.

PLANCHE LXXXI.

Gazogènes Siemens pour les charbons maigres.
Valves d'inversion.

Le groupe de deux gazogènes, représenté sur cette planche, a été construit pour brûler des charbons non collants du bassin du Nord.

Ces appareils diffèrent de ceux décrits précédemment par la disposition du plan incliné, formant la face antérieure du gazogène. La partie en briques réfractaires est très-courte, et la majeure portion est formée par une grille à échelons, dont les trois barreaux supérieurs, soutenus comme les suivants par deux montants latéraux et un montant médian en fonte, sont en forme d'équerres obtuses en fonte, tandis que les barreaux inférieurs sont des barres en fer plat. Il n'y a pas en bas de grille ordinaire à barreaux pour soutenir la couche de charbon : elle repose directement sur la sole du gazogène, et vient former un petit talus en dehors au-dessous du dernier échelon de la grille. Le gazogène est plus resserré à sa partie inférieure, afin qu'on soit sûr que la houille forme toujours une épaisseur considérable au droit des entrées d'air.

Mais à part les différences qui viennent d'être signalées, le reste de l'appareil ressemble beaucoup au précédent. Les deux gazogènes sont enfoncés dans une fosse, par suite de circonstances locales et adossés au terre-plein. Le tuyau de refroidissement en tôle est à section circulaire : au lieu de reposer sur la cheminée, il est encastré dans la maçonnerie par son extrémité, et le dessus de la cheminée est fermé par une plaque de fonte.

La consommation d'un gazogène par vingt-quatre heures est au minimum de 800 kilogrammes avec des charbons gras, et peut dans certains cas atteindre jusqu'à 3 000 kilogrammes avec des charbons maigres, ce qui est un maximum : la consommation normale est ordinairement peu différente de 1 800 kilogrammes.

Les gazogènes de Barrow consommant 3 000 kilogrammes par vingt-quatre heures, dont il a été question précédemment, emploient un charbon non bitumineux, c'est-à-dire maigre, des environs de Leeds. Ils sont cependant construits comme ceux de la planche LXXX ; l'angle de leur paroi inclinée avec l'horizon est de 60 degrés ; la surface de la grille est de $1^{m^2},80$ environ et leur contenance est de 4 tonnes environ. Ils ont consommé souvent, et pendant plusieurs mois de suite, 3 000 kilo-

grammes par vingt-quatre heures ; mais leur marche la plus économique est avec une consommation de 2 500 kilogrammes. Ils sont
très-éloignés des fourneaux ; le tuyau de refroidissement a une
section calculée de $0^{m2}{,}09$ par gazogène; il est muni de boîtes ou
joints compensateurs permettant les dilatations et les contractions,
et de clapets de sûreté contre les explosions, en même temps que de
siphons pour l'évacuation du goudron et des eaux de condensation.

On compte en Angleterre, d'après le *Journal of Iron and Steel
Institute*, que la main-d'œuvre pour la production du gaz dans les
appareils Siemens coûte de 675 à 700 francs par semaine pour un
groupe de vingt gazogènes, et qu'il faut un gazogène et demi pour
chaque four à puddler double, ou deux gazogènes pour chaque four
à réchauffer de dimension moyenne, chaque gazogène brûlant environ 1 250 kilogrammes de houille par poste.

Les figures 5 à 11 représentent en détail la disposition des valves
d'inversion, qui servent dans les appareils de combustion pour le
renversement des courants gazeux. Leur description se trouvera
plus à sa place à propos de la planche suivante.

PLANCHES LXXXII ET LXXXIII.

Four à souder chauffé par le système Siemens.

Le four à souder chauffé par le système Siemens, que représentent les deux planches de l'album, se compose d'un laboratoire
situé entre deux chauffes à gaz.

Le laboratoire, formé d'une sole en sable réfractaire soutenue
par une cuvette en fonte que des circulations d'air rafraîchissent en
dessous, et d'une voûte surbaissée en briques réfractaires, est
muni d'une porte de chargement sur la face de travail, et d'un
chio pour l'écoulement des scories au milieu de l'autre face. Les
figures 1, 2 et 5 suffisent pour en faire complétement comprendre la
disposition.

De part et d'autre de la sole se trouvent deux autels, derrière lesquels sont les carneaux verticaux, alternés dans le sens transversal,
qui amènent, les uns le gaz combustible, les autres l'air ; ce gaz et
cet air se trouvant portés à une haute température par leur passage
préalable dans les chambres à briques ou *régénérateurs*, situés au-
dessous du laboratoire et des chauffes. A chaque chauffe correspondent deux régénérateurs : l'un, situé vers l'extérieur, est destiné
au gaz et communique avec la chauffe par trois carneaux verticaux
rectangulaires de 0^m,11 sur 0^m,30 de section ; l'autre, situé vers l'intérieur du four, est destiné à l'air, et communique avec la chauffe
par quatre carneaux verticaux rectangulaires de même dimension,
mais débouchant à un niveau supérieur de 0^m,23. Derrière chacune
des rangées d'ouvertures qui amènent le gaz et l'air en tranches
verticales parallèles, se trouve un petit four de réchauffage pour certaines pièces : il peut être supprimé, et l'est en effet dans le plus
grand nombre des cas. Les figures 1, 2 et 6 font voir la disposition
des régénérateurs et des carneaux à air et à gaz.

Pour comprendre maintenant l'ensemble de l'appareil, il faut se
reporter à l'explication de la planche LXXX, où l'on a vu le gaz combustible, descendant par la cheminée de refoulement dans un carneau
souterrain, qui le dirige vers les points où il doit être utilisé. Le tuyau
en fonte horizontal, qu'on voit figures 4 et 8, communique avec ce
carneau et reçoit le gaz destiné au four à souder. Ce gaz, poussé par
l'action de la cheminée, arrive avec une certaine pression dans une
boîte cubique (représentée en coupes verticales fig. 5 et 8, et en
coupe horizontale fig. 4), d'où il descend par un tuyau vertical dans
une des *valves d'inversion* : l'orifice de ce tuyau vertical est muni
d'une soupape à siége, dont la tige, à vis mobile dans un écrou fixe,
se manœuvre par un regard dans la plaque de fonte qui recouvre la
fosse des valves, et qui sert à intercepter ou à régler l'admission du
gaz au four à souder. On voit, fig. 5 et 8, deux coupes de la valve
d'inversion du gaz, et on peut y constater que, suivant la position
de la plaque mobile, le gaz se dirige vers le régénérateur de droite

ou vers le régénérateur de gauche du four. La plaque peut être manœuvrée à l'aide d'un axe carré, sur lequel elle est montée : cet axe porte à une extrémité un levier à contre-poids, qu'on peut faire varier de position au moyen d'une tige articulée à poignée.

Dans la fosse du four, où se trouve le tuyau d'arrivée du gaz, se trouve aussi la prise d'air : c'est un court tuyau vertical, ouvrant à l'air libre en dessus et muni d'une soupape à siége, analogue à celle du gaz et qui se manœuvre de la même façon. Il conduit l'air dans la seconde valve d'inversion, construite de la même façon que la première, se manœuvrant de même, et au moyen de laquelle l'air est toujours dirigé du même côté que le gaz, c'est-à-dire dans le régénérateur à air de gauche, si le gaz va dans le régénérateur à gaz de gauche, ou inversement. L'air est appelé par la vitesse ascensionnelle, qui se développe dans le régénérateur chauffé.

En se supposant placé sur la plaque de fonte qui recouvre la fosse et faisant face au four du côté du chio, on voit que, d'après la position des valves indiquée aux dessins, le gaz et l'air se dirigent vers leurs régénérateurs respectifs de gauche. Les figures 3 et 8 indiquent le carneau que parcourt le gaz, pour arriver par le bas dans le régénérateur où il doit s'élever de bas en haut. La figure 3 montre aussi le chemin plus court que parcourt l'air, pour arriver aussi par le bas dans le régénérateur qui lui est destiné. Lorsque ces régénérateurs sont préalablement chauffés à haute température, comme il arrive dans un appareil en pleine marche, le gaz et l'air, qui les traversent avant leur admission dans l'appareil brûleur, s'y élèvent en y acquérant, par suite de l'échauffement, une vitesse qui vient se transformer en pression dans le laboratoire du four, les gaz brûlés ne pouvant redescendre aussi rapidement dans les régénérateurs de sortie, et se trouvant du reste dilatés par l'énorme température produite. En effet, arrivés au haut des régénérateurs, le gaz et l'air passent par les carneaux verticaux et arrivent en 7 tranches ou lames alternées (3 lames de gaz et 4 lames d'air), dans la chauffe de gauche; les 7 ouvertures ainsi placées composent un appareil brûleur, où le gaz chaud s'enflamme au contact de l'air également chaud, en formant une flamme qui s'étend dans le laboratoire du four. Après avoir traversé ce laboratoire et y avoir chauffé les paquets placés sur la sole, la flamme se divise pour descendre par les sept carneaux verticaux, dont quatre conduisent au régénérateur intérieur de droite et trois au régénérateur extérieur du même côté : elle traverse ces régénérateurs de haut en bas, et revient, divisée en deux courants de gaz brûlés, par deux carneaux symétriques et inverses de ceux parcourus à gauche par le gaz et l'air, aux deux valves d'inversion. La figure 8 fait voir ce retour du gaz brûlé à la valve d'inversion du gaz, et montre comment il est dirigé par la plaque mobile (qui le sépare du gaz frais) dans un carneau central, qui communique avec une cheminée d'appel. Il en est de même pour le second courant de gaz brûlé, qui, en passant par la valve d'inversion de l'air, vient aussi dans ce même carneau central, comme le montre la figure 5. La figure 3 fait voir comment ce carneau central se dirige vers la cheminée, et elle indique la nécessité d'un registre sur ce carneau pour régler le tirage. Cette cheminée ne sert absolument qu'à l'évacuation des gaz brûlés, et son effet ne doit pas se faire sentir au delà des régénérateurs où passent les gaz brûlés : elle ne doit surtout pas produire de tirage dans le laboratoire du four, où doit régner la pression obtenue ainsi qu'il vient d'être dit. Grâce à cette pression, l'air extérieur ne pouvant entrer dans le laboratoire, on peut régler à volonté la nature chimique de l'atmosphère de ce laboratoire en faisant varier, au moyen des soupapes à siége, les proportions relatives d'air et de gaz, en même temps que la température de la flamme. C'est ainsi que, dans le four à souder, on peut maintenir une atmosphère neutre ou très-peu oxydante, de façon à réduire considérablement le déchet sur le fer enfourné.

Les régénérateurs ou chambres à briques, qui jouent un si grand rôle dans ce système, sont remplis, ainsi qu'on le voit fig. 1, 5 et 6, de couches superposées, ou *empilages*, de briques réfractaires, disposées en grillage, de façon à laisser un passage facile aux gaz, qui les traversent de haut en bas ou de bas en haut, et à leur présenter une grande surface. Lorsque les gaz brûlés ont passé pendant un certain temps dans les deux régénérateurs de droite, les briques qui les remplissent se trouvent portées au rouge, leur température étant la plus élevée dans les couches supérieures. Pendant le même espace de temps, le gaz et l'air frais arrivant dans les régénérateurs de gauche ont emporté, en les traversant, la chaleur emmagasinée dans les briques ou plutôt une partie de cette chaleur, en abaissant leur température. En faisant tourner en même temps de 90 degrés les deux valves d'inversion, la direction des courants gazeux se trouvera renversée; les flammes perdues iront chauffer les deux régénérateurs de gauche, tandis que l'air et le gaz frais viendront reprendre aux deux régénérateurs de droite la chaleur qui vient d'y être emmagasinée, en s'élevant à une température qui reste à peu près constante, tant que les couches supérieures des régénérateurs ne se refroidissent pas sensiblement; lorsqu'on remarque qu'il en est ainsi, on renverse de nouveau les valves d'inversion, et ainsi de suite. Les renversements doivent s'effectuer régulièrement à des intervalles variant, suivant les cas, d'un quart d'heure à une heure.

On voit qu'en résumé le mode de chauffage de MM. Siemens est un chauffage au gaz, dans lequel le gaz combustible est chauffé à une très-haute température, préalablement à sa combustion, par les flammes perdues, au moyen d'une paire de régénérateurs et d'une valve d'inversion, et dans lequel l'air destiné à la combustion est chauffé également par les flammes perdues, au moyen d'une seconde paire de régénérateurs et d'une seconde valve d'inversion.

Les gaz de la combustion finissent par s'échapper dans la cheminée à une température qui dépasse rarement 300 degrés, quelle que soit la chaleur développée dans le four.

Comme il n'entre pas dans le programme de cet album de discuter les divers caractères du système de chauffage imaginé par MM. Siemens, et comme ce qui précède suffit à faire comprendre les dessins des planches LXII et LXIII, il nous reste seulement à faire remarquer quelques détails de construction.

Les dessins indiquent ce qui est en briques réfractaires et ce qui est au contraire en briques rouges. Il faut, pour la construction de la voûte et des couches supérieures des régénérateurs, des briques de la meilleure qualité possible, afin de ne pas être exposé à les voir fondre par les hautes températures développées dans le four. Les briques anglaises de Dinas ou façon Dinas, composées de silice presque pure, sont celles qui résistent le mieux, lorsqu'elles ont été conservées à l'abri de l'humidité. En Angleterre, on emploie pour les autels et les carneaux ces briques de Dinas, qui coûtent 125 francs le mille; pour les empilages, on se sert de briques de Glenboig à 62 fr. 50 le mille : les premières ne se ramollissent jamais, mais deviennent plutôt friables par l'usage; les secondes se ramollissent et même fondent quelquefois.

Les dimensions des régénérateurs et la masse des briques qu'ils renferment ont évidemment une grande importance dans l'appareil. D'après MM. Siemens, il faut un poids de briques trois ou quatre fois plus grand que celui qui a une capacité pour la chaleur égale à celle des produits de la combustion : ainsi il faudrait 50 à 70 kilogrammes de briques réfractaires dans le régénérateur par chaque kilogramme de houille brûlée par heure dans le gazogène. Il faut aussi $1^{m^2},25$ de surface dans le régénérateur par kilogramme de houille brûlée par heure, ce qui permet de régler la meilleure forme et la meilleure disposition à donner aux briques. On remarquera du reste, fig. 4 et 8, que les régénérateurs sont disposés de façon à être facilement accessibles depuis la fosse du four, en démolissant des portes en maçonnerie, et qu'on peut remplacer ou réparer en cas de besoin leur contenu. Les empilages se construisent ordinairement avec deux modèles de briques posées à sec : ils sont supportés en bas soit par de petites voûtes, soit par de grosses briques spéciales, comme aux dessins des planches LXXXII et LXXXIII.

L'air pénètre sous la sole par deux ouvertures placées sur la façade du four, au-dessous de la porte de travail ; il est renouvelé constamment par le tirage de deux petites cheminées de ventilation, ménagées à l'arrière du four contre les plaques d'armatures (voir fig. 1, 2, 5 et 7).

Les valves d'inversion sont figurées à une échelle plus grande sur la planche LXXXI. On y voit les tampons qui servent à vérifier l'état de la valve et des carneaux, sans rien démonter.

Le four est solidement armé, au moyen de plaques de fonte et de tirants en fer. La figure 7 donne une élévation de la face de travail. On remarquera aussi que les soupapes de réglage pour le gaz et l'air, ainsi que les deux valves d'inversion, sont installées dans une fosse, située sur l'arrière du four et recouverte de plaques de fonte que traversent seulement les leviers de manœuvre pour l'inversion.

D'après l'*Iron and Steel Institute*, l'entretien des fours à réchauffer, chauffés par le système Siemens, est presque insignifiant : on n'a pas à réparer les empilages avant six mois, et on les trouve encore en très-bon état. Il n'en est pas de même, paraît-il, pour les fours à puddler.

Le four à souder, dont nous donnons le dessin, peut aisément être transformé en four à puddler, en modifiant seulement la sole.

Les plus grands fours à souder les paquets, que l'auteur ait eu occasion de voir, sont ceux de l'usine à rails Britannia, près Middlesborough. Ces fours, où l'on charge sept paquets, ont une sole de $4^m,50$ de longueur sur $1^m,80$ de largeur et sont munis de trois portes de chargement : les régénérateurs ont $2^m,60$ de hauteur, et leur section horizontale a $2^m,20$ sur $1^m,90$ pour ceux destinés à l'air, et $2^m,20$ sur $1^m,30$ pour ceux destinés au gaz. L'usine, avec ses douze fours à souder, peut fabriquer 1 300 à 1 500 tonnes de rails par semaine.

L'usine à rails de Jamaille (Lorraine), appartenant à M. de Wendel, possède des fours à souder Siemens à trois portes, analogues à ceux de Britannia Works. On y fait ordinairement par douze heures, d'après des renseignements fournis par M. Siemens,

6 charges de 7 paquets (de 280 kilogrammes) chacune, pesant en
tout 1960 kilogrammes environ, ce qui porte à 23 760 kilogrammes par vingt-quatre heures la production d'un four. La
consommation de fer en paquets par tonne de rails variait, en
1869, de 1 040 à 1 050 kilogrammes, et celle de houille de 190 à
230 kilogrammes. On nous a cité un de ces fours qui avait travaillé
un an sans un seul jour d'arrêt. La consommation de houille par
tonne de rails dans les anciens fours à grille était de 475 kilogrammes environ.

A la forge de Blochairn (Glascow), les fours à réchauffer consomment 2 500 kilogrammes de houille pour fabriquer 11 tonnes
de cornières. A l'usine de Coats, également près Glascow, un four
produisant 11 tonnes en douze heures consomme 225 kilogrammes
de houille par tonne de fer fini. D'après M. Kranz, professeur de
métallurgie à l'université de Louvain, au four à réchauffer de Sireuil
(Charente), on consommait avec le système Siemens 1 450 kilogrammes de houille (2 tiers grasse, 1 tiers anthracite) pour 7 tonnes
de paquets, au lieu de 2 800 kilogrammes employés antérieurement
pour la grille ordinaire. A Sougland, d'après M. Marin, ingénieur
de l'usine, on faisait au four à réchauffer ordinaire en vingt-quatre
heures 14 charges de 650 kilogrammes, soit 9 100 kilogrammes de
fer brut donnant 5 600 kilogrammes de bidons rognés juste, en consommant en moyenne par 1 000 kilogrammes de bidons 600 kilogrammes de houille de Mons, première qualité, et 1 125 kilogrammes
de fer (déduction faite des bouts) : avec le système Siemens, on n'a
plus consommé que 360 kilogrammes de houille ordinaire de
Charleroi, et le déchet sur le fer a été réduit de 1,50 pour 100
dans la première année.

Dans l'immense usine à acier de Barrow, où tous les fours à souder et à réchauffer pour rails, tôles, bandages, pièces de forge sont
chauffés par le système Siemens, nous avons vu employer pour le réchauffage des lingots des fours de très-grande dimension, ayant cinq
portes de chargement et pouvant recevoir à la fois dix lingots.

D'après M. Smith, directeur de l'usine, on y chauffe 26 à 28 tonnes d'acier en vingt-quatre heures, en consommant 437 kilogrammes de houille pour les deux chauffages, le déchet sur l'acier étant en même temps de 4,25 pour 100; quand on chauffait au moyen de foyers ordinaires à grille, la consommation de houille était de 787 kilogrammes par tonne d'acier et le déchet de 6,25 pour 100. Les frais d'entretien des fours chauffés au gaz (en y comprenant les gazogènes, tuyaux, valves, etc.) sont exactement les deux tiers de ce qu'ils étaient avec les anciens fourneaux. Les fours réchauffent en moyenne 1 600 tonnes de lingots sans qu'on ait à y mettre une brique nouvelle. A Barrow, ceux qui desservent un même train sont placés les uns contre les autres en une seule rangée, ce qui économise beaucoup de place.

La grande usine d'Ebbw Vale (pays de Galles), sous l'habile direction de M. Windsor Richards, a beaucoup développé l'usage des fours Siemens. Pour la fabrication des rails d'acier, elle employait, en 1871, de grands fours dont la sole, de $6^m,40$ sur $3^m,27$, présente quatre portes de chargement de chaque côté, et dans lesquels on chargeait vingt-quatre lingots de 500 kilogrammes chacun à la fois, trois par chaque porte. On y faisait six charges en vingt-quatre heures, ce qui correspond à une production de 72 tonnes par jour. La consommation de houille était de 170 kilogrammes par tonne d'acier, résultat communiqué par M. Siemens et notablement plus avantageux que ceux des fours précédents.

A l'usine de West Cumberland (Workington), nous avons vu récemment des fours à sole de $6^m,32$ sur $1^m,85$, desservant le train à rails d'acier. Les régénérateurs pour l'air ont environ $2^m,10 \times 2^m,10$ de section horizontale; ceux pour le gaz, $1^m,50 \times 2^m,10$, la hauteur étant toujours $1^m,95$ environ : il faut deux générateurs et demi pour desservir un de ces fours.

L'emploi du système Siemens pour le chauffage des fours à puddler ne semble pas s'être propagé autant que pour les fours à réchauffer. D'après le rapport du comité de puddlage institué par la

réunion des maîtres de forges anglais, on rencontre encore des difficultés pratiques sérieuses. Le rendement de la fonte en fer brut
est excellent, ordinairement 100 pour 100 ; le nombre de charges
en vingt-quatre heures est grand (à Bolton, dix-huit charges de
190 kilogrammes en trois postes) ; la qualité du fer brut dépend,
comme dans le four à puddler ordinaire, de la nature des garnitures et du travail du puddleur. Mais on éprouve des difficultés sérieuses à obtenir des ouvriers qu'ils fassent le nécessaire pour le
règlement de la qualité de la flamme et de la température dans le
four. De plus, il y a toujours une quantité de particules métalliques
en suspension dans la flamme qui viennent, en se combinant
avec la silice des briques, détruire assez vite les carneaux de l'air
et du gaz en corrodant les murettes de séparation. Les silicates qui
se forment ainsi parviennent souvent jusque dans les empilages et y
causent des obstructions. La voûte tient environ six semaines et il
faut tous les trois mois faire une réparation générale de toute la
maçonnerie de briques, ce qui dure de huit à quatorze jours. Tous
les six mois il faut remonter complétement les empilages.

Il existe deux autres systèmes de chauffage au gaz, le système
Gorman et le système Ponsard, qui rivalisent dans une certaine
mesure avec le système Siemens pour le chauffage des fours à réchauffer le fer. L'un et l'autre emploient le gaz tel qu'il sort du
gazogène attenant au four, et l'air préalablement chauffé dans un
calorifère en matériaux réfractaires, ou *récupérateur de chaleur,*
placé entre le four et la cheminée sur le trajet des gaz brûlés. Le
système Gorman est employé dans quelques usines d'Écosse, et le
système Ponsard dans quelques usines françaises.

PLANCHE LXXXIV.

Marteau-pilon à simple effet de 1 500 kilogrammes.

Le marteau que représente cette planche est un des plus simples
qui puissent être construits. Le bâti et la chabotte sont venus de

fonte d'une seule pièce. Le cylindre vapeur est boulonné sur un bloc de distribution qui lui-même est fixé sur la partie supérieure du bâti au moyen de coins entrant dans un logement en queue-d'hironde ; ce cylindre est ouvert à sa partie supérieure : le bloc de distribution présente sur un de ses côtés une face ajustée sur laquelle se fixe la boîte du tiroir. Celui-ci, simple coquille en fonte, est manœuvré par un système de leviers que le dessin indique suffisamment. Sur le côté opposé du bloc de distribution, est ajusté le tuyau d'échappement pour la vapeur, qui porte à son coude un petit tuyau de purge à robinet pour l'évacuation de l'eau condensée.

Entre les deux montants du bâti est installée la tête du marteau qui est guidée par deux glissières. Un cliquet latéral, qui se manœuvre avec une pédale, peut arrêter le marteau en pénétrant dans des encoches ménagées sur une face latérale. La tige, venue de forge avec le piston, s'assemble avec la tête au moyen d'une embase, d'une virole, d'un coin et d'une clavette à arrêt, comme les figures 1 et 2 le font voir. Pour empêcher le piston d'être lancé trop haut dans le cas d'un retard de distribution, l'appareil est installé au-dessous d'un buttoir, ou tampon de choc, analogue à ceux des wagons de chemins de fer et fixé dans la charpente de la halle, ainsi que l'indiquent les figures 4, 5, 6, 7. En même temps, pour éviter le choc de la tête du marteau contre la partie supérieure du bâti, cette tête est armée de deux appendices, ou cornes en bois, qui heurteraient les premières le bâti et se briseraient en amortissant le choc.

La tête du marteau porte une panne amovible et la chabotte porte l'enclume, qui est fixée aussi dans un évidement en queue-d'hironde.

Ainsi qu'on l'a dit tout à l'heure, cet appareil est le type de marteau-pilon le plus simple qu'on puisse imaginer.

PLANCHE LXXXV.

Fondations du marteau-pilon à simple effet de 1 500 kilogrammes.

Le marteau-pilon que représente la planche précédente a été installé à une époque relativement ancienne, et on a employé pour ses fondations un mode de construction qui ne l'est plus ordinairement maintenant pour des outils de sa nature et de son poids.

Sa chabotte repose sur un *stot* ou assise en charpente formée de pièces de bois carrées jointives, serrées au moyen de trois frettes placées à chaud ; elle y est fixée par quatre boulons. L'assise de chabotte est posée sur un grillage en charpente fait en poutres jointives et formant deux couches superposées ; ces pièces de bois sont solidement serrées par des boulons, et des chevilles empêchent le glissement d'une couche sur l'autre. Enfin le grillage lui-même est posé sur un radier en béton qui sert aussi de fondation aux murs en pierre qui entourent l'assise de chabotte. Un cordon de mousse entoure la base de l'assise et empêche la terre et le sable de venir pénétrer dans le joint ; il est serré par des coins en bois enfoncés entre les murs et l'assise, et par-dessus ces coins la fosse est remplie de terre grasse bien damée de façon à empêcher toute humidité de parvenir jusqu'au grillage.

Actuellement dans plusieurs usines, au Creusot notamment, on établit beaucoup plus simplement la fondation des marteaux-pilons de ce poids. On fait une fouille, que l'on entoure d'une murette en briques, si le terrain l'exige, et au fond de laquelle on établit un radier en béton, si le sol qu'on y a rencontré n'est pas suffisamment solide. Dans cette fosse, on dispose une couche de sable bien lavé que l'on pilonne par couches de $0^m,12$ à $0^m,15$, et l'on pose simplement sur ce sable la chabotte à laquelle le bâti est fixé ; puis on achève de remplir la fosse avec du sable mélangé de grésillons ou de crasses. Avec ce système on peut redresser le marteau, si le bâti perd sa verticalité, en serrant du sable sous la chabotte.

PLANCHE LXXXVI.

Marteau-pilon, système Dethombay, pour le serrage des paquets.

Ce marteau-pilon a été spécialement étudié par M. Dethombay, constructeur belge de Marcinelle, pour le serrage des paquets au sortir du four à souder dans les usines à fer : c'est un marteau-pilon Nasmyth à simple effet, avec quelques modifications destinées à rendre sa manœuvre assez facile pour être confiée à un gamin, à simplifier son entretien, à permettre l'emploi de la vapeur à basse pression (2 atmosphères), comme la donnent souvent les chaudières placées à la suite des fours à réchauffer ou à puddler, enfin à diminuer les frais de construction.

La masse frappante pesant 4 000 kilogrammes, le constructeur a cru indispensable de supprimer la solidarité entre la fondation du bâti et celle de la chabotte, afin d'éviter les décalages et même les bris produits par les réactions trop énergiques dues au choc d'une semblable masse. La fondation de la chabotte se compose de cinq lits de madriers en chêne, superposés et réunis entre eux par des boulons et des broches en fer barbelées, reposant sur un béton, le lit inférieur offrant une grande surface. Deux massifs en maçonnerie, reliés par deux forts sommiers en chêne, supportent la plaque d'assise des bâtis, qui est fixée sur ces massifs au moyen de boulons de fondations dont les écrous sont noyés dans l'épaisseur de ladite plaque pour ne pas gêner l'abord de l'enclume.

La chabotte proprement dite, surmontée de l'enclume, est en deux pièces emmanchées à queue-d'hironde sur les quatre faces pour en faciliter le transport et la pose. Les deux bâtis sont réunis à la plaque d'assise d'abord par des boulons et ensuite par un calage en bois avec coins en fer en langue de carpe. Ces bâtis sont bifurqués à leur partie inférieure pour fournir la plus |grande base possible, afin d'assurer la stabilité, et aussi pour permettre de manœuvrer et de placer des étampes dans le centre du marteau quand on forge des pièces. La section des bâtis affecte la forme d'un rectangle creux, plus résistante dans tous les sens que celle à double T.

Le cylindre à vapeur est coulé d'une seule pièce avec son entablement, et celui-ci est calé dans la tête des bâtis au moyen de bois et de coins en fer. Un réservoir d'air comprimé surmonte le cylindre, avec une soupape d'aspiration et une soupape d'évacuation de l'air comprimé en excès réglée par un ressort à boudin ; l'air comprimé remplissant le rôle de heurtoir pour limiter la course ascendante du piston et accroître l'intensité de la chute lors de la descente. La tête du marteau est guidée (voir fig. 3) dans deux glissières rapportées aux bâtis et ayant une section triangulaire pour regagner dans tous les sens le jeu produit par l'usure inévitable au bout d'un certain temps, ce qu'on fait en interposant des cales entre les brides des glissières et les bâtis, sans avoir à décaler ces bâtis.

Le piston est en fer forgé d'une seule pièce avec la tige ; la partie inférieure de celle-ci est calée et retenue dans la tête alésée au moyen d'une bague en fer en deux pièces et de deux clefs aussi en fer. Un perfectionnement dans ce calage consiste dans l'insertion, sous la base de la tige, d'une rondelle en cuivre rouge qui atténue, en se matant, la réaction du choc sur les clefs et qui empêche celles-ci de se décaler, de se mâcher et se briser.

La distribution de vapeur n'est pas automatique, la pratique ayant démontré l'inutilité et même les inconvénients de ce système pour le forgeage des paquets pour rails, tôles, pièces mécaniques, etc., mais elle est étudiée de façon à n'exiger qu'un faible effort pour la manœuvre. Elle se compose d'une boîte en fonte de section circulaire, alésée et percée d'orifices égaux chacun à chacun et diamétralement opposés, correspondant à ceux du cylindre à l'introduction et à l'échappement, dans laquelle se meut verticalement un tiroir circulaire garni de cercles extensibles en bronze et actionné par le levier de manœuvre à la main. Cette forme supprime tout

avec laquelle elles s'assemblent au moyen de frettes posées à chaud
frottement dû à la pression de la vapeur admise, employée et dis-
tribuée, attendu qu'elle agit dans toutes les positions du tiroir
transversalement et extérieurement, de façon à se neutraliser en déterminant l'équilibre parfait du tiroir.

Voici les principales données de ce marteau :

Diamètre du piston...........................	0ᵐ,700
Poids total de la masse frappante................	4000 kilogr.
Chute maximum	1ᵐ,800
Poids de la chabotte	24000 kilogr.

Le coût d'installation peut être évalué comme suit :

Fondations : Fouilles, 148 mètres cubes à 1 franc....	148 fr.
Béton, 63 mètres cubes à 10 francs	640
Maçonnerie, 50 mètres cubes à 12 fr...	600
Bois de chêne, 25 mètres cubes à 1 fr. 60.	4000
Coût de la fondation...........	5388 fr.
Marteau et chabotte : coût en Belgique............	18000
TOTAL......................	23388 fr.

PLANCHE LXXXVII.

Marteau-pilon à simple effet de 6 tonnes.

Ce marteau, construit au Creusot, appartient à la catégorie des
marteaux-pilons à chabotte indépendante.

La chabotte, énorme masse de fonte armée de deux fortes frettes
en fer, pesant environ 60 tonnes, repose par l'intermédiaire de deux
assises de charpente en bois de chêne sur un caisson rempli de sable
damé. Les montants du bâti sont fixés sur la plaque de fondation
au moyen d'un double calage et de deux boulons. Cette plaque est en
trois morceaux : deux qui reçoivent chacun un montant du bâti,
et une pièce médiane qui sert à entretoiser les deux précédentes ;
celles-ci sont fixées sur des piles en maçonnerie de taille, chacune par
deux boulons de fondation : elles sont réunies par la pièce du milieu,

sur des saillies circulaires, et elles sont en outre serrées l'une contre l'autre par deux tirants horizontaux robustes. L'espace entre la chabotte et la maçonnerie des piles est rempli avec du sable damé, les joints de la charpente étant calfatés avec de la mousse pour empêcher le sable d'y pénétrer.

Les deux montants du bâti sont réunis à leur partie supérieure par un robuste entablement : ils sont en outre entretoisés, à mi-hauteur à peu près, par deux plaques de fer boulonnées de chaque côté.

Le cylindre-vapeur est à simple effet : la distribution se fait par deux soupapes à siége, une pour l'admission et l'autre pour l'échappement.

Les autres détails de la disposition se comprennent aisément à l'inspection des dessins.

Le diamètre du cylindre-vapeur est de $0^m,700$, et celui de la tige du piston de $0^m,200$; la levée maximum est de $2^m,300$, et le poids de la masse frappante est de 6 000 kilogrammes. La grande distance ($3^m,200$) entre les jambages du bâti permet d'approcher aisément de tous les côtés de l'enclume et d'y manœuvrer de lourdes pièces de forge.

MM. Schneider et C⁰ ont construit pour les forges de la marine nationale à Guérigny un marteau-pilon de 20 tonnes, très-analogue dans ses dispositions à celui que nous venons de décrire. Seulement la chabotte (pesant 185 tonnes) est formée de huit plaques ou pièces de fonte soigneusement ajustées l'une sur l'autre et serrées sur chacune de leurs quatre faces au moyen d'une frette de fer posée à chaud. Le cylindre, qui reçoit de la vapeur à 2 atmosphères seulement, a $1^m,45$ de diamètre et la levée du marteau est de 3 mètres.

En Angleterre on préfère couler sur place, d'une seule pièce, les chabottes des plus lourds marteaux suivant une méthode employée par M. Ireland, fondeur. Le moule est fait sur place pour la chabotte renversée et on y ménage la place de deux tourillons assez forts pour supporter la chabotte entière : on remplit le moule, une fois fini et séché, de fonte mise en fusion dans des cubilots construits *ad hoc* sur place. Puis une fois le métal solidifié, on déblaye le moule en construisant en même temps sous les tourillons de robustes murailles avec des sommiers à la partie supérieure. On peut alors laisser tourner la chabotte par l'action de la pesanteur (le tourillon étant au-dessous du centre de gravité dans la position primitive) jusqu'à ce qu'elle vienne reposer sur un radier en béton sur lequel on la serre avec un mastic de tournures de fer et de sel ammoniac. Ce système de moulage sur place a été employé une des premières fois dans les Forges et aciéries de Bolton pour un marteau-pilon de 25 tonnes construit par MM. Nasmyth, Wilson et Cᵉ, et dont la chabotte pèse 210 tonnes. On voyait à l'exposition de Vienne, en 1873, le modèle d'une chabotte de 622 tonnes, destinée au grand marteau-pilon de 50 tonnes établie à l'aciérie impériale de Perm (Russie), et qui a été moulée et coulée sur place par le système Ireland.

Il peut être intéressant de donner ici quelques détails sur certaines installations de grands marteaux de forge exécutées dans ces derniers temps.

On citait encore il y a peu d'années, parmi les outils les plus puissants des forges modernes, les marteaux de 10 tonnes de l'arsenal de Woolwich (Angleterre), desservis chacun par quatre grues disposées par paires des deux côtés du bâti du marteau et par quatre fours à souder avec un mécanisme spécial pour ouvrir leurs portes et pour extraire les paquets incandescents. Mais ces marteaux sont maintenant laissés dans l'ombre par de magnifiques installations plus récentes.

Nous avons vu en 1873, dans les ateliers d'Elswick, près Newcastle, appartenant à sir W. Armstrong et Cᵉ, un marteau-pilon de 25 tonnes à grande levée, nouvellement installé et pour lequel on avait construit un pavillon spécial. Ce bâtiment carré, tout en fer, est recouvert par un comble à quatre pans au milieu duquel s'élève une lanterne carrée. Le marteau-pilon, dont la tête ne paraît pas très-massive, mais dont la tige est fort grosse, s'élève au centre du pavillon : il a besoin d'une très-grande levée à cause du genre de travail qui lui est demandé. Il est desservi par quatre grues en tôle et fer (deux de 20 tonnes et deux de 40 tonnes) ayant chacune trois mouvements hydrauliques, d'après le système Armstrong : les cylindres pour l'orientation sont fixés aux poutres supérieures du bâti fixe; le mouvement du chariot s'obtient au moyen d'un cylindre hydraulique couché sur la volée et dont la tige du piston est articulée au chariot sans intervention de moufles ou de chaînes. Le chauffage des paquets se fait dans quatre fours Siemens placés dans les quatre angles du pavillon : deux d'entre eux ont une hauteur sous clef de $2^m,60$ et les deux autres de $2^m,10$. Au moment de notre visite, on y terminait le soudage d'une énorme spirale faite avec du fer ayant environ $0^m,10$ sur $0^m,20$ de section.

A Woolwich, on vient d'installer un marteau-pilon de 35 tonnes dans un bâtiment spécial de 30 mètres sur 45 mètres. Voici comment, d'après le journal anglais *Engineering,* ses fondations ont été établies. On a d'abord planté une centaine de pieux carrés de $0^m,30$ d'équarrissage équidistants et formant un carré de 9 mètres de côté : les têtes de pieux sont noyées, sur une profondeur de $1^m,20$, dans un radier en béton. Sur eux repose une plaque de fonte de $0^m,28$ d'épaisseur en trois parties assemblées, et pesant 164 tonnes ; puis au-dessus se trouvent deux assises de madriers en chêne de $0^m,30$ d'épaisseur, disposées dans deux sens perpendiculaires. Sur ces madriers est une seconde plaque de fonte de $0^m,25$ pesant 121 tonnes, en deux morceaux et couvrant une surface carrée de 8 mètres de côté environ ; puis vient un massif en charpente de $0^m,60$ d'épaisseur formé de madriers placés debout et serrés ensemble par des frettes en fer ; il porte une troisième plaque de fonte carrée ($7^m,30$ de côté) ayant $0^m,30$ d'épaisseur, et pesant 116 tonnes. Une quatrième plaque carrée ($6^m,70$) de même épaisseur pesant 100 tonnes est seulement séparée de la précédente par une faible épaisseur de chêne ; puis au-dessus repose, aussi avec l'intermédiaire d'une faible épaisseur de chêne, la chabotte ronde qui pèse 102 tonnes et dont les diamètres sont de $4^m,80$ à la base et de $3^m,60$ au sommet, avec une hauteur de 1 mètre environ. L'enclume elle-même pèse de 60 à 70 tonnes. On voit qu'il y a presque 700 tonnes de fonte dans cette fondation destinée à un pilon de 35 tonnes.

Une installation remarquable par sa puissance aussi bien que par sa commodité est celle établie par MM. Thwaites et Carbutt, de Bradford, pour le gouvernement impérial russe, à l'aciérie d'Alexandrowski près Saint-Pétersbourg : elle est de la même puissance que celle de l'aciérie de Perm. Le marteau-pilon pèse 51 tonnes et a une hauteur de chute de $3^m,80$. Le cylindre vapeur a un diamètre de 2 mètres, et sa base supérieure est à 14 mètres au-dessus du niveau du sol. La tête du marteau, pesant 42 tonnes, est en fonte à l'air froid : la tige est en acier Bessemer forgé à Sheffield ; le piston en acier fondu a été moulé à Bochum et pèse 2 tonnes ; la panne du marteau en acier Bessemer pèse 3 tonnes. La superstructure du marteau (bâti, guidage, etc.) pèse 402 tonnes. La chabotte coulée sur place est en trois parties superposées et coincées l'une dans l'autre, qui pèsent respectivement 120, 70 et 50 tonnes, le poids total étant 240 de tonnes ; elle repose sur des pieux et une couche de béton.

Le marteau est desservi par quatre grues hydrauliques de 60 tonnes et par quatre fours à réchauffer dont les soles sont mobiles sur des roues, ce qui facilite grandement l'enfournement et le défournement ; ces opérations, de même que la manœuvre des pièces en forgeage, s'effectuent par des moyens mécaniques. Cette installation est destinée au forgeage des gros lingots qui servent à la confection des grands canons d'acier. On en trouve le dessin dans l'*Engineering* (1er semestre 1874).

PLANCHE LXXXVIII.

Marteau-pilon automatique à double effet.

Ce marteau-pilon, construit par MM. Révollier, Biétrix et Cᵉ, de Saint-Étienne, est automatique et destiné à de petits forgeages. Le poids de la masse frappante n'est que de 550 à 600 kilogrammes, et sa levée maxima est 0ᵐ,600. Le nombre de coups par minute peut être considérable.

La figure 1 donne une élévation de face avec moitié en coupe. La figure 2 est une vue latérale montrant l'ensemble du mécanisme qui détermine les mouvements du tiroir; celui-ci est vu en coupe.

La figure 3 est une coupe horizontale passant par la prise de vapeur. La figure 4 est une coupe horizontale dont une moitié représente la coupe de l'entablement, et l'autre moitié la coupe d'un jambage à la hauteur du mécanisme de distribution.

La vapeur arrive par un tuyau latéral dans un orifice muni d'un obturateur qui permet de la laisser pénétrer ou non dans la boîte du tiroir; cet obturateur, en forme de segment cylindrique (qu'on voit en coupe transversale fig. 1 et en coupe longitudinale fig. 3), reçoit son mouvement d'oscillation au moyen d'un levier calé sur son axe et d'une tringle articulée à ce levier.

En entrant dans la boîte du tiroir, la vapeur se trouve entre les deux disques de ce tiroir, qui a la forme d'un double piston, et elle exerce ainsi sur eux des pressions égales et de sens contraires, qui s'équilibrent de façon à ce que la manœuvre du tiroir ne nécessite qu'un très-faible effort. Le jeu du tiroir se comprend aisément sur le dessin qui le représente au bas de sa course, dans la position correspondant à l'admission de vapeur sous le piston; le dessous du piston est en communication avec l'atmosphère par le tuyau d'échappement. Lorsque le tiroir est arrêté au milieu de sa course, ses dimensions sont telles que la vapeur pénètre dans le cylindre sur les deux côtés du piston, de sorte que celui-ci reste alors immobile.

Un conduit spécial, venu de fonte avec le cylindre, permet à la vapeur d'arriver pendant tout le temps de la marche du piston dans la partie supérieure, élargie au-dessus du disque conique en fer qui la sépare du cylindre moteur. Par suite de la différence des diamètres supérieur et inférieur, ce disque reste appliqué sur son siége, alors même que la vapeur est admise au-dessus du piston, et il ne bouge point pendant la marche normale. Mais si, par suite d'un retard de distribution ou d'une rupture de tige, le piston se trouve venir heurter le disque, celui-ci, en montant, comprime la vapeur enfermée au-dessus et dont l'issue est fermée, et il est bientôt arrêté par ce matelas de vapeur, sans qu'il puisse se produire de conséquences fâcheuses.

Voici maintenant la description du mécanisme qui donne le mouvement au tiroir.

La tige de celui-ci est assemblée avec une tringle qui descend dans l'intérieur du jambage et qui s'articule avec un levier calé sur un petit arbre qui peut tourner dans deux supports ménagés dans les parois du jambage. Cet arbre porte à une de ses extrémités un levier à poignée (fig. 2, 4, et en pointillé fig. 1), articulé avec une tringle qui ne peut s'abaisser qu'en comprimant un ressort à boudin, de sorte que ce ressort tend à ramener toujours le levier à sa position la plus haute et le tiroir à sa position la plus basse, qui correspond à l'introduction sous le piston. Au moyen d'un cliquet manœuvré par une manette, on peut fixer cette tringle à ressort de telle sorte que le tiroir reste au milieu de sa course, et par suite que le marteau reste immobile. Au moyen de la poignée qui termine le levier on peut manœuvrer l'arbre à la main et ainsi commander le marteau à la main.

Le mouvement automatique est donné par l'autre extrémité de l'arbre, qui fait corps avec une sorte de secteur-manivelle muni de plusieurs crans dans l'un desquels peut se fixer à volonté une poignée à ressort (fig. 1 et 2). Sur le secteur se trouve implantée une pièce à taquet qui peut tourner autour d'un goujon et dont le taquet recourbé vient à un certain moment accrocher la poignée à ressort de façon à établir la solidarité entre le secteur et la pièce tournante (fig. 2). Cette dernière porte une douille (que l'on voit fig. 2) dans laquelle coulisse une barre articulée sur la tête du marteau.

Lorsque le tiroir est au bas de sa course, le marteau s'élève ; la barre articulée, en coulissant dans la douille de la pièce tournante, imprime à celle-ci un mouvement de rotation sur son axe implanté dans le secteur. Lorsque le marteau est arrivé à une certaine hauteur, la pièce tournante a pris une position telle que son taquet recourbé accroche la poignée ; le mouvement continuant, le secteur et l'arbre tournent avec la pièce à douille, et le tiroir est mis en mouvement de bas en haut, de façon à arrêter la course ascendante du marteau et à le faire tomber, en introduisant la vapeur au-dessus. Ce mouvement du tiroir commencera d'autant plus tôt que le taquet de la pièce à douille accrochera plus vite la poignée à ressort, c'est-à-dire que celle-ci sera placée dans un cran plus éloigné de la position initiale du taquet, plus à gauche par conséquent. On pratique sur le secteur autant de crans propres à recevoir le ressort que l'on veut avoir de courses différentes du marteau.

Le ressort à boudin ramène brusquement le tiroir dans sa position inférieure, aussitôt que le taquet abandonne la poignée et que le marteau arrive au fond de sa course. Le mouvement ascensionnel recommence alors.

Des tubes purgeurs sont fixés sur la boîte du tiroir et sur l'orifice d'admission de la vapeur, et en outre au bas du cylindre moteur. La construction et le montage du bâti et du marteau se comprennent aisément sur les dessins, où l'on n'a indiqué du reste ni les fondations ni l'enclume, qui ne présentent rien de particulier.

PLANCHE LXXXIX.

Laminoirs. Train marchand moyen.

Ce train, appartenant à une usine française, se compose de deux jeux de cylindres dégrossisseurs et d'un jeu de cylindres finisseurs, dont le diamètre est de $0^m,40$; en outre, il commande une cisaille au moyen d'une roue d'engrenage montée sur l'arbre moteur entre la manivelle et le volant. La machine à vapeur actionne directement l'arbre moteur qui conduit le train, au moyen d'un arbre de communication et d'un manchon d'embrayage; l'arbre moteur porte un volant et une grande poulie de frein.

L'arbre moteur est carré dans la partie qui porte le volant et le frein, et il a $0^m,30$ de côté; il est supporté par des tourillons de $0^m,24$ de diamètre. Le volant a 6 mètres de diamètre et la jante a $0^m,30$ sur $0^m,20$. Le rapport des diamètres des engrenages qui commandent la cisaille est 4, de sorte que, le train faisant quatre-vingts à quatre-vingt-dix tours, la cisaille donne quatre fois moins de coups.

On fabrique avec ce train des fers plats de $0^m,030$ à $0^m,180$ de largeur, des fers ronds et carrés, des cornières de $0^m,050$ à $0^m,100$, des fers à planchers depuis $0^m,080$ jusqu'à $0^m,180$ de hauteur.

La planche LXXXIX représente les fondations du train et une partie de celles de la machine motrice.

On voit à gauche la fosse de la cisaille, où fonctionne la bielle motrice articulée avec la manivelle, puis la fosse des fondations de la machine motrice, et enfin la fosse du volant, où se trouvent également la transmission de mouvement pour la cisaille et la poulie du frein.

La fosse des fondations du train est recouverte d'une voûte et constitue de la sorte une cave de $1^m,36$ de largeur sur $1^m,25$ environ de hauteur, où l'on peut descendre en cas de besoin par un puits latéral, et d'où l'on atteint aisément les extrémités inférieures des boulons de fondation. La voûte est légèrement inclinée, afin qu'en dessus l'eau provenant du train s'écoule vers l'extrémité la plus éloignée de la machine.

La plaque de fondation des trains, qui a 2^m,30 de largeur, repose sur deux longrines de 0^m,30 sur 0^m,36, qui forment sommiers entre la maçonnerie et la fonte : elle est ancrée au moyen de boulons de fondation distants de 2^m,06 d'axe en axe dans le sens transversal et de 1^m,60 dans le sens longitudinal. Ces boulons, dont la longueur entre les deux rondelles est de 2^m,60, sont clavetés dans la cave en dessous de sommiers en chêne noyés dans la maçonnerie des fondations.

PLANCHE XC.

Laminoirs. Train marchand moyen.

Cette planche donne les détails des colonnes d'une cage à cylindres et d'une cage à pignons du même train, dont les fondations sont dessinées sur la planche précédente.

Les figures 1, 2, 3 et 4 sont relatives à la cage à cylindres. On y voit une élévation extérieure de la colonne représentée en position sur la plaque de fondation vue en coupe.

La colonne est d'un seul morceau. Les coussinets du cylindre inférieur reposent sur une empoise rapportée dans une feuillure spéciale au bas de l'encadrement : la position de cette empoise peut être réglée au moyen de vis pour le sens longitudinal, au moyen de cales intercalées entre elle et la colonne pour le sens transversal. Les coussinets du cylindre supérieur sont également portés par une empoise, qui peut glisser dans une feuillure des montants de la colonne, et qui est suspendue par deux tiges de suspension à la partie supérieure de cette colonne : au moyen des têtes filetées de ces tiges, on peut fixer l'empoise à la hauteur voulue ; le règlement transversal se fait au moyen de deux vis qui traversent les montants de l'encadrement ; il n'y a pas de disposition spéciale pour le règlement dans l'autre sens. Le cylindre supérieur est retenu en dessus par un coussinet fixé dans une troisième empoise, sur laquelle repose la boîte de sûreté qui reçoit la pression de la vis. Celle-ci tourne dans un écrou conique, soutenu au moyen d'une bride et de deux boulons au-dessous de la partie supérieure de l'encadrement. On voit dans les figures 1 et 3 les mortaises verticales qui servent à fixer le tablier et les gardes.

Les figures 5, 6, 7, 8 et 9 montrent une colonne d'une cage à pignons. Les coussinets du pignon inférieur sont fixés sur la colonne elle-même sans empoise porte-coussinets. Ceux du pignon supérieur sont encastrés dans une empoise suspendue au chapeau de la colonne au moyen d'un étrier en fer plat; cette même empoise presse sur le pignon inférieur au moyen d'un coussinet. Le pignon supérieur est maintenu en dessus au moyen d'un coussinet fixé dans le chapeau de la colonne. Celui-ci, fondu à part, s'assemble avec les montants au moyen de deux tenons latéraux et de deux forts goujons à clavette; des mortaises, pratiquées sur les côtés des montants, servent à soulever les goujons par le bas, dans le cas où ils se seraient rouillés dans leurs logements.

PLANCHE CXI.

Train marchand de 18 pouces.

La colonne de cage de laminoirs représentée sur cette planche est employée dans une usine belge, où sa disposition et ses formes ont été soigneusement étudiées. L'élévation figurée est celle de la face située du côté des cylindres. On y voit comment sont installés les coussinets des deux cylindres sur leurs empoises respectives. L'empoise du cylindre supérieur est supportée par un sommier qui traverse la colonne en passant par des ouvertures pratiquées dans les deux montants, et ce sommier s'engage par chacune de ses extrémités dans l'œil d'un boulon de suspension qui traverse une oreille venue de fonte sur le montant correspondant. Le chapeau est fixé sur les montants au moyen de deux gros boulons à clavette ; il est traversé par l'écrou en bronze qui est à échelons, et maintenu par deux clavettes qui l'empêchent soit de tourner, soit de tomber le long de la vis.

On trouve (fig. 6, 7, 8, 9, 10) les dessins de l'écrou, de la vis (à filets arrondis), de la clef de serrage, du sommier, des boulons du chapeau, des boulons de suspension.

Le règlement des cylindres se fait au moyen de *touches* ou vis à prisonniers qui appuient contre les empoises et les poussent sur le cylindre correspondant : il y a une paire de ces touches à chaque empoise, savoir : une paire de petite dimension ($0^m,150$ de longueur) pour l'empoise inférieure, une paire plus grande ($0^m,195$) pour l'empoise supérieure, et une paire semblable à la première pour le chapeau de cette empoise : on trouve leur dessin sur la planche.

Les élévations et les coupes de la colonne montrent les mortaises latérales qui servent à fixer le tablier et les gardes.

PLANCHE XCII.

Train marchand trio de 12 pouces.

Ce train de laminoirs est un petit mill de l'usine de Dowlais qui présente une différence importante avec les trains précédemment décrits.

Chaque équipage comprend trois cylindres, de sorte que la barre qui est allée dans un sens en passant par les cannelures pratiquées dans les cylindres inférieur et médian peut revenir dans l'autre sens en passant par les cannelures entre les cylindres médian et supérieur, au lieu de revenir en passant seulement par-dessus le cylindre supérieur, comme dans les équipages *jumeaux* ou *duos*. On profite ainsi plus rapidement et mieux de la chaleur que possède le fer. Ces équipages à trois cylindres sont appelés *trijumeaux* ou *trios*.

Dans la cage à pignons (fig. 7, 8, 9), les empoises des cylindres médian et supérieur sont supportées par des sommiers transversaux présentant la forme de coins allongés, de façon à pouvoir servir au réglage des écartements. Le coussinet supérieur du cylindre supérieur est également maintenu par une traverse en coin. Des rainures venues de fonte sur les montants du côté intérieur permettent d'intercaler, entre les deux colonnes, des plaques qui enferment les pignons pour éviter les accidents.

La cage à cylindres (fig. 2) est fort simple. Le cylindre inférieur repose sur une empoise installée dans une feuillure (fig. 3) et dont quatre touches permettent de régler la position dans le sens perpendiculaire à la colonne. Le cylindre médian est supporté sur une empoise placée à cheval sur une barre transversale et qui est engagée par des tenons dans des rainures pratiquées au milieu de l'épaisseur des montants de la colonne (fig. 4). Entre le tourillon du cylindre médian et celui du cylindre supérieur, se trouve une empoise qui porte leurs coussinets respectifs : elle est placée dans une feuillure et elle peut être réglée dans le sens perpendiculaire au moyen de quatre touches et dans le sens transversal par des cales qu'on introduit par le côté des montants où se trouvent des évidements spéciaux (fig. 5). Une vis de pression agissant par l'intermédiaire d'une boîte de sûreté, fixe dans le sens vertical l'empoise porte-coussinet supérieure. Des évidements latéraux dans les montants permettent de mettre en place le tablier (fig. 14), s'il s'agit de la cage dégrossisseuse, les guides (fig. 16) et les gardes (fig. 15), s'il s'agit de la cage finisseuse.

Le mouvement est transmis des pignons aux cylindres dégrossisseurs au moyen d'allonges d'une forme spéciale (fig. 11) qui ne peuvent pas se démonter aussi aisément que les allonges ordinaires et qui ne permettent pas autant de jeu, mais qui transmettent le mouvement avec plus de rigidité.

Dans ce train, le mouvement est donné comme dans les trains précédemment décrits, mais par le pignon médian : la cage à pignons est en tête du train et communique le mouvement au moyen d'allonges aux cylindres dégrossisseurs, et ceux-ci de même aux cylindres finisseurs. On trouve quelquefois en Angleterre des trains

de grand mill dans lesquels les pignons transmettent le mouvement par allonges aux cylindres finisseurs ; puis le finisseur du bas
seul communique par allonge avec le dégrossisseur du bas, celui-ci
portant sur son autre trèfle un engrenage qui entraîne le dégrossisseur du haut par l'intermédiaire d'un engrenage analogue. On peut
avec cette disposition employer des dégrossisseurs de divers diamètres et de diamètre plus grand que les finisseurs, ce qui est
quelquefois un avantage. Nous avons vu du reste, il y a neuf ou dix
ans, des trains montés de cette façon en Belgique (Châtelet) et en
Lorraine (Ars-sur-Moselle).

En Angleterre, d'après Truran, les diamètres des cylindres dégrossisseurs du haut et du bas dans un équipage marchand à deux
cylindres sont dans le rapport de 51:60. Pour les finisseurs à cannelures carrées ou rondes, le même rapport est de 61:60.

La vitesse des trains marchands varie beaucoup avec les districts
sidérurgiques. Dans le Staffordshire et le Yorkshire, d'après Truran
(1862), la vitesse maximum des grands mills et des trains à rails
est 60 tours par minute ; dans le pays de Galles, il y a très-peu
de trains faisant moins de 70 tours, et le plus grand nombre fait 100
à 110 tours : à cette dernière vitesse la circonférence se développe
à raison de 155 à 175 mètres par minute. Mais pour les gros ronds
on diminue la vitesse ; quand la barre passe aux finisseurs, la vitesse
est seulement moitié de ce qu'elle est pour les rails. Les petits mills
de $0^m,30$ de diamètre (comme celui représenté ici) font de 110 à
130 tours par minute, en développant à raison de 105 à 125 mètres
par minute. Les trains à guides de $0^m,20$ de diamètre faisaient,
d'après Truran, 220 à 280 révolutions en développant à raison
de 140 à 180 mètres par minute.

Voici, d'après Truran, les forces motrices nécessaires pour actionner quelques trains de l'usine de Dowlais.

Train marchand de 0m,45, comprenant une paire de cylindres dégrossisseurs, une paire de finisseurs, une cisaille.

Force absorbée par la machine et la transmission destinée à conduire trois trains semblables, y compris le travail de quatre presses à rails, et une paire de scies, à vide.................... 52 chevaux.

Force absorbée en plus par chaque train tournant à vide................................. 21 —

Force additionnelle pour chacun des trains :

Train n° 1, laminant des ronds de 0m,040..... 29chev,50

— n° 2, — des carrés de 0m,040 .... 29chev,50

— n° 3, -- des plats de 100×25..... 102 chevaux.

Force motrice brute pour tout l'ensemble en plein roulement................................ 276 —

Force motrice, y compris machine et transmission, absorbée par le train laminant des plats .... 149 —

Train marchand de 0m,30, comprenant deux paires de cylindres et tournant à cent quarante tours par minute :

Force motrice totale, y compris machine et transmission, absorbée dans la marche à vide...... 26 chevaux.

Force motrice additionnelle pour laminer des ronds ou des carrés .... 23 —

Train marchand de 0m,30, comprenant deux paires de cylindres faisant cent dix tours par minute, à commande directe, laminant des plats de 40×10 :

Force motrice dépensée...................... 32 chevaux.

Petit mill de 0m,20, comprenant un trio dégrossisseur, un trio à cannelures ovales et une paire de finisseurs, faisant deux cent vingt tours par minute :

Force motrice absorbée par la machine et la transmission................................. 17 chevaux.

Force motrice absorbée par le train marchant à vide. 24 —

— supplémentaire pour laminer des plats de 0m,020..................... 21 —

— supplémentaire pour laminer des plats de 0m,012..................... 14 —

— totale absorbée par le train fabriquant des plats de 0m,012............. 55 —

Petit mill semblable au précédent, à commande directe, fabriquant des ronds et des carrés................ 61 —

PLANCHES XCIII A XCVII.

Train trio pour rails et poutrelles.

Les cinq planches qui suivent sont consacrées à un gros train trio, installé aux forges d'Anzin pour le laminage des rails et des fers à poutrelles, par MM. de Molin et Serment, le premier, directeur, et le second, ingénieur de cette usine, train dont la construction, soignée et bien entendue, fournit un bon exemple d'installation de laminoir.

Le train, tel qu'il est représenté, comprend une cage à pignons, une cage de trois cylindres dégrossisseurs, une cage de trois cylindres finisseurs; on y a ajouté depuis une quatrième cage à la queue du train pour un équipage de deux finisseurs. Les cylindres ont 0^m,50 de diamètre et marchent à raison de 80 tours par minute. Le moteur est une machine à vapeur horizontale à deux cylindres, faisant ensemble 130 chevaux avec une vitesse de 100 tours et conduisant le train par l'intermédiaire d'un engrenage. Cette disposition, qui n'est pas à recommander pour des trains à rails, a été imposée par des circonstances locales; la force motrice est aussi un peu trop faible : il vaudrait mieux que ce train fût conduit par une machine à vapeur à commande directe de 200 chevaux. Tel qu'il est, ce train, dont les cylindres ont une vitesse à la circonférence de 125 mètres environ par minute, desservi par cinq fours à réchauffer, peut fabriquer jusqu'à 1 700 tonnes de rails par mois. Les cylindres dégrossisseurs, comme les cylindres finisseurs, sont desservis par des appareils de relevage.

La planche XCIII montre l'installation générale et les fondations du train. La grande plaque d'assise en fonte repose directement sur les pierres de taille, qui forment le couronnement de la fondation en maçonnerie; on a intercalé seulement entre la plaque et la pierre, sur toute la surface de pose de la plaque, des feuilles de plomb de 0^m,004 à 0^m,006 d'épaisseur suivant les endroits, de façon à établir une liaison complète, en remplissant tous les vides ou toutes les inégalités qui peuvent exister dans le joint : on fixe cette plaque au moyen de quatorze boulons de fondation, dont les rondelles et les clavettes se trouvent au-dessous d'une autre assise de pierres de taille, au fond de la fosse. La maçonnerie repose du reste sur un radier en béton. On voit aussi l'installation des deux paliers de l'arbre moteur, de part et d'autre de la fosse où tourne l'engrenage.

L'arbre moteur, qui porte un manchon à griffes, fixe et calé sur une partie carrée, transmet le mouvement à un arbre spécial (*arbre d'embrayage* ou *de communication*), portant un autre manchon à griffes, mobile longitudinalement et qu'on peut faire glisser à l'aide d'un levier, de façon à embrayer ou à débrayer. Cet arbre d'embrayage, muni de deux embases, repose en son milieu sur un support spécial, calé sur la plaque de fondation. Les figures 3, 4, 5, 6, 7 de la planche XCVII représentent ces diverses pièces.

L'arbre d'embrayage est accouplé directement avec le pignon médian au moyen d'un manchon tréflé. Les trois pignons sont en fonte et creux, comme le montre la figure 2, pl. XCVII; les dents sont encastrées jusqu'au milieu de leur longueur dans des joues latérales, et consolidées encore au milieu de leur largeur par une embase; de plus, les deux demi-largeurs se correspondent vide à plein et plein à vide, de façon à diminuer les chocs pendant le travail.

La planche XCIV fournit le dessin complet d'une des colonnes qui supportent les tourillons des trois pignons. On y peut voir le système de *touches* manœuvrées par des vis latérales, qui permettent de pousser latéralement les tourillons des pignons inférieur et médian, de façon à assurer la position de leurs axes dans un même plan vertical avec l'axe du pignon supérieur. Des vis de règlement, situées sur la face extérieure de la colonne (au nombre de deux pour chaque empoise), permettent de pousser les empoises contre les collets des pignons, de façon à assurer la mise en prise des dents sur toute leur largeur. Ces empoises appuient contre les collets des pignons par l'intermédiaire des coussinets latéraux en bronze pour celle du bas, des coussinets inférieur et supérieur pour les deux autres. Enfin deux

systèmes de doubles coins, manœuvrables de l'extérieur et latéralement, et qui seront décrits un peu plus loin, servent à régler les
distances des axes, en diminuant ou en augmentant la distance
qui sépare l'empoise supérieure de celle médiane, et celle-ci de l'empoise inférieure. Cette dernière est une sorte de pont qui porte
seulement deux coussinets latéraux et deux touches de côté. L'empoise médiane se compose de deux pièces formant comme un palier
avec chapeau, la pièce inférieure portant un coussinet et deux touches
de côté, et la pièce supérieure un coussinet seulement. Enfin l'empoise du tourillon supérieur est simple et porte un coussinet et deux
touches de côté, le coussinet supérieur étant engagé dans le chapeau
de la colonne. Celui-ci est fixé sur les montants au moyen de deux
robustes boulons à clavettes.

La transmission du mouvement se fait, des trèfles des pignons
aux trèfles des cylindres dégrossisseurs, par l'intermédiaire d'une
allonge et de deux manchons d'accouplement en fonte qu'on trouve
figurés à grande échelle pl. XCVII, fig. 1.

Les deux planches XCV et XCVI contiennent deux élévations, un
plan, quatre coupes horizontales et deux coupes verticales d'une des
colonnes qui composent les cages à cylindres. A chaque tourillon du
cylindre inférieur correspondent trois coussinets en bronze : un
coussinet inférieur, encastré dans la base de la colonne, et deux
coussinets latéraux, encastrés dans une empoise en forme de pont ;
en outre, à la même hauteur que ces coussinets latéraux et de chaque
côté (voir fig. 2 et 5, pl. XCVI) se trouvent deux *touches* en bronze,
qui servent à déterminer la position de l'axe du tourillon dans le
sens transversal : ces touches sont poussées par des *vis de règlement* (fig. 7, pl. XCVI) avec l'intermédiaire de *cales* en tôle (fig. 9).
La position de l'empoise ou porte-coussinets peut aussi être réglée
dans le sens longitudinal par des vis (fig. 8), dont la coupe EF
(fig. 5, pl. XCVI) indique la position. Les coussinets latéraux
viennent appuyer sur le collet du cylindre, de sorte qu'avec les vis
on peut régler la position longitudinale des cannelures du cylindre.

Le tourillon du cylindre médian fonctionne entre deux touches et deux coussinets, portés par les deux parties d'une empoise qui constitue un véritable palier. La partie inférieure de ce palier porte le coussinet inférieur et les deux touches latérales, manœuvrées par des vis de règlement, comme pour celles d'en bas. Le coussinet inférieur touche le collet du cylindre et peut servir pour le règlement des cannelures dans le sens longitudinal, de sorte qu'il n'y a pas de coussinets latéraux en saillie, les touches suffisant pour maintenir le tourillon. Le chapeau de l'empoise porte seulement le coussinet supérieur. Quatre vis de règlement agissent sur la face externe de la partie inférieure de l'empoise et deux sur sa partie supérieure. La position du tourillon est réglée dans le sens de la hauteur au moyen de deux *coins* conjugués, qui sont placés transversalement à la colonne entre l'empoise du tourillon inférieur et celle du tourillon médian. On voit dans l'élévation fig. 1, pl. XCV, la disposition de ces deux coins, et dans les coupes fig. 2, pl. XCVI, et fig. 5, pl. XCVI, la façon dont ils sont logés dans des rainures pratiquées sur l'empoise du tourillon inférieur et sous l'empoise du tourillon médian. Les figures 3 et 4, pl. XCV, donnent le détail à grande échelle de ces coins en fer dur soigneusement ajustés : on voit que chacun d'eux porte une tige filetée, qui vient s'engager dans une mortaise transversale, pratiquée dans le montant de la cage; elle y est reçue par un long écrou portant une tête qui fait saillie en dehors du montant, et qui ne peut pénétrer dans la mortaise, de sorte qu'en faisant tourner cette tête avec une clef, on exerce une traction sur le coin. En agissant sur les deux écrous de la paire de coins, on fait glisser ceux-ci l'un sur l'autre, de façon à augmenter l'écartement des deux empoises, soit pour compenser l'usure des coussinets, soit pour modifier légèrement la position du tourillon dans le sens vertical.

L'empoise du tourillon supérieur est tout à fait analogue à celle que nous venons de décrire : on y retrouve le même système de coussinets et de touches de côté; une paire de coins

sert aussi à régler l'écartement de l'empoise supérieure et de
l'empoise médiane.

Sur la pièce supérieure de l'empoise du tourillon supérieur
appuie la grande vis de la colonne, par l'intermédiaire d'une boîte
de sûreté en fonte ou même simplement d'une galette en fer fin
aciéreux. Cette vis, en fer fin ou en acier, a un filet trapézoïdal, indiqué à grande échelle pl. XCVl ; elle traverse un écrou en fer dur,
logé dans le chapeau de la colonne, qui s'appuie en dessous contre
ce chapeau au moyen d'une embase et qui est retenu en dessus par
une ou deux vis destinées à l'empêcher de tourner et de descendre.
Le chapeau, qui s'assemble avec les montants, de façon à résister à
leur écartement, est fixé au moyen de deux boulons analogues aux
boulons de fondation.

On voit, dans les diverses figures des planches XCV et XCVl,
comment les deux colonnes d'une même cage sont entretoisées à
l'aide de quatre fortes tiges de fer passant dans les ouvertures ménagées à la base et au sommet des montants, et aussi comment les
deux colonnes voisines, appartenant à deux cages différentes, sont
réunies au moyen de deux tiges qui viennent se claveter dans des
boîtes venues de fonte sur la face extérieure des colonnes, tiges qui
servent à accrocher des tôles devant les manchonnages pour pré-
venir les accidents. Le patin de chaque colonne est percé de quatre
trous qui étaient destinés à recevoir des boulons en cas de besoin,
mais qui ne sont pas utilisés.

L'élévation figure 1, pl. XCV, et la coupe figure 5, pl. XCVI,
montrent la disposition des grandes mortaises verticales qui servent
à installer les tabliers et les plaques de garde. On y voit aussi, de
même que sur la figure 1, pl. XCVI, les portées qui servent à installer les paliers-guides de l'appareil de relevage qui sera décrit
ultérieurement.

Ce train à rails, des forges d'Anzin, est composé, comme on a
vu, d'un équipage dégrossisseur trio et d'un équipage finisseur
également trio. Il constitue ainsi le laminoir qui est connu sous le

nom de *trio Talabot*, parce qu'il fait l'objet d'un brevet pris en 1858 par M. Léon Talabot, président du conseil d'administration des forges de Denain et Anzin. Le finissage des fers profilés avec trois cylindres a été employé, en effet, pour la première fois aux forges d'Anzin, et le train trio construit par MM. de Molin et Serment a servi de type pour diverses autres installations.

Souvent les trains à rails comprennent un équipage dégrossisseur trio et un finisseur duo. Autrefois les deux équipages étaient seulement duos, et ils le sont encore dans les laminoirs où on a adopté le système du mouvement alternatif, qui permet de faire passer la barre alternativement dans les deux sens entre les cylindres, sans avoir besoin d'appareils de relevage.

Voici, d'après Truran, quelques données, recueillies à Dowlais, sur un train à rails ordinaire, composé de deux dégrossisseurs de $0^m,45$, de deux finisseurs et d'une cage à pignons intermédiaire ; la machine horizontale à haute pression qui lui sert de moteur conduit aussi des cisailles, huit presses à dresser et des scies; la vitesse est de quatre-vingt-cinq tours par minute (dans le pays de Galles on va même maintenant jusqu'à cent tours) pour le laminage des rails à patins.

Force absorbée pour la marche à vide...........	71 chevaux.
Force supplémentaire pour la marche à plein.....	168 —
Force motrice totale absorbée pour fabriquer 600 tonnes de rails en fer par semaine........	239 chevaux.

Nous donnerons plus loin quelques détails sur les systèmes de laminoirs actuellement employés pour la fabrication des rails en fer soudé et des rails en acier fondu.

PLANCHES XCVIII ET XCIX.

Appareils de relevage pour le train trio à rails et poutrelles.

Le gros train trio des forges d'Anzin est desservi par deux appareils de relevage mécanique, l'un pour les cylindres dégrossisseurs, l'autre pour les cylindres finisseurs.

Le paquet sortant du four à réchauffer est placé sur la plaque de tablier des cylindres dégrossisseurs devant la première cannelure inférieure; après son passage il est reçu de l'autre côté sur un plateau garni de rouleaux qui peut s'élever jusqu'au niveau des cannelures supérieures, en étant guidé par des tiges de fer rondes fixées aux deux colonnes de la cage.

Les figures 1, 2, 3 de la planche XCIX donnent en détail la construction de ce plateau, de ses supports et de ses guides. Les rouleaux sont en fonte et portent chacun deux petits tourillons en fer goupillés dans la fonte : le plateau en porte quatre de même longueur; un cinquième, beaucoup plus court, a été fixé sur des supports spéciaux en avant du plateau, au droit de la dernière cannelure dégrossisseuse, qui allonge assez le paquet pour que la largeur primitive ($0^m,77$) du plateau ait été trouvée insuffisante.

Le plateau élévateur est suspendu à une tige qui va s'articuler à une extrémité d'un balancier à contre-poids calé sur un arbre qui tourne dans des paliers fixés à la charpente de la halle (fig. 1, 2, 3, pl. XCVIII); à l'autre extrémité de l'arbre est calé un autre levier auquel s'attache une chaîne aplatie qui vient s'enrouler sur une poulie de friction (fig. 6) calée sur l'arbre moteur. En tirant sur l'extrémité libre de cette chaîne, un gamin la tend et fait manœuvrer l'élévateur.

Une fois relevé au niveau de la cannelure supérieure, le paquet s'y engage et la traverse; de l'autre côté, le lamineur reçoit la pièce et la fait redescendre sur le tablier devant les cannelures inférieures, aidé par l'action d'un contre-poids qui, lorsque la pièce vient s'appuyer au sortir de la cannelure sur une barre transversale, équilibre une partie de son poids (fig. 5, pl. XCVIII).

Derrière les cylindres finisseurs se trouve un appareil imaginé en 1858 par MM. de Molin et Serment; il est également destiné à recevoir la barre et à la soulever en un point de sa longueur, pour aider le lamineur à l'engager dans la cannelure supérieure. Il se compose d'un simple aviot suspendu à un galet qui peut rouler sur un rail parallèle au train (fig. 1, 2, 4, pl. XCVIII). Ce rail est suspendu par ses extrémités à deux bras calés sur un arbre qu'on peut faire tourner à l'aide d'un levier à contre-poids : en tournant il élève le rail et par suite l'aviot. Cette élévation s'obtient par une traction exercée sur le levier au moyen d'une corde en chanvre qui va s'enrouler sur un manchon-poulie (fig. 7) calé sur le trèfle du cylindre finisseur médian, et qu'un gamin tend lorsque l'élévateur doit fonctionner.

Les deux élévateurs ou releveurs mécaniques dont nous venons de parler (celui des cylindres dégrossisseurs et celui des cylindres finisseurs) appartiennent à la catégorie des releveurs *unilatéraux,* c'est-à-dire fonctionnant d'un seul côté des cylindres. Le plateau s'élève en recevant le paquet à sa sortie des cannelures inférieures, pour le porter au niveau des cannelures supérieures; mais à sa sortie de ces dernières le paquet ne trouve pas un plateau pour le recevoir et le descendre au niveau des cannelures inférieures, et cependant la descente d'un poids qui atteint quelquefois 500 kilogrammes exige des précautions et des efforts musculaires souvent excessifs. On a vu qu'à Anzin on a employé une sorte de bascule à contre-poids pour diminuer ces efforts. Ailleurs on a employé des releveurs *bilatéraux,* c'est-à-dire à double plateau, l'un pour la sortie et l'autre pour l'entrée dans les cannelures. On trouvera, pl. CXVII, les dessins d'un releveur de cette nature appliqué à un train à tôle : il est mû directement par un cylindre-vapeur spécial. On en a fait aussi dans lesquels les deux plateaux sont suspendus

par des chaînes à deux poulies calées sur des arbres situés au haut
de la cage de part et d'autre : ces deux arbres portent des poulies
en porte à faux sur l'extérieur de la cage; une corde en chanvre,
attachée à un point de la circonférence de l'une d'elles, s'y enroule,
puis va s'enrouler sur l'autre, et de là passe sur un manchon calé sur
le trèfle du cylindre supérieur. En tendant l'extrémité de cette
corde, le manchon entraîne les poulies, et par suite les deux plateaux s'élèvent.

Les releveurs mécaniques sont ordinairement appliqués seulement aux cylindres dégrossisseurs, soit dans des équipages jumeaux
pour faire passer le paquet par-dessus le cylindre supérieur, soit
dans des équipages trios pour élever le paquet des cannelures inférieures aux cannelures supérieures. Ils sont plus rarement appliqués aux cylindres finisseurs, et ici la grande longueur des barres
empêche d'employer des releveurs simples à plateau. On emploie la
disposition qui existe à Anzin, ou un releveur à tablier analogue à
ceux qui seront décrits plus loin. Dans une usine française on a
employé pour le laminage de très-grands fers à poutrelles un chariot releveur qui, placé derrière le train, présentait à la barre sortant de la cannelure un tablier à rouleaux formant un plan incliné
sur lequel elle remontait ; lorsqu'elle y était tout entière, deux cylindres à vapeur verticaux faisant corps avec le chariot relevaient le
bord du tablier jusqu'au niveau de la génératrice supérieure du
cylindre d'en haut : les ouvriers n'avaient qu'à pousser la pièce
pour la faire passer de l'autre côté.

PLANCHE C.

Détails de trains de laminoirs.

Les figures 1 et 2 de cette planche représentent un élévateur
mécanique pour train trio qui existe aux forges de Maubeuge et qui
ressemble beaucoup à celui décrit dans les deux planches précédentes pour les cylindres dégrossisseurs du train des forges d'Anzin.

Mais le mouvement élévatoire, au lieu d'être transmis par le train lui-même au moyen d'une poulie de friction, est fourni par un petit cylindre à vapeur spécial dont un gamin manœuvre le tiroir à l'aide d'un levier à main. Ce mouvement est transmis à l'élévateur au moyen de tringles en fer et de leviers coudés. Le dessin explique suffisamment la disposition sans qu'il soit utile de la décrire en détail. Ici le relevage exige une dépense spéciale de vapeur, mais on économise la dépense due à l'usure rapide des cordes, qui est assez importante.

Les figures 3 à 15 donnent divers détails de construction empruntés à des trains de laminoirs construits par M. Borsig, constructeur allemand de Berlin.

On voit fig. 3, 4 et 5 le dessin de l'embrayage d'un train cadet de 0^m,30. La figure 8 montre comment la partie fixe de l'embrayage est calée en porte à faux sur l'extrémité de l'arbre moteur, tandis que la partie mobile est montée de façon à pouvoir glisser sur l'arbre de communication qui est tréflé à ses deux extrémités et qui porte, en son milieu seulement, par une partie tournée, sur un palier spécial. La figure 10 est le dessin du palier de l'arbre moteur ; la figure 9, celui du palier de l'arbre de communication. Le levier qu'on voit fig. 3 et 5 sert pour l'embrayage ou pour le débrayage quand le train est arrêté, mais lorsqu'on veut débrayer en marche, on se sert de l'appareil spécial représenté fig. 6 et 7 et qui se compose d'une sorte de cliquet qui, lorsqu'on l'abat dans une gorge pratiquée entre les deux parties du manchon d'embrayage, les force, par l'effet d'une surface hélicoïde, à s'écarter l'une de l'autre. Les dimensions de l'arbre de communication ont été établies de telle sorte que si un effort trop violent se produit dans la transmission du laminoir, la rupture s'opère sur cet arbre dans la partie tournée où on l'a affaibli à dessein au moyen d'une rainure.

Les figures 11, 12, 13 montrent diverses coupes d'un manchon d'accouplement réunissant un tréfle de cylindre avec une extrémité d'allonge.

Les figures 14 et 15 représentent un des boulons de fondation qui fixent la plaque de fonte sur les maçonneries de la fondation du laminoir.

PLANCHE CI.

Détails divers de laminoirs.

Les figures 1 à 4 représentent une disposition de colonne pour laminoir, qui peut s'appliquer aussi bien à des grands mills qu'à des petits mills. Il s'agit ici d'un équipage trio pour petit mill. L'empoise pour les coussinets du tourillon inférieur repose sur la partie inférieure de la colonne. Celle pour les coussinets du tourillon médian repose sur des retraites ménagées dans la colonne ; la feuillure où elle est logée est plus profonde que celle qui reçoit l'empoise inférieure. L'empoise supérieure est suspendue au sommet de la colonne par deux tiges se terminant à leur partie inférieure par des talons, et à leur partie supérieure, par des pas de vis qui permettent d'en régler la longueur : elle est munie d'un chapeau qui porte le coussinet supérieur et sur lequel appuie la grande vis au moyen d'une boîte de sûreté. L'écrou de celle-ci est suspendu lui-même à la traverse supérieure de la colonne au moyen de deux boulons. Une disposition spéciale est la division en deux parties de chaque empoise : une partie, la plus grande, portant le coussinet inférieur et un des coussinets latéraux, et une joue mobile portant l'autre coussinet latéral ; cette joue mobile est toujours du côté où la périphérie du tourillon tourne de haut en bas. Avec cette disposition on règle la position des tourillons comme on l'entend, et l'on peut compenser l'usure des coussinets. Quand l'empoise est faite en une seule pièce, on compense cette usure par de petites plaques de tôle ou de feuillard interposées entre le coussinet en bronze et l'empoise ; ces morceaux de fer tombent de temps à autre, sont très-difficiles à placer et sont loin d'être aussi pratiques que les vis latérales. Si, avec la disposition d'empoise ordinaire, on perfore celle-ci pour que la vis la traverse (après avoir traversé la colonne) et arrive au coussinet, il est souvent difficile de retirer l'empoise si la vis casse ou grippe, ce qui arrive quelquefois. On remarquera que les vis tournent dans des prisonniers qu'on peut introduire dans leurs logements par la face interne de la colonne.

Les figures 5 à 8 représentent une colonne pour cage à trois pignons empruntée à l'usine de Ruhrort. L'écartement des empoises et par suite des tourillons se règle ici au moyen de deux paires d'entretoises verticales. Ainsi, entre le patin de la colonne et l'empoise du tourillon médian, se trouvent deux entretoises verticales qui supportent l'empoise sur des écrous : leur partie inférieure carrée est encastrée dans le patin ; leur partie supérieure filetée pénètre dans des logements ménagés dans l'empoise, mais sans arriver jusqu'au fond : ce sont les écrous qui portent l'empoise et en les faisant tourner on élève ou on abaisse celle-ci. Deux entretoises verticales analogues servent à régler la position du chapeau de la colonne. Mais cette disposition doit manquer de stabilité à cause du mouvement de rotation que les écrous peuvent spontanément prendre pendant les trépidations dues au travail.

Les autres figures de la planche sont relatives à des laminoirs spéciaux employés pour la fabrication des rails dans le pays de Galles, notamment à Ebbw Vale et à Dowlais. Nous les expliquerons en donnant la description d'un atelier de laminage pour rails récemment organisé à Dowlais, par M. Menelaus, l'habile directeur de cette grande usine.

L'atelier du *Gros laminoir* (*Big Mill*) à Dowlais comprend un train à rails et un train marchand ordinaire : nous ne nous occuperons que du premier. Le train à rails est desservi par onze ou douze fours à réchauffer de première chaude et quatre fours de seconde chaude. Après la première chaude, les paquets pour rails sont soudés dans un laminoir soudeur de While semblable à celui que représentent les figures 9 à 12 de la planche CI.

Ce laminoir a trois paires de cylindres : deux paires de cylindres horizontaux et une paire de cylindres verticaux. Ces cylindres tournent tous avec une même vitesse de six tours par minute, les diamètres étant proportionnés à l'étirage, faible du reste, que reçoit le paquet. Celui-ci passe en définitive, comme on voit, dans trois cannelures soudantes successives, dont deux travaillent sur le champ et une sur le plat. L'appareil While a l'avantage, d'après M. Menelaus, non-seulement d'économiser de la main-d'œuvre, mais encore de gâter beaucoup moins de paquets qu'un trio soudeur ordinaire.

Lorsque les paquets ont été soudés, on les remet dans un four de seconde chaude, puis on les conduit au laminoir dégrossisseur. Celui-ci est construit dans le même système que le laminoir soudeur : il possède aussi les trois paires de cylindres, tournant à la vitesse uniforme de vingt-cinq tours par minute, les diamètres étant proportionnés à l'allongement que prend le paquet. Les trois paires de cylindres tournent avec une vitesse relativement faible, parce que, dans les trois cannelures successives qu'ils forment, on donne beaucoup plus de pression que dans les cannelures des cylindres dégrossisseurs ordinaires. En sortant du laminoir dégrossisseur, le paquet est suffisamment étiré pour pouvoir passer de suite à la première des cinq cannelures finisseuses en usage dans le pays de Galles. Il est enlevé par un appareil alimentaire spécial qui le retourne bout pour bout et le porte au droit de la première cannelure finisseuse dans une cage finisseuse ordinaire à deux cylindres.

L'atelier est actionné par une machine à vapeur à balancier dont le piston a 1 mètre de diamètre et $2^m,40$ de course, qui commande le laminoir soudeur, le dégrossisseur et la cage finisseuse, puis en outre un train marchand à deux cages et deux scies.

Le laminoir de While, que représentent les figures 9 à 12, fonctionne à l'usine d'Ebbw Vale (pays de Galles) et est tout à fait semblable à celui de Dowlais ; les figures en expliquent suffisamment la construction, quoiqu'elles ne soient que des croquis (nous n'avons pu nous en procurer des dessins). Il est mû par une machine horizontale de 40 chevaux dont l'arbre du volant fait cent vingt tours par minute : les cylindres font vingt tours comme à Dowlais.

Dans un autre atelier de l'usine de Dowlais, le *Nouveau Laminoir* (*New Mill*), qu'on peut trouver décrit dans l'ouvrage de M. Percy, et qui est destiné à la fabrication des rails et des grands fers spéciaux, le moteur se compose de deux machines à vapeur à balancier sans condensation dont les pistons ont $1^m,15$ de diamètre et $3^m,05$ de course, et qui travaillent avec de la vapeur à 3 atmosphères et demie. Ces deux machines accouplées actionnent, par les deux extrémités, un arbre au milieu duquel se trouve le grand engrenage moteur de $7^m,60$ de diamètre qui conduit, au moyen d'un engrenage de $1^m,80$, un arbre portant deux volants et commandant un train par chacune de ses extrémités. L'un de ces trains est un train ordinaire à deux cages employé pour fabriquer les grosses cornières, les larges plats ou les rails; quand il fabrique des rails, il tourne à raison de cent tours par minute, et fournit 80 tonnes en douze heures : il est desservi par un laminoir soudeur de While. L'autre train est celui que représentent les figures 13 à 17 et qui est employé pour fabriquer les grands fers à double T et les grands fers profilés. La cage dégrossisseuse comprend deux paires de cylindres horizontaux : le paquet, préalablement soudé entre des cylindres soudeurs ordinaires ou dans un appareil de While, est d'abord posé sur la table d'alimentation de la paire inférieure : un rouleau alimenteur octogonal le lance entre les cylindres. Après ce premier passage il est reçu par un releveur mécanique qui le soulève au niveau des cannelures supérieures ; les quatre cylindres, comme on voit, travaillent à peu près comme un équipage trio. Pour fabriquer les poutrelles dont l'âme est assez mince et qui doivent être laminées lestement, ces cylindres marchent à raison de cent tours par minute : on fabrique alors aisément des poutrelles de $0^m,25$ à $0^m,30$ de hauteur avec des longueurs qui peuvent atteindre 15 mètres. La double machine motrice de ces ateliers qui actionnait en 1862 sept cages de laminoirs, deux marteaux frontaux et deux paires de scies est probablement la plus forte qui existe dans des usines à fer : on estime sa puissance à 1 000 chevaux.

Dans le nord de l'Angleterre, les installations diffèrent un peu de celles usitées dans le pays de Galles : une des usines à rails de fer les plus récemment installées est celle de Britannia, près Middlesborough. Dans cette usine, les paquets réchauffés dans des fours Siemens sont soudés dans un appareil de While, dont les cylindres ont $0^m,30$ à $0^m,33$ de diamètre et font dix tours par minute : cet appareil est mû par une machine à vapeur horizontale ($d = 0^m,610$; $c = 0^m,915$; $n = 60$ tours) spéciale. Au sortir de l'appareil de While, les paquets retournent au four de deuxième chaude, puis sont laminés dans un train de disposition particulière. Dans ce système, imaginé par M. William Brown, chaque cage comprend deux paires de cylindres horizontaux, placées l'une derrière l'autre ; le paquet est laminé, en allant, entre les deux cylindres de la première paire, et il est laminé, en revenant, entre les deux cylindres de la seconde paire, qui tournent en sens inverse ; aux cannelures de la première paire correspondent des intervalles vides dans la seconde paire, et réciproquement. Les cylindres dégrossisseurs ont $2^m,150$ de longueur et les cylindres finisseurs $1^m,525$, le diamètre étant environ $0^m,60$. Ce train est mû par une machine horizontale sans condensation, dont le piston a $0^m,915$ de diamètre et $0^m,915$ de course ; il marche à la vitesse de cent tours. Lorsque nous avons visité l'usine en 1872, elle fabriquait 110 à 120 tonnes de rails en vingt-quatre heures, avec quatre fours Siemens en feu. Elle est montée avec l'appareil While et le train Brown de façon à laminer 1 200 à 1 400 tonnes par semaine, d'après ses directeurs.

Le laminage des rails d'acier s'opère, en Angleterre, avec des installations un peu différentes de celles qui servent pour le laminage des rails de fer. Nous citerons deux exemples que nous avons recueillis dans des visites d'usines récentes.

L'usine de Barrow (North Lancashire) possédait, en 1867, un train à rails d'acier, composé de deux équipages duos ($0^m,61$ de diamètre)

et à mouvement alternatif. Il était conduit par deux machines à vapeur à balancier, accouplées sur l'arbre d'une grande roue d'engrenage qui conduisait en même temps le train à rails et un train à
bandages situé de l'autre côté. Ces machines ont des cylindres à
vapeur avec $1^m,10$ de diamètre et $1^m,80$ de course; elles travaillent
avec de la vapeur à 2 atmosphères, et l'admission peut être coupée d'un quart à un tiers de course; en marche normale elles font
vingt-cinq tours, ce qui correspondait à cinquante tours du train à
rails. Le changement de sens dans le mouvement s'obtenait au
moyen d'un manchon d'embrayage, à disques de friction (chaque
disque étant muni de saillies triangulaires concentriques, correspondant à des cannelures identiques, pratiquées dans les engrenages), agissant dans les deux sens, ainsi qu'il sera expliqué à
propos de la planche CXXII. Mais, au bout de peu de temps, on a
renoncé au mouvement alternatif pour travailler avec le train tournant toujours dans le même sens.

Ce train a été modifié depuis et remplacé par un autre plus puissant, que conduit la même paire de machines. Le nouveau train,
dont les cylindres ont $0^m,66$ de diamètre, se compose de deux
équipages trios : le dégrossissage et le finissage se font à trois
cylindres.

L'équipage dégrossisseur est desservi par un appareil de relevage bilatéral d'un système tout particulier : le lingot, à l'entrée
comme à la sortie de la cannelure, repose sur un petit truc; ce truc,
au moment du passage aux cannelures supérieures, est élevé, ainsi
que les ouvriers, à la hauteur convenable, par le soulèvement d'une
partie du dallage, formant une plate-forme de 10 mètres carrés
au moins. Les ouvriers des dégrossisseurs sont dans les mêmes
conditions pour travailler que s'ils desservaient un équipage duo
ordinaire. L'équipage finisseur n'a pas de releveur. Au moment de
notre visite, on laminait à ce train des rails d'acier de 18 mètres de
longueur, en passant les lingots préalablement serrés au pilon, dans
onze cannelures, ce qui durait deux minutes et demie. Il y a un autre

train à rails, identique, conduit par une machine du même modèle et de même force. Un des trains est alimenté par cinq fours Siemens et l'autre par six fours ; au premier, on fabriquait 900 tonnes de rails par semaine.

Le troisième train à rails d'acier de Barrow, le plus récemment installé, est un train à mouvement alternatif à deux cages, commandé par une machine horizontale à deux cylindres (diamètre, $0^m,90$; course $1^m,20$), système Corliss et Inglis, construite par MM. Hick et Ce, de Bolton, pourvue d'un appareil de condensation et recevant la vapeur à 2 atmosphères et demie. Le changement de sens dans la rotation du train s'obtient par le renversement des machines motrices, qui s'effectue, non pas au moyen d'une coulisse de Stephenson, comme dans les laminoirs Ramsbottom, mais au moyen d'un changement des excentriques de distribution sur l'arbre. Les cylindres du train ont $0^m,66$ et tournent avec une vitesse de quatre-vingts tours au moins par minute. Nous y avons vu laminer en deux minutes et demie des barres de 18 mètres en treize cannelures. On y lamine aussi des rails en trois longueurs : la barre ayant 21 mètres environ pour fournir trois rails de $6^m,40$ avec deux chutes seulement. On a laminé jusqu'à 24 mètres de longueur. On semble à Barrow préférer ce dernier train à mouvement alternatif aux trains trios comme on préférait ceux-ci à l'ancien train alternatif à manchon d'embrayage.

L'usine de la compagnie du West Cumberland, près Working-ton, que nous avons visitée en 1873, possède une installation toute neuve et très-remarquable pour le laminage des rails d'acier. Son train de laminoirs de $0^m,66$, à mouvement alternatif, est composé de trois cages : une pour le serrage des lingots bruts, une pour le dégrossissage des lingots serrés et réchauffés, une pour le finissage. Il est conduit, suivant le système Ramsbottom, par une magnifique machine horizontale à deux cylindres construite par MM. Kitson, de Leeds : les cylindres-vapeur ont $0^m,915$ de diamètre et $1^m,220$ de course ; ils reçoivent de la vapeur à 3 atmosphères et demi (on s'ef-

force de maintenir la pression aux chaudières à 4 atmosphères).
Cette machine à changement de marche par coulisse obéit merveil-
leusement au moindre mouvement du mécanicien, qui est placé
sur une estrade hors de la cabine vitrée où est la machine, et qui
agit en voyant parfaitement tous les détails du travail du train ; il
est impossible de percevoir aucun choc au moment du renversement de mouvement. Le train est desservi par six fours Siemens à
deux portes chacun : trois pour le ressuage des lingots bruts et trois
pour le réchauffage des lingots serrés (*blooms*). Les fours à lingots
contenaient sept lingots destinés chacun à fournir deux rails, et les
fours de seconde chaude, huit lingots serrés. Le laminage de ces
derniers se faisait en deux minutes et demie, et on obtenait en
treize cannelures une barre de 14^m,50 environ, destinés à donner
deux rails de 6^m,40 ; ce laminage se faisait avec un très-faible personnel ; pour supporter le rail pendant les passages au laminoir,
on plaçait dessous des bouts de tuyaux à deux brides qui servaient
de rouleaux et facilitaient beaucoup toutes les manœuvres. Ce train
travaillait à raison de 600 tonnes par semaine, mais sa puissance de
production est certainement notablement plus grande.

En Angleterre on a préféré, comme on voit, dans les installations
récentes pour rails d'acier, le laminoir à mouvement alternatif au
laminoir trio. En Belgique, les usines de Seraing viennent aussi (fin
1874) d'établir un train à rails d'acier à mouvement alternatif,
système Ramsbottom. Aux États-Unis, où l'on a construit dans ces
derniers temps beaucoup d'usines à rails d'acier, on préfère au
contraire le laminoir trio.

Le finissage à trois cylindres des fers profilés, comme des rails,
peut se faire de deux manières différentes, qui ont été prévues
toutes deux en 1858 par MM. Talabot, de Molin et Serment, des
forges d'Anzin.

Dans une des manières, le cylindre supérieur est uniquement
mâle, c'est-à-dire porte seulement les parties supérieures des cannelures emboîtées dans le cylindre médian ; le cylindre inférieur

est uniquement femelle et le cylindre médian est mâle vis-à-vis du cylindre inférieur, femelle vis-à-vis du cylindre supérieur; toutes les cannelures, celles du haut comme celles du bas, sont ouvertes par le haut. Il en résulte que les barres qui passent dans les cannelures inférieures tendent à se courber en dessous, de même que celles qui passent dans les cannelures supérieures, et qu'avec des gardes et sous-gardes disposées comme à l'ordinaire on peut assurer la bonne sortie des barres. Mais, par contre, le cylindre médian se trouve obligé d'avoir des collets distincts de ceux du cylindre inférieur, ce qui ne permet pas de mettre sur le trio de cylindres autant de cannelures que s'il s'agissait seulement d'un duo; on perd une partie de la longueur de la table.

Dans l'autre manière, le cylindre inférieur et le cylindre supérieur sont uniquement femelles, et le cylindre médian, uniquement mâle, vient fermer les cannelures alternativement emboîtées dans le cylindre inférieur et dans le cylindre supérieur et s'ouvrant alternativement par le haut et par le bas. Il en résulte que si la barre qui passe dans les cannelures inférieures tend à se courber vers le bas, celle qui passe dans les cannelures supérieures tend à se courber vers le haut : on ne peut plus remédier à cette dernière circonstance au moyen de gardes et sous-gardes ordinaires, il faut employer des gardes équilibrées à contre-poids, disposition qui demande des soins particuliers de construction. Mais on a l'avantage, grâce à l'absence de collets sur le cylindre médian, de pouvoir utiliser mieux la longueur de la table et de mettre sur le trio de cylindres autant de cannelures qu'on en eût mis sur un duo. D'après M. Holley, ingénieur métallurgiste américain de grande expérience, on peut, avec cette disposition, avoir sept cannelures là où la première n'en permettrait que cinq. De plus, on n'est pas obligé de retourner la barre de 180 degrés à chaque passe pour éviter la formation d'une bavure; on peut continuer à laminer sans retourner du tout la barre.

Dans les usines d'Anzin, de Dowlais, de Barrow, on a adopté la première disposition; les Américains préfèrent la seconde, qui a été adoptée par MM. Holley et Fritz dans leurs installations. Le train à laminer les rails, en Amérique, est ordinairement distinct du train de serrage, qui marche à une vitesse moindre. Le réchauffage des lingots se fait dans des fours Siemens; à l'usine de Cambria (Pensylvanie), on en trouve qui chauffent à la fois vingt lingots de 900 kilogrammes, c'est-à-dire 150 tonnes d'acier par vingt-quatre heures. Les trains de serrage (*blooming*), ayant des cylindres de $0^m,765$ de diamètre, tournent à raison de quarante à quarante-cinq tours par minute seulement; à l'usine de Cambria, un de ces trains blooming, desservi par deux fours Siemens, passe souvent 300 tonnes de lingots par vingt-quatre heures. Quant aux trains à rails proprement dits, leurs cylindres ont ordinairement $0^m,585$ de diamètre et tournent avec une vitesse de soixante et dix à quatre-vingts tours par minute; leur production journalière moyenne est, d'après M. Holley, de 200 tonnes par vingt-quatre heures en rails de $9^m,15$, pesant 30 à 33 kilogrammes le mètre; ils sont desservis par neuf à onze fours de seconde chaude chauffés à la houille. Les machines à vapeur motrices à action directe ont généralement les dimensions suivantes :

Pour le train blooming :

Diamètre du cylindre........................ $0^m,915$
Course..................................... $1^m,220$
Poids du volant .... 40 tonnes.
Pression de la vapeur....................... 5 atmosphères.

Pour le train à rails :

Diamètre du cylindre........................ $1^m,370$
Course .... $1^m,220$
Poids du volant............................ 56 tonnes.
Pression de la vapeur....................... 5 atmosphères.

A l'aciérie de la Compagnie pensylvanienne, à Harrisburg, le train à rails (de $0^m,585$) est conduit par une machine verticale à deux bielles pendantes articulées avec une traverse que porte la tige du piston au-dessus du cylindre. Elle a été construite par M. Fritz, et ses dimensions sont les suivantes :

Diamètre du cylindre	1 mètre.
Course	1^m,50
Poids du volant....................	58 tonnes.
Diamètre du volant................	7^m,50
Longueur des bielles	7$\frac{1}{2}$ fois environ la longueur de manivelle.

On trouvera dans le journal anglais *Engineering* un intéressant mémoire de M. Holley sur ces installations américaines.

PLANCHE CII.

Laminoir universel pour larges plats, système Wagner.

La cannelure universelle, c'est-à-dire la cannelure dont les côtés verticaux sont formés par les génératrices de deux cylindres à axes verticaux placés derrière ou devant les cylindres horizontaux, a été employée pour la première fois par M. Daelen, alors directeur de la grande usine de Hoerde, à une époque déjà ancienne. Elle était primitivement destinée au finissage des fers plats de toutes largeurs et de toutes épaisseurs : en écartant ou en rapprochant les cylindres verticaux, on peut obtenir toutes les largeurs de cannelure comprises entre les limites maximum et minimum qu'imposent les dimensions de l'appareil ; en faisant varier l'écartement des cylindres horizontaux on fait varier la hauteur de la cannelure, c'est-à-dire l'épaisseur de la barre. Le laminoir universel est surtout employé maintenant dans les forges à la fabrication des larges plats pour construction de ponts en tôle, pour longerons de locomotives, etc. Celui dont nous donnons le dessin et qui figurait à l'Exposition universelle de 1867, a été combiné par M. Wagner, ingénieur de l'usine impériale autrichienne de Mariazell (Styrie).

Dans cet appareil, les cylindres horizontaux ont une table dont le diamètre est de 0^m,40 et dont la longueur ne dépasse pas 0^m,58. Le cylindre inférieur repose de chaque côté sur une empoise encastrée dans la partie inférieure de la colonne. Le cylindre supérieur repose sur une empoise mobile qui peut monter et descendre en glissant dans une feuillure de la colonne : cette empoise est soutenue en dessous par deux tiges verticales qui viennent s'articuler, au-dessous de la plaque de fondation, avec les deux courtes branches d'un balancier bifurqué à l'autre extrémité duquel pend un contre-poids. Le centre d'oscillation du balancier est suspendu à une chape de façon à ce qu'il puisse prendre un certain mouvement latéral en laissant monter et descendre bien verticalement les deux tiges qui supportent l'empoise. Le contre-poids est calculé de façon à ce qu'il tende à repousser constamment l'empoise vers le haut, en faisant équilibre à un poids supérieur à la moitié du poids des cylindres. Le cylindre supérieur tend ainsi toujours à occuper la position la plus élevée en laissant un large intervalle entre lui et le cylindre inférieur. On règle sa position au moyen des deux vis placées sur les colonnes et qui appuient sur les porte-coussinets supérieurs. Une disposition d'engrenages coniques doubles permet de faire tourner en même temps et de la même quantité les deux vis afin que le cylindre reste parallèle à lui-même pendant ses mouvements de montée ou de descente : l'ouvrier commande ces engrenages à l'aide d'une grande roue à poignées. Les deux cylindres horizontaux reçoivent le mouvement par leurs trèfles à une de leurs extrémités.

Les cylindres verticaux ont chacun une table de $0^m,40$ de diamètre et $0^m,25$ de hauteur. Chacun d'eux repose en dessous dans une crapaudine que porte un chariot inférieur mobile sur des glissières, et est soutenu à sa partie supérieure dans un collet faisant partie d'un chariot supérieur également mobile sur des glissières. Les deux chariots supérieurs forment écrous mobiles sur une vis fixe placée entre les deux glissières et portant deux filets en sens inverse, de sorte qu'en faisant tourner cette vis à l'aide d'un engrenage on peut écarter ou rapprocher à volonté les deux chariots. Les deux chariots inférieurs peuvent être mus de la même façon, et une disposition que représente la figure 1 donne le moyen d'écarter ou de rapprocher de quantités égales les chariots du bas et ceux du haut, et par suite les deux cylindres verticaux. Les glissières du bas comme celles du haut sont encastrées et boulonnées dans la colonne de la cage. Les cylindres verticaux portent des engrenages coniques au-dessous de la table, et ceux-ci engrènent avec des pignons cylindro-coniques montés sur les chariots inférieurs, fous sur leurs axes et mobiles avec les chariots : malgré leur déplacement, la partie cylindrique de ces pignons reste engrenée avec deux pignons allongés, calés sur un arbre horizontal placé à la partie inférieure de la cage. Cet arbre reçoit le mouvement de rotation du cylindre horizontal inférieur, par l'intermédiaire de trois roues dentées qu'on voit figure 3, et le communique ainsi aux cylindres verticaux, de telle façon que leur vitesse à la circonférence soit la même que celle des cylindres horizontaux.

A l'entrée de la cannelure, du côté opposé aux cylindres verticaux, se trouvent des guides mobiles qu'on peut aussi écarter ou rapprocher au moyen d'une vis à deux directions, ainsi qu'on le voit figures 2 et 4.

Du côté de la sortie de la cannelure se trouve une pièce de fonte représentée en coupe figure 2 et en élévation figure 1, destinée à servir de garde et à empêcher le fer plat de s'enrouler autour du cylindre supérieur : cette pièce de fonte est vissée aux deux empoises du cylindre supérieur et le suit dans ses mouvements d'ascension et de descente.

Voici, d'après M. Wagner, le poids d'un laminoir de son système, composé d'une cage universelle et d'une cage à pignons :

	AVEC CYLINDRES DE			
	$0^m,37$	$0^m,47$	$0^m,59$	$0^m,71$
	kil.	kil.	kil.	kil.
Cage universelle complète............	11 693	24 967	48 720	84 188
Cage à pignon complète..............	4 586	9 784	19 110	33 022
Deux allonges et quatre mouflettes......	1 142	2 437	4 760	8 225
	17 421	27 188	72 590	125 435

PLANCHE CIII.

Train de laminoirs à guides.

On a vu pl. XCII le dessin de l'installation d'un petit mill, formé par deux équipages à trois cylindres chacun. On compose souvent les petits trains d'un plus grand nombre d'équipages, trois ou quatre, de cylindres à cannelures, et on y adjoint quelquefois un équipage de cylindres espatards tournant avec une vitesse moindre, lorsque le petit train est destiné à la fabrication des feuillards ou des rubans.

Les petits mills tournent avec une grande vitesse et cependant on les conduit souvent directement. Nous avons vu dans la forge de la Vieille-Sambre (voir pl. CXXIII) et dans celle de Montigny, en Belgique, des petits trains commandés directement et faisant jusqu'à deux cents tours par minute, ce qui est la vitesse la plus grande que nous ayons encore rencontrée pour des commandes directes; les machines à vapeur motrices sont des machines verticales à bielle pendante, dites *machines pilons*. Voici leurs dimensions :

Diamètre du cylindre-vapeur	$0^m,530$
Course du piston	$0^m,400$
Nombre de coups par minute..........	200
{ Section des lumières	$\frac{1}{15}$ section du cylindre.
Rapport des côtés des lumières........	$1:6$
Recouvrement du tiroir..............	à l'intérieur, 7 millim.
—	à l'extérieur, $27\frac{1}{2}$ millim.
Avance linéaire à l'admission..........	15 millim.
Diamètre du volant..................	4 mètres.
Jante du volant.....................	$0,20 \times 0,20$

Les cylindres du train ont $0^m,252$ de diamètre.

Pour des trains légers (jusqu'à $0^m,200$ de diamètre par exemple), dont la vitesse dépasse deux cents tours par minute, les courroies ont été trouvées d'un bon usage. Mais pour des trains plus lourds on leur reproche de s'user extrêmement vite, et on préfère souvent employer une commande par engrenages, établie avec des soins particuliers. Aux forges d'Onzion (Loire) on conduit un train faisant trois cent cinquante à quatre cents tours avec une machine à vapeur faisant soixante-quinze tours seulement, au moyen d'une roue à denture en bois qui engrène avec un pignon en fonte. Ailleurs on a employé un volant engrenage en fonte commandant un pignon en bronze, toutes les dents étant taillées à la machine, afin qu'elles s'appuient sur toute leur longueur.

Le petit train que représente la planche CIII est spécialement destiné à la fabrication des petits fers ronds de tréfilerie ou fers machine qui servent de matière première pour la fabrication du fil de fer dans les tréfileries. Il se compose de cinq équipages de cylindres et d'un équipage de pignons. Celui-ci est trijumeau et la commande est donnée par le pignon du milieu; celui-ci et même les deux autres sont quelquefois faits en bronze, au lieu d'être en fonte de fer.

Le premier équipage de cylindres est formé de trois cylindres dégrossisseurs. Le second et le troisième équipage, qui sont les préparateurs, se composent chacun de deux cylindres et d'un faux cylindre destiné à transmettre le mouvement à la cage suivante. Le quatrième équipage (qui ne porte que des cannelures ovales) et le cinquième (qui ne porte que des cannelures rondes) sont les équipages finisseurs; formés chacun de deux cylindres; le quatrième comprend en outre un faux cylindre pour transmettre le mouvement au cylindre supérieur du cinquième.

Les cylindres sont montés dans les colonnes d'une façon très-simple, comme l'indique la figure 2 : ils sont rarement changés et les empoises peuvent sans inconvénient être calées les unes sur les autres.

Le plan de la figure 1 montre le trajet que parcourt une billette qui doit être transformée en fer machine ou petit rond de 0^m,004 de diamètre, en passant par dix-neuf cannelures.

Les neuf premières cannelures se trouvent sur les cylindres dégrossisseurs. Pour six d'entre elles, il n'est pas besoin de guides spéciaux pour engager la billette dans la cannelure : le tablier suffit. Pour la septième, on emploie des guides (fig. 8 et 9) boulonnés sur le tablier. Pour la neuvième, on emploie un guide semblable à ceux qui servent pour les cannelures suivantes.

Les cannelures n°s 10 à 17 se trouvent réparties sur les deux paires de cylindres préparateurs. On voit fig. 10 et 11 la disposition du sommier transversal qui sert à supporter les guides à boîtes et les figures 10 à 14 montrent comment ces guides sont construits et installés.

La cannelure n° 18 est sur la première paire de finisseurs : les figures 15 à 19 indiquent la disposition de son guide à boîte. Enfin la cannelure n° 19, qui est sur les derniers finisseurs, est munie d'un guide à boîte, que représentent les figures 20 à 24.

Au sortir de cette dernière cannelure, le fer va s'enrouler sur un envidoir ou tambour que représentent en détail les figures 4 à 7.

Le dessin fait comprendre pourquoi on désigne quelquefois ce train sous le nom de *train à serpenter* et sous celui de *train à guides*. Son service exige des ouvriers lestes et adroits, attendu que le fer circule avec une vitesse qui atteint et qui dépasse quelquefois 4 mètres par seconde : on leur donne des jambières en tôle, et on place quelquefois sur quelques-unes des colonnes des cisailles à main, qui permettent aux ouvriers, en cas de besoin, de couper le fer ou de l'épointer. Le nombre de tours des cylindres atteint souvent quatre cents, et quelquefois quatre cent cinquante par minute. La force motrice nécessaire varie de 60 à 120 chevaux, suivant qu'on lamine les gros diamètres ou les petits diamètres de machine. Un seul four à réchauffer suffit pour desservir le train et lui permettre de fabriquer 5 000 kilogrammes par douze heures : on y charge de trente à cinquante billettes, et la durée d'une chaude varie d'une demi-heure à trois quarts d'heure; avec deux fours à la houille ou un four au gaz système Siemens, un train peut faire 11 tonnes de machine en douze heures. Il faut aussi pour accompagner le train trois ou quatre fosses-étouffoirs en briques garnies de fraisil au fond, munies d'un couvercle en tôle et destinées à faire refroidir lentement les rouleaux de machine, à l'abri du courant de l'air. Le train et ses accessoires exigent un personnel de seize à dix-sept ouvriers, y compris les gamins (*défenseurs*), qui protégent les *serpenteurs* contre les atteintes du fil marchant à grande vitesse, l'*accrocheur*, l'*enrouleur* et l'*enfourneur*.

Le coût d'un train à guides à cinq cages est d'environ 11 000 francs, y compris la fondation.

On a essayé en Angleterre d'éviter le serpentage, qui exige des ouvriers très-lestes et qui présente des dangers, en construisant un train dans lequel on a placé les cannelures à la suite les unes des autres sur la même ligne droite, de telle sorte que le fer passe dans toutes sans avoir à changer de direction, et en les disposant sur des paires de cylindres alternativement horizontales et verticales. Un seul train de cette espèce existe, croyons-nous, à Manchester, et il se compose d'abord de deux paires de cylindres horizontaux dégrossisseurs, placées l'une derrière l'autre, puis de cinq paires de cylindres verticaux, alternées avec quatre paires de cylindres horizontaux, de telle sorte que la billette s'étire d'une façon continue, en passant dans onze cannelures pour arriver dans la paire de cylindres finisseurs placés sur le côté. Ce train, desservi par un four à gaz, donne des produits remarquables comme fils télégraphiques.

PLANCHE CIV.

Train de fenderie anglaise.

Le train de fenderie se compose d'une cage à pignons et d'une cage dans laquelle sont montées les deux *trousses* fendeuses qui, par leur juxtaposition, forment comme une cisaille circulaire à lames multiples.

Chaque trousse est composée d'un arbre en fonte, portant une rondelle d'épaulement, sur lequel est enfilée une série de *taillants* en acier ou en fer aciéré (disques dont le diamètre varie de 0ᵐ,30 à 0ᵐ,40 environ) et de *rondelles* ou *entre-deux* de même épaisseur, mais d'un diamètre plus faible. Le tout est serré au moyen d'une dernière rondelle ou *garde*, et de quatre boulons qui traversent tous les taillants et toutes les rondelles. Dans la enderie de Dowlais, que représente la planche CIV, la trousse supérieure comprend cinq taillants et la trousse inférieure six taillants. Les deux trousses sont placées de façon à ce que les taillants de l'une correspondent aux entre-deux de l'autre. Ces taillants se pénètrent et se croisent de 0ᵐ,010 à 0ᵐ,015 au plus, parce qu'en les engageant davantage on augmenterait l'angle, et le fer serait saisi moins facilement.

On comprend aisément qu'une lame de fer, passant entre les trousses, est fendue en autant de parties ou *brins* qu'il y a d'entre-deux, et que ces brins ont une largeur égale à l'épaisseur des taillants et entre-deux.

Pour empêcher les brins de s'enrouler autour des rondelles, on place entre les taillants en haut et en bas des barreaux en fer, nommés *vergettes*, qui servent à guider les brins ou verges et à les rassembler en faisceau. On acière ces vergettes pour les faire résister au frottement du fer : elles sont montées en gueule de loup sur des *porte-vergettes*.

Tout cet ensemble est *équipé* sur une *cage à colonnes*, qui se compose d'une forte plaque de fonte, portant quatre tubulures ou embases creuses, reliées par des nervures, et dans lesquelles on engage et on fixe avec des clavettes le pied de quatre *colonnes* en fer (voir fig. 2).

Dans ces colonnes, on enfile des supports à lunettes en fonte, qui font corps soit avec les empoises des trousses, soit avec les supports des vergettes. De part et d'autre des trousses sont des *tirants* en fer, qui servent à séparer ou à maintenir l'écartement des porte-ver-gettes. Ces tirants (voir fig. 2, 3, 5) ont une tête en forme de T du côté de l'entrée du fer, et sont percés à l'autre extrémité d'une mortaise dans laquelle passe une clavette, avec laquelle on exerce une pression sur les porte-vergettes. Le tout est consolidé au moyen de chapeaux en fonte et d'écrous qui viennent, au moyen d'un pas de vis porté par la tête de chaque colonne, serrer tout le système.

Le mouvement est donné au moyen de trèfles et de moufflettes : les allonges sont supportées en leur milieu par un double palier inter-médiaire, ainsi qu'on le voit figure 1. Les figures 10, 11 et 12 donnent les détails des pignons, des moufflettes et des allonges.

La vitesse varie de trente-cinq à soixante tours par minute. On peut mettre la cage de fenderie à la suite d'un gros mill. Il faut compter sur l'absorption de 8 à 10 chevaux par cette cage, lors-qu'elle fonctionne à plein.

Actuellement on ne travaille pas d'une façon constante à fendre du fer. On refend surtout du fer de riblons et du fer corroyé en bi-dons qu'on réchauffe, qu'on aplatit sous des espatards ou qu'on fait passer ensuite à la fenderie au rouge-cerise.

Il faut avoir soin d'arroser les trousses pour les empêcher de s'échauffer, et de graisser les taillants pour qu'ils glissent sans effort les uns sur les autres.

Une fenderie peut faire de 10 à 15 tonnes par jour.

Dans les fenderies ardennaises, les arbres de trousses étaient en fer, et les taillants n'étaient pas aussi serrés que dans les fenderies anglaises. On change les trousses pour obtenir des lames et des verges de diverses dimensions ; mais toutes les trousses doivent avoir la même largeur, afin qu'on ne soit pas obligé d'avoir des espatards de diverses largeurs.

PLANCHE CV.

Cisailles diverses.

Les barres sortant des cylindres finisseurs du train de laminoirs marchand doivent être affranchies de leurs bouts écrus et ramenées à une longueur uniforme, ou à peu près uniforme. Dans ce but, on les porte aux cisailles, ou, si l'extrémité doit être coupée parfaitement d'équerre, à la scie circulaire. Les cisailles sont employées ordinairement pour les fers corroyés et pour les fers marchands ordinaires ; mais pour les fers ronds et carrés de grande dimension, pour les fers profilés, pour les rails de chemins de fer, on emploie maintenant toujours la scie.

Le cisaillage des petites verges sortant encore rouges des cylindres exige peu de force, et on l'exécute fréquemment au moyen de cisailles à main légères, construites en fer. Les fers plus gros exigent des cisailles plus fortes : celles qui servent pour les fers corroyés et les fers marchands ordinaires pèsent environ 3 000 kilogrammes. Les figures 5, 6, 7 montrent une disposition qui est employée en Angleterre. Ces cisailles sont munies de couteaux en acier d'une longueur de $0^m,30$ à $0^m,40$, qu'on est obligé de changer souvent, parce que la chaleur des barres ramollit l'acier. Les couteaux destinés aux fers ronds et carrés sont munis d'encoches demi-circulaires ou triangulaires pour recevoir la barre ; sans cette précaution, le bout de cette barre serait aplati par la pression du cisaillage.

On trouve, dans quelques usines à fer, pour l'affranchissage des barres fournies par les petits et les moyens trains marchands, un modèle de cisaille double qui ressemble à celui dont la planche LXXVII donne le dessin. A l'usine de la Vieille-Sambre, près Châtelet (Belgique), la cisaille double est conduite par une petite machine spéciale verticale dont le cylindre a $0^m,20$ de diamètre et dont la course du piston est de $0^m,30$.

Pour cisailler à froid, il faut des cisailles plus lourdes encore. Le cisaillage à froid avec des couteaux tranchants est plus propre et met plus en relief la qualité du fer. Des cisailles capables de couper à froid du fer de 0^m,150 sur 0^m,025 pèsent, avec leur transmission, de 15 à 20 tonnes.

Les figures 1, 2, 3, 4 représentent une cisaille à excentrique destinée à couper les rebuts, les gros riblons et les barres de forte section. Le bloc qui porte le couteau mobile repose directement sur l'excentrique, et à chaque tour il monte et descend dans le bâti qui lui sert de guide. Avec les plus fortes cisailles de cette espèce, on peut couper des barres carrées de 0^m,125 très-facilement.

PLANCHE CVI.

Scie circulaire à bâti-pendule.

Pour couper des barres de forte section, et surtout des fers profilés et des rails, sans déformer les extrémités voisines de la section, et pour obtenir un plan de coupe parfaitement perpendiculaire à la longueur des pièces, on a reconnu depuis longtemps la nécessité d'employer le sciage à chaud au moment où la barre encore rouge sort de la dernière cannelure du laminoir. Ce sciage s'opère toujours au moyen de scies circulaires en tôle d'acier ou de fer aciéreux, épaisse de $2\frac{1}{2}$ à 3 millimètres, et dont le diamètre varie de 1 mètre à 1^m,50; ces scies tournent avec une vitesse de mille à treize cents tours par minute. Leurs dents sont assez grossièrement taillées à la poinçonneuse; on les affûte toutes les douze heures ou toutes les vingt-quatre heures, suivant le nombre de sciages effectués dans la' journée. Des scies en acier peuvent couper de six cents à sept cents barres sans exiger d'affûtage; mais des scies en fer n'atteignent pas la moitié de ce chiffre, d'après Truran. Pour empêcher les dents d'être ramollies par la chaleur, le bord inférieur de la scie plonge dans une bâche contenant de l'eau froide.

Les scies circulaires sont tantôt fixes, — et alors la barre doit pouvoir être approchée graduellement de l'axe de la scie, — tantôt mobiles, — et alors la barre reste immobile pendant que l'axe de la scie se déplace parallèlement en se rapprochant de la barre.

Parmi les scies circulaires mobiles, une des dispositions les plus élégantes est celle imaginée par M. Aaron Bonehill, de Maubeuge, que représente la planche CVI. La scie se trouve montée sur un axe qui forme le côté inférieur horizontal d'un cadre ou bâti rectangulaire, oscillant autour d'un axe qui forme le côté supérieur également horizontal et qui est l'arbre moteur de l'appareil. On voit figure 2 le cadre rectangulaire, et figure 1 la forme des flasques qui composent ses côtés latéraux. L'arbre moteur, placé à la partie supérieure de deux fortes flasques en fonte qui forment le bâti fixe de l'appareil, peut tourner dans des paliers convenablement disposés; il reçoit directement le mouvement d'une petite machine à vapeur appliquée sur l'une des flasques ci-dessus, ainsi que le montrent les figures 1 et 2. Deux grandes poulies de commande sont symétriquement placées sur cet arbre moteur et tournent avec lui. Les deux côtés latéraux du cadre oscillant embrassent cet arbre et peuvent tourner avec lui; il en résulte que, quelle que soit la position du cadre, les deux poulies de commande ci-dessus peuvent actionner, à l'aide de courroies, deux petites poulies placées sur l'arbre de la scie, qui tournent huit fois plus vite que l'arbre moteur : si donc celui-ci fait cent à cent vingt-cinq tours, la scie fera huit cents à mille tours par minute, ce qui, par suite de son diamètre de $1^m,05$, correspond à une vitesse à la circonférence assez considérable. Deux crémaillères articulées avec les côtés latéraux du cadre oscillant ou pendule peuvent être rappelées au moyen de deux pignons placés sur un arbre à manivelle, de sorte qu'on peut aisément faire avancer ou reculer la scie en tournant cette manivelle (voir fig. 3). Pour équilibrer le poids du bâti-pendule, il y a à l'arrière de l'appareil un pendule renversé mobile autour d'un axe spécial; il est relié par deux bielles avec le bâti mobile oscillant, et prend, lorsque celui-ci se meut, des positions inverses, de telle sorte que le centre de gravité du système se déplace

toujours horizontalement. La figure 1 représente le bâti-pendule à la
fin de sa course d'affranchissement d'une poutrelle de 0ᵐ,35 : à ce
moment, l'ouvrier, à l'aide de la manivelle, ramène le bâti à sa
position de repos, indiquée en pointillé, et il ferme aussitôt le robinet
d'admission presque complétement, c'est-à-dire de façon à entre-
tenir une rotation lente de la scie ; à l'aide d'une broche en fer il
arrête la manivelle de façon qu'elle ne puisse pas tourner. Lorsqu'il
veut recommencer un nouvel affranchissage, il ouvre l'admission
de vapeur pendant que la barre passe dans la dernière cannelure,
afin d'amener la scie à sa vitesse ; puis, lorsque la barre a été posée
sur le plateau fixe muni de taquets-guides qui existe devant l'appareil, il dégage la manivelle et par son moyen pousse la scie à travers
l'épaisseur de la poutrelle.

Cet appareil est commode en ce qu'il occupe un espace assez
restreint dans la forge et en ce qu'il porte son moteur. On peut
avec lui affranchir des poutrelles jusqu'à 0ᵐ,60 de hauteur, soit
perpendiculairement, soit obliquement, suivant la façon dont on
dispose les taquets-guides sur le plateau fixe. Son poids est de
5500 kilogrammes environ ; ses fondations sont fort simples et leur
coût ne dépasse pas 600 francs.

On l'a perfectionné récemment, en disposant au-dessous du bâti-
pendule des glissières concentriques à l'axe moteur, qui maintiennent la fixité relative de l'axe de la scie.

Il existe aussi à l'usine de la Providence (Nord), à celle d'Ars-
sur-Moselle (Moselle) par exemple, des scies circulaires qui, au lieu
d'être montées sur un bâti-pendule, sont montées sur un bâti formant balancier, de telle sorte que l'axe de la scie s'élève ou s'abaisse
verticalement pendant l'opération. On peut aussi employer un bâti
glissant qu'on pousse contre la barre pour le sciage et qu'on ramène
en arrière après ce sciage, ainsi qu'on l'a fait à l'usine de Ruhrort
pour la fabrication d'éclisses et de selles de joint, et ainsi que nous
l'avons vu en Angleterre.

A la grande usine de Britannia, près Middlesborough, nous avons remarqué une scie ingénieuse, construite par MM. Cowans, Sheldon et Cᵉ, de Carlisle. La machine motrice verticale, à bielle pendante, porte sur son volant une courroie qui transmet le mouvement par une poulie à un arbre de commande placé au sommet d'un bâti à 3 mètres environ au-dessus de l'arbre des scies. Celui-ci porte deux scies de 1ᵐ,35 de diamètre, et la poulie, commandée par la précédente, est entre elles deux; ses tourillons tournent dans des paliers qui font corps avec un chariot glissant sur la base du bâti dans des guides convenables. Le déplacement horizontal nécessaire pour mettre les scies à portée de leur travail s'obtient au moyen d'un cylindre-vapeur dont le piston peut pousser le chariot en avant ou le tirer en arrière; la tige de ce piston se prolonge en arrière du cylindre-vapeur et porte un autre petit piston mobile dans un cylindre hydraulique horizontal, servant de cataracte ou de frein pour régler le mouvement du chariot. La machine motrice donne aussi le mouvement à des rouleaux qui servent à faire voyager le rail longitudinalement sur le banc fixe de la scie dans un sens ou dans l'autre. Des taquets mobiles maintiennent le rail fixe pendant le sciage. Un seul homme, le machiniste, depuis son estrade de manœuvre, reçoit les rails du laminoir, les scie et les envoie au chantier de refroidissement.

Une disposition analogue existe dans le grand laminoir de Dowlais : les scies jumelles, de 1ᵐ,20 de diamètre, sont portées par un chariot glissant entre des guides et dont la course, qui peut varier de 0ᵐ,22 à 0ᵐ,25, est limitée par des heurtoirs en caoutchouc ajustables suivant les besoins. Ce chariot est manœuvré au moyen d'un petit cylindre hydraulique; la pression agit sur toute la section du piston pour mettre la scie en prise, tandis qu'elle n'agit que sur la section annulaire du côté de la tige pour faire retirer la scie après le sciage. Cette scie a aussi des bancs fixes munis de rouleaux mus par la machine, de sorte que le scieur peut effectuer à lui seul toutes les manœuvres nécessaires. M. Menelaus préfère cette disposition à celle du bâti-pendule, auquel il reproche de manquer de rigidité.

A l'usine de West-Cumberland, près Workington, nous avons

encore vu, pour le sciage des rails d'acier, une scie commandée
d'une manière a:.alogue, et dont le chariot glissant horizontalement
pouvait être poussé ou retiré au moyen d'une crémaillère et d'un
arbre à manivelle.

PLANCHE CVII.

Fabrication des rails. Scie double de l'usine de Dowlais.

La scie à rails de Dowlais, que nous représentons ici, est montée
sur un bâti fixe. Elle porte, suivant l'usage du pays de Galles, deux
lames montées sur un axe de $1^m,20$ de longueur environ et raidies
au moyen de disques en fer; leurs extrémités inférieures plongent
dans des bacs à eau (voir fig. 7). Elle est desservie par deux bancs
mobiles, un à l'extérieur de chaque lame. Chaque banc est muni
de rouleaux de glissement (fig. 5), de glissières et de bielles articulées qui permettent de le faire mouvoir en avant et en arrière, son
axe restant parfaitement parallèle à celui de la scie. Sa surface
supérieure est de niveau avec le sol de l'usine et distante de $0^m,05$
du bord inférieur de la scie. L'axe de la scie est à angle droit avec
l'axe des cylindres du laminoir, et le banc le plus rapproché est à
8 ou 9 mètres de distance dans la direction de la cannelure finisseuse. On tire la barre sur le premier banc, en laissant un bout en
saillie du côté de la scie; on la maintient en position au moyen
d'un arrêt, puis on fait mouvoir latéralement le banc jusqu'à ce que
la scie ait complétement coupé le bout; après quoi, on repousse le
banc suffisamment pour que le rail puisse être tiré sur le second
banc, qui est muni d'un arrêt pour ajuster la longueur. En tirant
ce second banc contre la scie, on complète l'affranchissage de la
barre.

On voit figures 1 et 2 la disposition des bancs mobiles : chaque
banc repose sur une glissière rapprochée de la scie, et en même
temps sur une autre glissière à tige qu'on voit aussi figure 4. Au
moyen de bielles et d'un levier que représente la figure 10, on peut

faire mouvoir chacun des bancs de la scie. Une fois le rail placé
sur le banc, on peut le maintenir en place au moyen d'un arrêt que
montrent les figures 8 et 9, de façon à ce qu'il ne bouge pas pendant le sciage. Un arrêt, qu'on peut déplacer au moyen d'une vis
que montrent les figures 1, 2, 3 et 4, permet d'ajuster exactement
la longueur du rail pour le sciage du second bout. Avec cet appareil, lorsque les bancs ou chariots ont des glissières bien ajustées,
lorsque les scies sont montées bien exactement et tournent avec
une vitesse assez grande, et lorsqu'on ne coupe pas trop vite le rail,
on obtient une section aussi nette et aussi polie que si elle avait été
limée.

Les figures 8, 9, 10, pl. CV, et la figure 6, pl. CVII, montrent
la transmission de mouvement à la scie. La grande poulie commande au moyen d'une courroie la petite poulie à joues placée sur
l'arbre commun des deux scies.

Une scie double de 1^m,37 de diamètre, à Dowlais, tournant avec
une vitesse de huit cent vingt tours par minute, absorbait, d'après
Truran, une force de 11 chevaux-vapeur.

Dans certaines usines, notamment dans le Staffordshire, on emploie un banc unique, avec une scie placée à chaque extrémité, de
façon à couper les deux bouts du rail en même temps. Avec cette
disposition, on ne peut couper aussi exactement les rails : leur
température n'est pas toujours la même, et on ne peut ajuster la
longueur, comme on le fait au moyen de l'arrêt mobile du système
précédent.

PLANCHE CVIII.

Fabrication des rails. Scie à banc oscillant des forges d'Aubin.

La scie qui est employée à l'usine d'Aubin pour l'affranchissage
des rails est disposée de la manière suivante :

Les lames de scies neuves ont 1^m,05 de diamètre ; on les use jusqu'à 0^m,75 de diamètre. Elles sont serrées par des plateaux en fonte
dont le diamètre, qui est d'abord de 0^m,75, est diminué lorsque la

14

lame est usée, de façon que celle-ci ait toujours un bord libre de $0^m,14$ à $0^m,15$.

Un des plateaux, celui qui entraîne la lame, est arrêté par une portée conique clavetée sur l'arbre. Celui-ci est en acier et à bouts trempés; il est maintenu à ses deux extrémités par des vis. Il porte une poulie de $0^m,25$ de diamètre et $0^m,13$ de largeur, qui reçoit le mouvement direct d'une machine à grande vitesse de 12 chevaux, au moyen d'une poulie de $1^m,50$ de diamètre.

Le banc de la scie est en deux pièces; il est supporté par des montants oscillants. Chaque partie est munie de trois montants qui se terminent par des chapes en acier trempé reposant sur des couteaux également en acier, scellés sur des dés en pierre. Un homme peut manœuvrer le banc au moyen de la tringle et du levier que montre la figure 3.

Au sortir du laminoir, les rails se placent d'eux-mêmes sur un chariot en fer qui les conduit à la scie. On renverse le rail sur le banc et on coupe le premier bout. On renvoie le banc en arrière pour enlever la *chute* ou *ébouture,* puis on fait glisser le rail de manière à amener l'extrémité affranchie contre un heurtoir qui détermine la longueur du rail. Sa distance à la scie est égale à la longueur du rail, plus l'allongement dû à sa température. Pour des rails à double champignon de 6 mètres de longueur, laminés en une seule chaude, l'allongement est à Aubin de $0^m,080$. On coupe alors le second bout, puis on entraîne le rail sur un chariot placé dans le prolongement du banc et qui le conduit en face de la plaque à dresser à chaud. Il faut pour toutes ces opérations environ quarante secondes.

Cette scie, comme celle de Dowlais, est conduite par courroies. On a, en effet, avantage à adopter ce système de commande lorsque le travail de la scie est à peu près régulier et continu, même lorsqu'on transmet le mouvement à l'aide d'arbres de transmission depuis une machine à vapeur servant de moteur général, comme on le fait en Angleterre. Dans diverses usines, on a essayé l'emploi de roues à réaction ou turbines à vapeur placées sur l'axe même de la scie; mais ces appareils dépensent beaucoup de vapeur pour un faible effet utile.

On emploie depuis quelque temps seulement, dans certaines usines, à Barrow (Angleterre) par exemple, pour le sciage des rails d'acier fondu, des scies circulaires de grande dimension ($1^m,80$ environ) conduites au moyen d'une paire d'engrenages à coins, système Minotto, par une machine spéciale à grande vitesse placée sur le même bâti, soit verticalement, soit horizontalement; cette même machine à vapeur actionne le banc, qui est self-acting. Il se rapproche de la scie au moyen de glissières pour mettre le rail en prise; il porte des rouleaux qui dépassent légèrement le dessus du banc et qui, mis en mouvement de deux en deux, font avancer le rail. Le mécanicien, qui conduit la machine depuis une estrade, reçoit du laminoir le rail laminé en triple longueur, le scie aux endroits convenables et l'envoie au chantier de refroidissement sans quitter son estrade et sans le secours d'autres ouvriers.

PLANCHE CIX.

Fabrication des rails. Dressage à froid.

Après leur sciage à chaud, les rails se refroidissent sur les plaques ou chantiers, où les ouvriers leur font subir le dressage à chaud. Pour les rails à double champignon, ces plaques à dresser sont planes. Pour les rails, ou les fers profilés, non symétriques, elles présentent une convexité que l'on fait épouser au rail au moyen de maillets en bois, de leviers ou de vis de pression, de façon à lui donner une courbure en sens inverse de celle que le refroidissement lui ferait prendre. Avant qu'il soit refroidi, on enlève avec des râpes munies de longs manches en bois les bavures du sciage.

Les rails une fois refroidis sont repris sur les chantiers de dépôt, pour subir les opérations de l'ajustage, et d'abord le dressage à froid.

Autrefois cette opération s'effectuait à la main, au moyen des ou-

tils représentés par les figures 11 à 20 de la planche CIX, parmi lesquels figure un lourd marteau pesant 40 à 45 kilogrammes. Mais
depuis longtemps l'augmentation du poids des rails et la nécessité
d'opérer économiquement ont obligé les fabricants à employer des
appareils mécaniques de dressage à froid.

Dans quelques usines, aux forges d'Aubin (Aveyron) notamment,
on s'est servi de rouleaux et de leviers. Ailleurs, comme au Creusot
et à Tamaris par exemple, on s'est servi d'appareils ou presses à
vis. Mais le système d'appareils le plus employé est la presse à
excentrique.

Les figures 1 à 8 représentent une presse à dresser double
de l'usine de Dowlais, qui reçoit le mouvement à l'aide d'un
engrenage. On voit que l'arbre porte deux excentriques, action-
nant chacune un cadre rectangulaire qui fait corps avec la presse
guidée : celle-ci se termine par une panne oblique qui s'arrête, lorsqu'elle est au bas de sa course, à $0^m,08$ ou $0^m,10$ du rail. Ce rail
repose sur deux appuis distants de $0^m,40$ environ, et on place en
dessus la partie convexe à redresser : on introduit entre la presse
et le rail un coin emmanché, de sorte qu'en arrivant au bas de sa
course la presse redresse la partie courbe. Deux petits rouleaux,
placés de part et d'autre des appuis-enclumes, sont montés sur
ressorts et peuvent céder pendant la pression pour reprendre leur
position ensuite, et permettre au rail de glisser longitudinalement
sur eux et sur deux autres rouleaux à support placés plus en dehors.

Les figures 9 et 10 indiquent une autre presse analogue de
Dowlais, qui diffère de la précédente surtout en ce qu'elle est
actionnée par une courroie. Elle présente plus de stabilité que la
précédente. Le dessin la fait suffisamment comprendre, sans qu'il
soit utile d'entrer dans de plus longues explications.

Ordinairement la presse donne environ trente coups par minute,
ce qui permet à des ouvriers habiles de redresser cent rails par jour
avec une seule presse.

D'après MM. Gruner et Lan, la force nominale nécessaire à une

paire de presses serait de 7 chevaux, à la vitesse de vingt-huit coups
par minute, et pour le dressage de 80 à 100 tonnes de rails par
semaine.

Dans de grandes usines à rails récemment construites, on a adopté
un type de presse à dresser analogue à ceux que nous venons de
décrire, mais dont le bâti porte un cylindre-vapeur qui commande
directement l'appareil.

PLANCHE CX.

Fabrication des rails. Dressage à froid et ajustage des bouts.

Les figures 1 à 6 représentent le type de presse ou plutôt de
marteau à dresser, adopté dans l'usine de Cyfarthfa (pays de Galles).
Les excentriques actionnent des marteaux guidés, qui viennent agir
sur le rail posé sur l'enclume. Un même arbre, mû par une machine
à vapeur horizontale de 20 chevaux, met en mouvement neuf presses
doubles, comme celle représentée.

Après le dressage à froid, le rail doit être mis exactement de longueur, et il est souvent nécessaire de lui enlever quelques millimètres. On emploie pour cela des machines de diverses sortes ; c'est
quelquefois une machine à mortaiser, dont l'outil se meut comme la
presse à dresser et rogne par tranches verticales l'extrémité du rail,
auquel on donne un mouvement horizontal convenable de translation latérale : cette machine donne de trente à quarante coups
par minute.

Mais le plus souvent on se sert d'une machine à fraiser de disposition particulière, dont les figures 7 à 10 montrent un spécimen
emprunté aux forges de Ruhrort. Le rail est serré à plat dans une
sorte d'étau ou presse à vis verticale, et présente son extrémité
à l'action de la fraise. L'arbre porte-lames a deux mouvements
qui peuvent être indépendants ou simultanés, l'un de rotation,
l'autre rectiligne. Le mouvement de rotation lui est communiqué
au moyen d'un engrenage par un arbre latéral qui porte deux

poulies. Le mouvement rectiligne de translation en avant lui est
donné par la pression d'une vis qu'un engrenage fait tourner : l'ouvrier commande à ce mouvement au moyen d'un petit volant à
main. Le manchon porte-outils est muni tantôt de deux lames,
tantôt d'une seule lame, ce qui est préférable. Ces lames doivent
faire pour les rails en fer dix à quinze tours par minute.

Dans les machines à fraiser employées aux forges d'Aubin, l'avancement de la lame est à chaque tour de $0^m,00018$. La machine peut
couper alors en trois minutes quarante secondes $0^m,010$, moyenne
de l'excès de longueur des rails, ou cent soixante rails par jour. En
supposant un sixième de temps perdu, on arrive à cent trente ou
cent trente-cinq rails en dix heures de travail. Une lame peut suffire
au raccourcissement de trois mille bouts de rails.

En Angleterre, on emploie aussi des machines à fraiser, dans lesquelles la lame possède seulement un mouvement de rotation, et où
c'est le rail lui-même que l'ouvrier fait avancer à l'aide d'une vis,
avec l'étau ou la mâchoire mobile qui le maintient. Nous avons vu
ce système adopté à Britannia Works, près Middlesborough.

A West Cumberland Works, près Workington, nous avons vu
employer, pour la mise à longueur exacte des rails en acier fondu,
une machine à planer qui chemine sur un banc, au moyen d'une
longue vis, devant un bâti où sont serrées les extrémités d'un grand
nombre de rails, qui se trouvent ainsi tous ajustés en même temps.

Les trous à percer pour les éclisses et les encoches pour les crampons s'obtiennent au moyen de poinçonneuses pour les rails en fer,
de machines à percer pour les rails en acier.

FABRICATION DES TOLES

Four à rallonger et à recuire les grosses tôles.

Les paquets destinés à la fabrication des feuilles ou plaques de tôle sont portés à la température soudante dans des fours à réchauffer tout à fait identiques à ceux qui servent pour la fabrication des fers en barres. Le laminage pour grosse tôle se fait le plus souvent en une seule chaude ; toutefois il arrive, notamment pour les feuilles de grandes dimensions et de faible épaisseur, qu'il est quelquefois nécessaire de donner une seconde chaude au rouge-cerise clair pour achever le laminage, pour *rallonger* la plaque ébauchée. Cette chaude se donne soit dans des *fours dormants*, soit dans des *fours à sole*.

De plus, les feuilles au-dessous de $0^m,002$ à $0^m,003$ d'épaisseur ont besoin d'être *recuites* quand le laminage est terminé. Ce recuit se fait dans des fours identiques à ceux qui servent pour la seconde chaude.

Le four représenté sur la planche CXI fait partie d'un groupe de deux fours semblables existant dans une grande usine à tôle française, et qui servent soit à rallonger, soit à recuire les feuilles de tôle. La construction se comprend aisément. La sole est en briques réfractaires, et quatre chenets en fonte destinés à supporter les tôles y sont incrustés. Les flammes s'échappent par une ouverture transversale ménagée dans la sole au droit de la porte de travail. Lorsqu'on ouvre celle-ci, on ouvre en même temps un registre qui permet aux flammes de s'échapper par une ouverture de la voûte, de façon à ne pas gêner l'ouvrier. Un rouleau placé en avant de la porte sert à faciliter l'introduction et la sortie des feuilles de tôle.

La chauffe a une surface de grille de $0^{m2},78$; la sole présente une étendue de 4 mètres carrés environ. La section libre au-dessus de l'autel est de $0^{m2},45$, et celle de l'échappement de flamme de $0^{m2},18$; la section de la cheminée traînante est de $0^{m2},36$.

Les fours à sole de tôlerie peuvent réchauffer de 8 à 12 tonnes de tôle par vingt-quatre heures, en consommant seulement 3500 à 4000 kilogrammes de houille.

Les fours de cette nature ont quelquefois des portes de travail latérales qui servent à introduire soit les bidons, soit les platines destinées à fabriquer des tôles de dimensions restreintes, la grande porte de l'extrémité n'étant employée que pour les grandes feuilles. D'autres fois même on leur donne deux soles à la suite l'une de l'autre, l'une assez étroite, voisine du pont de chauffe, pour le premier réchauffage des bidons, l'autre pour le réchauffage des feuilles ébauchées. Cette disposition est celle adoptée souvent dans les usines qui fabriquent des tôles au charbon de bois.

Dans un four de cette nature employé aux forges d'Audincourt pour la fabrication des tôles fines, la grille, soufflée en dessous, a une surface de $0^{m2},83$; il y a deux soles, l'une de $0,45 \times 1,50$, l'autre de $3,00 \times 1,50$. La petite sole présente une porte latérale, et la grande sole deux portes latérales. L'échappement de fumée a $0^{m2},065$ de section, la cheminée en tôle ayant $0^{m},20$ de diamètre. Il n'y a pas de porte dans l'axe du four.

On se sert aussi des flammes perdues des feux d'affinerie pour chauffer les fours à tôle de cette espèce. A Audincourt, un feu comtois, où les flammes s'échappent du côté du contrevent par une ouverture de $0^{m},700$ de largeur et $0^{m},250$ de hauteur, chauffe une première sole de $0^{m},500$ de longueur sur $1^{m},40$ de largeur et une seconde sole de 2 mètres de longueur sur $1^{m},40$ de largeur ; la cheminée d'appel en tôle a $0^{m},30$ de diamètre, et le rampant qui la fait communiquer avec le four a $0^{m2},09$ de section.

PLANCHE CXII.

Four de tôlerie à double sole.

Ce four existe dans l'usine de Friedland, en Moravie, où il sert à réchauffer les bidons et les platines et à recuire les tôles finies ; il en existe deux semblables dans l'usine voisine de Karlshütte. Ils ont été tous trois construits par M. l'ingénieur J. Bazant, qui s'est proposé en employant les deux soles superposées :

1° D'avoir une grande sole aussi également chauffée que possible, grâce à la forme de la voûte et à l'existence de la seconde chambre au-dessous de la partie voisine de la grande porte ;

2° De diriger la flamme sur les deux soles de façon à ce qu'elle les lèche en venant sortir par des ouvertures transversales étroites pratiquées dans ces soles ;

3° D'avoir, dans le compartiment inférieur, une chambre de recuit bien défendue contre le refroidissement extérieur et contre l'admission de l'air extérieur ;

4° D'avoir un four pouvant servir aux trois chauffages employés dans la fabrication de Friedlandhütte, savoir : au réchauffage des bidons, que l'on place presque de champ en les inclinant et les appuyant les uns sur les autres dans le voisinage du pont de chauffe ; au réchauffage des platines dégrossies que l'on empile par paquets de trois ou quatre, suivant l'épaisseur de la tôle à obtenir, dans la partie de la sole voisine de la grande porte de l'extrémité ; au recuit des feuilles finies dans la petite chambre inférieure, la grande sole pouvant servir en cas de besoin au recuit des feuilles de grandes dimensions ;

5° De réaliser par ces trois chauffages, au moyen du même foyer, une grande économie de combustible.

Il n'est pas nécessaire de décrire la construction du four, qui se comprend aisément par les dessins. On remarquera la chambre de dépôt pour les cendres et poussières qui existe en tête de la seconde sole. La grille a une section de $1^{m2},12$ environ ; les deux ouvertures pour l'échappement des fumées au delà de la seconde sole ont une section cumulée de $0^{m2},10$ environ.

Voici, d'après M. Bazant, quelques résultats pratiques du fonctionnement de ce four :

Dans un poste de douze heures, on obtient, en consommant $6^{hect},25$ à $7^{hect},50$ de menue houille :|

2 800 à 1 680 kilogrammes de tôles minces de 14 kilogrammes à $5^k,6$ la feuille ;

1 400 à 1 000 kilogrammes de tôles minces de $5^k,6$ à 1 kilogramme la feuille ;

850 à 700 kilogrammes de tôles minces de 1 kilogramme à $0^k,7$ la feuille.

Le déchet est en moyenne de 3 pour 100 pour les plus grosses tôles et va à 4 pour 100 pour les plus fines.

La consommation de houille est de $0^{hect},28$ à $0^{hect},55$ par 100 kilogrammes de produits finis, la perte au rognage étant en moyenne 16 pour 100 du poids de la tôle finie.

Quand les fours à sole sont uniquement destinés au recuit, la sole est quelquefois faite toute en menue houille, sur laquelle on pose les feuilles.

On a construit des fours à sole de très-grandes dimensions qu'on chauffe avec deux foyers à grille latéraux : cette disposition est employée au Creusot et à Saint-Etienne notamment. Dans ces fours, les flammes des deux foyers entrent du même côté de la sole et au milieu de sa longueur, et elles se divisent en deux courants qui vont s'échapper par quatre ouvertures voisines des quatre angles du four ; la sole a une porte à chaque extrémité et elle est garnie de supports longitudinaux pour les feuilles de tôle ; au milieu de la sole et au droit des entrées de flamme, les tôles enfournées sont protégées contre le coup de feu par un arceau en briques réfractaires. En Angleterre, dans de grandes tôleries, et notamment dans celles où on fabrique la tôle d'acier, on a installé pour le recuit des fours à sole chauffés par le système Siemens : les flammes arrivant tantôt d'un côté, tantôt de l'autre, par des rangées d'ouvertures parallèles aux chenets où on pose les feuilles.

PLANCHE CXIII.

Fours de tôlerie.

Les tôles moyennes et les tôles minces sont, dans certains cas, soumises au recuit en vase clos.

Les figures 1 à 4 montrent une des sortes de fourneaux qui peuvent servir à cette opération.

Les feuilles sont placées dans une lourde boîte en fonte fermée avec un couvercle plat muni de nervures et soigneusement luté. Cette boîte est placée dans un four où elle se trouve environnée des flammes provenant d'un foyer situé en dessous. Ces flammes arrivent depuis la chauffe dans le four au moyen de carneaux ou ouvertures ménagées dans la voûte de la chauffe et distribuées de telle sorte que la chaleur se répartisse également dans le four. Les gaz brûlés sortent par deux conduits en tôle qui vont se raccorder avec une cheminée unique placée au milieu de la longueur du four. On comprend aisément cette disposition d'après les figures 1 et 2. La condition à laquelle elle doit satisfaire est de produire un chauffage égal de la boîte dans toutes ses parties ; cette boîte doit pouvoir être aisément sortie du four pour son déchargement et son rechargement. Dans le four représenté ici, elle peut rouler sur deux files de boulets enchâssés entre des saillies spéciales venues de fonte après la boîte et des rails en fonte de forme particulière incrustés dans la sole du four ; on la tire à force de bras, ou à l'aide d'un treuil placé extérieurement du côté opposé au foyer, en accrochant une chaîne à la saillie spéciale que porte la partie antérieure de la boîte. Quand on a plusieurs fours de cette espèce à côté l'un de l'autre et formant une rangée, on peut se servir, pour le défournement des boîtes, d'un treuil placé sur un chariot mobile sur une voie parallèle à la rangée, ainsi qu'on l'a fait dans quelques forges. Au sortir du four, la boîte arrive en roulant sur des rails que porte un chariot mobile parallèlement à la rangée et qui permet de la transporter latéralement pour la déluter et la vider au moyen d'une grue. Un grand balancier à contre-poids sert à manœuvrer les lourdes portes qui ferment les fours.

Dans d'autres usines, on a préféré rendre mobile la voûte du four en la construisant sur un cadre en fonte. Une grue roulante transversale à la rangée des fours à recuire sert alors à soulever et à déposer latéralement les voûtes ou couvercles des fours, puis à soulever et à transporter dans le voisinage la boîte en fonte avec tout son contenu. Cette disposition, très-commode pour un grand atelier, oblige seulement à faire échapper les flammes par des ouvertures situées, non pas dans la voûte, mais dans la partie supérieure des pieds-droits.

En Franche-Comté et en Champagne, on a employé les flammes perdues des feux d'affinerie au charbon de bois pour le chauffage des boîtes dans les fours à recuire.

On fait ordinairement de neuf à treize recuits par mois et par four, suivant l'épaisseur des tôles ; il faut deux chaudières par four, à cause du temps nécessité pour le vidage et le remplissage.

Les figures 5 à 8 représentent un *four dormant* dans lequel on place les feuilles à réchauffer directement sur le combustible, en contact immédiat avec lui. On pourrait avec avantage placer le cendrier du côté opposé à la porte de travail. Il n'y a pas de cheminée, mais seulement une hotte pour empêcher la flamme et les gaz du four d'incommoder les ouvriers pendant l'enfournement ou le défournement des feuilles. On peut, avec un four dormant, réchauffer 4 à 6 tonnes de tôle par vingt-quatre heures, avec une consommation totale de charbon qui peut varier beaucoup, de 600 à 2500 kilogrammes, par exemple, suivant la dimension du four et l'épaisseur des tôles.

PLANCHES CXIV ET CXV.

Train à grosses tôles.

Le train représenté sur ces deux planches est emprunté à l'usine de Seraing, et son dessin a été déjà publié dans le *Portefeuille de John Cockerill*, auquel nous en empruntons la description.

Le laminoir se compose de trois cages : une à pignons et deux à cylindres, la deuxième paire de cylindres étant, comme d'habitude, surtout destinée au finissage. Les efforts très-considérables auxquels ces cages doivent résister et les chocs qu'elles ont à subir ont conduit à donner aux colonnes qui les composent des dimensions qui permettent de ne pas avoir à craindre les ruptures. Ces colonnes (pl. CXIV, fig. 2) sont fixées par des semelles larges et épaisses sur une plaque de fondation scindée en deux parties suivant l'axe transversal, et bien boulonnée elle-même sur deux jumelles parallèles, ou poutres en chêne reliées par des traverses, constituant la partie supérieure d'un beffroi de fondation, qui lui-même couronne un massif de maçonnerie en briques auquel il est fortement relié.

Les plaques de fondation, vu leur grande longueur, sont en deux pièces et assemblées bout à bout au moyen de brides et de boulons, assemblage consolidé de plus par des parties frettées. Les deux jumelles du beffroi laissent entre elles un grand espace vide où peuvent s'amonceler les battitures. On peut remarquer que les plaques de fondation sont repliées d'équerre intérieurement au beffroi, ce qui, en augmentant leur rigidité, donne à tout le système une assise plus stable, faisant mieux corps avec le beffroi et assurant surtout le montage exact des cages. De plus, elles présentent des parties bien dressées destinées à recevoir les semelles des cages, les boulons d'assemblage de celles-ci s'engageant d'ailleurs dans les entailles rectangulaires dont elles sont munies, ce qui permet de régler au montage l'écartement avec toute la pré-

cision désirable. Chaque colonne est assemblée à la plaque de
fondation par quatre de ces boulons, dont les têtes s'engagent dans
les petites poches pratiquées en dessous. Ils ont un diamètre de
$0^m,05$ environ. Les deux montants de la colonne se réunissent
par dessus, de manière à présenter comme une sorte de chapeau
ou renflement cylindrique sur lequel nous reviendrons tout à
l'heure.

Les cages à pignons (pl. CXV, fig. 4) ont une disposition analogue. Les deux colonnes sont de plus réunies et rendues solidaires par deux entretoises, ou tirants à écrous en fer, s'engageant
dans des oreilles venues de fonte avec elles. Les pignons ont un
diamètre de $0^m,50$ à la circonférence primitive; la denture a $0^m,40$
de largeur et $0^m,07$ d'épaisseur. Les dents s'engagent par leurs
extrémités, et jusqu'au milieu de leur hauteur, dans deux couronnes faisant corps avec elles et ¡avec le pignon, ce qui constitue
un encastrement augmentant notablement leur résistance. Les
arbres des pignons ont la forme hexagonale dans leur portée de
calage, et leurs tourillons présentent un diamètre de $0^m,22$. Ils
sont tréflés à leurs extrémités communiquant le mouvement aux
cylindres lamineurs et le pignon inférieur est seul attaqué par le
moteur. Un appareil de débrayage a été disposé sur l'arbre de
celui-ci, car le laminoir ne marche pas constamment, et le moteur
peut être commun à plusieurs trains en même temps. L'extrémité
de son arbre ou d'un arbre intermédiaire spécialement disposé,
porte donc aussi un trèfle réuni à celui du pignon par un manchon d'accouplement qui, assemblé à jeu un peu libre, peut recevoir un mouvement de translation de droite à gauche. Il est inutile,
du reste, de répéter ici la description du mécanisme d'embrayage
et de débrayage qui n'est pas figuré sur les planches et qui est identique à celui qu'on a vu déjà pour les trains de laminoirs précédemment décrits.

Les tourillons des arbres des pignons se meuvent entre des coussinets en bronze; le coussinet de dessus du pignon supérieur s'en-

castrant dans le couvercle ou chapeau qui emboîte de toutes parts les deux montants de la colonne, de manière à les bien réunir et à les rendre solidaires par le sommet; l'autre demi-coussinet étant porté par une pièce de fonte ou empoise, supportée elle-même par deux tiges à clavettes, qui s'engagent dans le chapeau au-dessus duquel elles sont fixées par des écrous. Le chapeau est assemblé au moyen de deux forts boulons clavetés à la colonne même, et il existe un certain jeu entre les deux parties pour que l'on puisse resserrer le coussinet supérieur quand il y a usure.

L'accouplement des trèfles des arbres des pignons avec ceux des tourillons des cylindres a lieu au moyen de deux mouflettes et d'une allonge ou arbre d'accouplement en fonte, auquel on donne une certaine longueur pour rendre moins sensibles les variations de position du cylindre supérieur relativement à l'axe du pignon. On a soin aussi de donner du jeu dans les mouflettes, et on assigne parfois aux pignons un diamètre plus considérable que celui des cylindres, afin que la déviation qui résulte du rapprochement des cylindres s'opère de part et d'autre de l'axe. Quant aux allonges, elles ont reçu des dimensions telles qu'elles seraient les premières à rompre si un effort trop considérable était tout à coup développé ou si les cylindres avaient un choc violent à supporter. Les arbres sauvegardent ainsi les tourillons.

Le cylindre inférieur (pl. CXIV, fig. 1) repose, par ses tourillons, dans un demi-coussinet en bronze encastré dans la colonne même. Le cylindre supérieur, se déplaçant verticalement, ne peut être maintenu dans les colonnes de la même manière. Ses tourillons se meuvent entre des coussinets en bronze rapportés en queue d'hironde dans des empoises ou coulisseaux assemblés entre les faces ou joues internes des colonnes, qui sont bien dressées. Ces empoises sont munies d'un rebord intérieur qui les maintient et les empêche de glisser latéralement. Les coulisseaux inférieurs, qui doivent supporter le poids du cylindre, sont tenus en équilibre au moyen d'un système de bascule à contre-poids représenté surtout planche CXIV, fig. 2. S'ils étaient abandonnés à eux-mêmes, après chaque passage de la tôle, il y aurait naturellement choc entre les deux cylindres, celui du dessus tombant de tout son poids sur l'autre. On conçoit de plus qu'en ce cas il serait extrêmement difficile d'engager la tôle entre eux.

On a donc disposé dans la fondation du laminoir un appareil destiné à tenir en équilibre le cylindre supérieur. Il est composé, pour chaque cage, de deux balanciers en fonte à bras inégaux, le grand bras permettant de diminuer l'importance du contre-poids; chacun d'eux repose par son axe sur deux paliers en fonte, bien fixés aux pièces de bois. Les contre-poids se composent de rondelles en fonte enfilées dans une tige en fer, dont l'assemblage avec le balancier est disposé de telle sorte que, même quand celui-ci quitte la position horizontale, le contre-poids demeure exactement dans la verticale. Deux longues tiges de suspension en fer traversent la partie inférieure de la colonne, s'engagent sous le coulisseau de dessous qu'ils supportent, et reposent par leur autre extrémité sur le petit bras du balancier.

Les coulisseaux supérieurs doivent résister à toute la pression résultant du passage du fer entre les cylindres. Ils sont maintenus au moyen de très-fortes vis en fer à filets triangulaires, s'engageant dans un long écrou en bronze encastré dans la partie centrale du chapeau. Cet écrou présente, du reste, la forme d'un tronc de cône reposant sur sa grande base. La pression peut donc être aussi forte que possible, elle ne saurait le faire sortir de son emboîtement. Quant aux vis de serrage, elles ne pressent pas directement sur les tourillons. On a disposé entre elles et le coulisseau supérieur une pièce en fonte nommée *boîte à casser* (ailleurs *noisette*) et établie de manière à offrir une résistance inférieure à celle que présentent les tourillons. Si la pression devient trop forte, la boîte à casser remplit le même office que les allonges, et sa rupture assure la conservation des tourillons et des cages.

Après chaque passage de la tôle, la distance entre les deux

cylindres devant être diminuée, il faut opérer ce rapprochement en serrant simultanément les vis des deux cages. La solidarité est établie entre elles au moyen de deux roues d'engrenage calées sur leurs parties supérieures, engrenant avec un pignon central dont la denture a naturellement une hauteur plus considérable, puisque les roues suivent les vis dans leur mouvement vertical, et que le pignon, tout en restant fixe, ne doit pas cesser d'engrener pendant ce mouvement des vis. Ce pignon est calé sur un arbre en fer, ayant 0^m,064 de diamètre, maintenu dans un support à nervures relié au chapeau de chaque cage; il tourne dans une douille bien alésée pratiquée dans ce support. Sur le même arbre est calée, au-dessous du pignon, une sorte de roue plate, dont la circonférence présente une série d'encoches (pl. CXIV, fig. 1 et pl. CXV, fig. 3). Un grand levier (fig. 2) est assemblé librement par un joint universel avec l'arbre, entre le pignon et la roue plate. On peut lui imprimer non-seulement un mouvement de rotation horizontal, mais aussi un mouvement de haut en bas. Lorsque le corps du levier est engagé dans une des encoches de la roue, il entraîne celle-ci dans son mouvement de rotation, jusqu'à ce qu'il soit lui-même arrêté par la colonne. Le pignon décrit ainsi une portion de révolution correspondant à celle de la roue ; ce mouvement est communiqué aux engrenages et aux vis, et, comme les écrous sont immobiles, celles-ci descendent verticalement d'une petite quantité dont l'importance dépend de leur pas et du rapport des diamètres des engrenages. Si alors on dégage le levier et qu'on le reporte en arrière pour l'engager dans une nouvelle encoche, on pourra donner encore un nouveau mouvement à la vis et diminuer autant qu'il sera nécessaire l'intervalle entre les cylindres. Ces mouvements s'opèrent, du reste, avec promptitude et facilité, le levier ayant assez de longueur pour qu'un faible effort puisse faire tourner les vis. On conçoit qu'il faut donner à celles-ci un grand diamètre et à l'écrou une hauteur considérable, car si les efforts auxquels ces parties ont à résister ne se reportaient pas sur une

grande surface, elles seraient bientôt matées et détruites ; il se
produirait du jeu, et les chocs occasionneraient des ruptures fréquentes. C'est aussi pour cette raison que les vis sont à filet
triangulaire , celui-ci présentant plus de résistance qu'un filet
carré.

Il nous reste à décrire l'appareil qui sert au relevage des blooms
ou des tôles ébauchées après chacun de leurs passages entre les
cylindres, appareil qui est analogue à celui que nous avons décrit
déjà à propos du train trio à rails des forges d'Anzin. Il se compose
d'une sorte de table formée par trois rouleaux en fonte (pl. CXV,
fig. 5), mobiles chacun autour d'un axe, les trois axes étant clavetés par leurs extrémités dans deux supports en fer munis de longs
tourillons ; deux flasques ou bielles pendantes supportent, par
leurs extrémités inférieures, ces tourillons et se rattachent en haut
aux deux bouts d'une grande traverse rectangulaire en fer. Celle-ci
présente en son milieu une douille cylindrique dans laquelle s'assemble (pl. CXIV, fig. 1), au moyen d'un écrou, une tige de suspension. Cette tige, terminée au haut par une fourchette, s'articule
avec un balancier en fer qui oscille sur un axe oblique (pl. CXIV,
fig. 1 et 2 ; pl. CXV, fig. 3) porté par une arcade en fer boulonnée
contre deux portées venues de fonte avec une des colonnes de la
cage : la forme de cette arcade est subordonnée au diamètre de la
roue logée entre ses deux branches ; on voit que l'axe d'oscillation
du balancier est porté par une pièce à douille qui peut tourner
dans divers sens. L'extrémité du grand bras du balancier est
réunie à la tige du piston d'un petit cylindre à vapeur à simple
effet, dont la course dépend de la levée maximum qu'il convient
de donner à la table, c'est-à-dire sensiblement du diamètre des
cylindres. Mais , pour qu'il ne se produise pas des oscillations dan-
gereuses pendant la manœuvre, il faut que la table du releveur
soit solidement guidée. On a donc disposé de part et d'autre deux
fortes tiges cylindriques (fig. 1) verticales, bien fixées aux colonnes
mêmes, et qu'embrassent les supports des rouleaux, qui sont tous

deux percés d'un trou cylindrique. Il s'ensuit que le mouvement ascensionnel ne peut être qu'exactement vertical et qu'il doit s'opérer suivant un plan parallèle à l'axe longitudinal du train ; la table ne peut osciller d'aucune façon.

Les cylindres de ce train font de vingt-quatre à vingt-cinq tours par minute ; ils sont coulés en coquille et parfaitement tournés.

PLANCHE CXVI.

Train de laminoirs à grosses tôles avec tablier releveur.

Cette planche représente un des trains à tôle les plus puissants et les mieux combinés qui existent dans les forges, le gros train installé au Creusot il y a peu d'années.

Les cylindres ont $0^m,62$ de diamètre et $2^m,20$ de table. Les tourillons du cylindre inférieur reposent sur des coussinets encastrés dans la colonne même ; chacun de ceux du cylindre supérieur repose sur un coussinet encastré dans une plaque-empoise qui glisse entre les deux montants de la colonne, et qui est supportée en dessous par les deux tiges de la bascule à contre-poids installée dans la fosse du train et que le dessin ne montre pas : cette plaque porte aussi deux joues où sont encastrés les coussinets latéraux. Quant au coussinet supérieur, il est fixé à une sorte de bloc glissant entre les montants et sur lequel vient appuyer la grande vis de pression. Ce bloc est formé de trois parties : la partie médiane, en forme de coin, peut être poussée ou rappelée au moyen d'une vis horizontale qu'on manœuvre avec un petit croisillon à manettes, de façon à faire varier la hauteur comprise entre le coussinet et le point d'appui de la vis ; cette disposition permet de régler l'horizontalité et le parallélisme des cylindres, puisqu'on peut, sans toucher à la vis, laisser monter ou faire descendre une des extrémités du cylindre supérieur en manœuvrant le coin.

Sur la tête de chacune des vis de pression se trouve calée une roue d'engrenage qui est en prise avec un pignon cylindrique pou-

vant librement tourner autour d'un axe vertical fixe implanté sur
la colonne, pignon cylindrique dont la denture est assez large pour
que la roue ne cesse pas d'engrener, quelle que soit la position de
la vis, et qui fait corps avec une roue d'angle placée en dessous. Un
arbre horizontal en fer, qui traverse toute la cage et qui tourne dans
des collets pratiqués dans chacune des deux colonnes, est muni,
à chaque extrémité, de volants à manettes qui permettent de lui
donner un mouvement de rotation ; il porte deux roues d'angle qui
engrènent avec celles indiquées ci-dessus, de façon à faire tourner
dans le même sens les pignons cylindriques et, par suite, les vis,
toutes les fois qu'on manœuvre les volants. Les rapports d'engrenages et le pas des vis sont tels que, pour un tour de volant, les vis
descendent de $0^m,010$ en rapprochant les cylindres de cette quantité.

Du côté de l'entrée se trouve un tablier en fonte qui est soutenu
par une rangée de béquilles s'appuyant sur la plaque de fondation
et sur un sommier en fer engagé par ses deux extrémités et calé
dans les mortaises de la face interne des colonnes. Du côté de la
sortie un fort sommier en fer, s'engageant aussi, par ses extrémités
repliées deux fois d'équerre, dans les mortaises des colonnes, porte
une série de plaques de garde qui lui sont solidement accrochées
et qui s'appuient par leur biseau sur le cylindre inférieur.

Au milieu du cylindre supérieur vient aussi s'appuyer, du côté
de la sortie, une garde en fer recourbée, dont la section est à T, et
qui est assujettie par une douille carrée sur une grosse barre carrée
transversale à la cage. Cette barre est munie de tourillons et un
volant monté sur l'une des extrémités, à l'extérieur de la cage,
permet de la faire tourner et d'écarter la garde du cylindre lorsque
la pièce en laminage doit passer par-dessus le cylindre supérieur.

L'appareil de relevage se compose d'un long tablier ayant plus
de 6 mètres de longueur et formé de deux parties articulées entre
elles. La partie la plus éloignée des cylindres, formant un plan légèrement incliné vers eux, se compose de quatre flasques en fer plat
réunies par des rouleaux en fonte et présente une largeur uni-

forme de $0^m,90$ environ ; elle est supportée à son extrémité la plus haute et peut osciller sur deux bielles plates, articulées elles-mêmes sur des coussinets fixés au sol de la halle. L'autre partie du tablier, moins inclinée, présente d'abord du côté des cylindres un plateau de $1^m,80$ environ de largeur sur $0^m,60$ seulement de longueur, puis ce plateau se prolonge au milieu avec une largeur de $0^m,80$ pour aller s'articuler avec l'autre partie. Les pièces principales de cette partie sont quatre flasques en fer munies chacune d'un appendice inférieur perpendiculaire à la direction générale et articulées avec les quatre flasques de la seconde partie du tablier. Les deux parties sont supportées à leur articulation sur deux bielles articulées elles-mêmes sur deux manivelles calées aux extrémités d'un arbre horizontal. Les deux appendices en équerre de la première partie du tablier sont articulés directement avec deux bras calés sur un autre arbre transversal et horizontal, plus voisin de la cage et plus long. Lorsque ces deux arbres tourneront de quantités angulaires égales, les deux manivelles et les deux bras suivront leur mouvement en élevant les points correspondants du tablier.

Le mouvement est donné à l'arbre le plus voisin de la cage par deux manivelles calées sur ses extrémités et dont chacune est réunie par une courte bielle avec un maneton fixé à une tige verticale guidée, qui peut prendre un mouvement de bas en haut ou de haut en bas dans des glissières fixées à la colonne. Cette tige porte une crémaillère dans sa partie supérieure. Les crémaillères des deux tiges engrènent avec deux pignons calés sur l'arbre moteur du releveur : celui-ci se prolonge au-delà de la cage et porte une poulie de friction sur laquelle passe une corde également enroulée sur une autre poulie que porte le tourillon d'un des pignons, de telle sorte que, lorsqu'on tend la corde, la poulie et l'arbre moteur tournent, font monter les crémaillères et, par suite, tourner l'arbre inférieur. Celui-ci porte en son milieu un bras qui est relié par une bielle horizontale de connexion avec un autre bras calé également au milieu de l'autre arbre inférieur. Il en résulte que tout mouvement du premier arbre est reproduit par le second, et que la rotation de l'arbre moteur supérieur entraîne forcément l'élévation du tablier par deux points. On remarquera que les manivelles, les bras calés sur les deux arbres inférieurs et la bielle de connexion qui relie deux de ces bras sont les côtés de parallélogrammes articulés et conservent leur parallélisme dans toutes leurs positions.

Pour équilibrer le poids mort du tablier, un contre-poids placé dans une fosse est relié aux arbres et aux bras calés en leurs milieux, de telle sorte qu'il s'abaisse lorsque le tablier s'élève ou réciproquement.

A l'entrée de la cage se trouve un chariot mobile sur quatre roues, dont la surface supérieure forme un plan légèrement incliné vers les cylindres et qui sert à recevoir la feuille de tôle quand elle a passé par-dessus le cylindre supérieur.

PLANCHE CXVII.

Train de tôlerie, système Borsig.

Dans ce train, les cylindres ont $2^m,20$ de table et leur diamètre est de $0^m,575$; leurs tourillons ont $0^m,35$ et tournent entre des coussinets en composition[1]. Les coussinets du cylindre inférieur sont fixes et reposent sur la partie inférieure même de la colonne. Quant au cylindre supérieur, il est monté d'une façon particulière.

Les tourillons tournent entre des coussinets portés par des empoises mobiles qui peuvent monter et descendre entre les montants des colonnes, tout en restant guidées par des feuillures pratiquées sur la face interne des montants. Chacune de ces empoises est supportée par deux tiges verticales en fer carré de $0^m,048$ qui la traversent et qui sont clavetées en dessous, de telle sorte que l'empoise

---

[1] On se sert, à l'usine de Neustadt, d'un alliage composé de $29\frac{1}{2}$ parties étain et 27 parties d'un alliage primaire (13 cuivre, $9\frac{1}{2}$ antimoine et 59 étain).

s'élève ou s'abaisse avec les tiges. Celles-ci sont réunies à leur partie inférieure par une chape suspendue au moyen d'un crochet au
petit bras d'un levier dont l'autre extrémité porte un lourd contre-
poids ; l'action de ce contre-poids tend à soulever la chape et, par
suite, à faire monter les tiges, l'empoise et l'extrémité correspondante du cylindre. Les deux contre-poids sont assez lourds pour
que le cylindre tende constamment à occuper la position la plus
élevée, ses deux tourillons étant repoussés vers la partie supérieure
de l'encadrement de la colonne. Les deux tiges verticales sont, à
leurs extrémités supérieures, boulonnées dans une traverse qui
forme collier autour de la grande vis de la colonne, de sorte que le
cylindre supérieur est comme suspendu à la traverse et, par suite,
à la vis.

Cette disposition permet de manœuvrer le cylindre supérieur en
le faisant monter ou descendre pour l'écarter ou le rapprocher du
cylindre inférieur, avec une très-faible dépense de force. Mais il
faut remarquer les détails suivants :

Les grandes vis des deux colonnes sont filetées dans le même
sens : elles doivent tourner dans le même sens et de quantités égales pour que les deux tourillons se déplacent de quantités
égales et que le cylindre s'élève ou s'abaisse parallèlement. Elles
sont toutes deux surmontées de roues d'engrenage coniques (quarante-huit dents) qui se trouvent actionnées par deux pignons
coniques (seize dents) calés sur un arbre horizontal situé dans le
plan médian des vis ; cet arbre tourne dans des douilles fixées aux
vis elles-mêmes de la manière qu'indiquent les figures 1 et 2. Les
deux pignons moteurs sont ceux situés à droite dans la figure 1;
lorsque au moyen de la roue à manettes de droite, on fait tourner
l'arbre dans un sens ou dans l'autre, les vis tournent aussi soit
dans un sens, soit dans l'autre, mais toutes deux dans le même
sens, de sorte que les deux tourillons s'élèvent ou s'abaissent en
même temps. Il peut arriver qu'on ait besoin d'élever ou d'abaisser seulement le tourillon de gauche : il suffit pour cela de faire

tourner la roue à manettes de gauche, qui est folle sur l'arbre, ainsi que le pignon qui lui est boulonné; ce pignon, agissant sur la vis de gauche, la fera tourner seule dans un sens ou dans l'autre. Si on voulait élever ou abaisser le tourillon de droite seulement, il faudrait faire glisser sur l'arbre celui des trois pignons qui est au milieu, de façon à ce qu'il n'engrène plus; en tournant la roue à manettes de droite on ferait alors tourner seulement la vis de droite. Les grandes roues coniques sont munies, au-dessous de la denture, de quelques trous dirigés suivant les rayons, trous qui servent à introduire une barre lorsqu'on veut faire tourner les vis indépendamment l'une de l'autre, avant le montage de l'arbre horizontal ou après son démontage.

Le laminoir est muni d'un releveur bilatéral d'une construction spéciale aux ateliers Borsig.

Sur chaque colonne s'élèvent deux montants en fer qui, implantés verticalement, se recourbent légèrement pour se rapprocher jusqu'à une certaine distance à partir de laquelle ils se continuent parallèlement et verticalement. Ils sont entretoisés horizontalement, à une faible hauteur au-dessus de la colonne, par une solide pièce transversale en fonte, et ils sont reliés à leur partie supérieure par une autre traverse en fonte. Ces deux montants composent ainsi un bâti rigide, dont la partie supérieure forme glissière ou guidage pour la traverse maîtresse du releveur. Les bâtis ainsi installés sur les deux colonnes sont réunis à leur partie inférieure par un sommier en fonte (fig. 1 et 5) boulonné sur la traverse du bas, et à leur partie supérieure par deux tirants en fer (fig. 1 et 2). Le sommier en fonte sert de support à un cylindre vapeur vertical dans lequel se meut un piston dont la tige est guidée, à sa partie supérieure, par un collier en fonte (fig. 10) de disposition particulière, soutenu par les deux tirants ci-dessus. La tige de ce piston est assemblée (voir fig. 1 et 6) avec la traverse maîtresse du releveur composée de deux flasques en tôle et terminée par deux tourillons sur lesquels tournent des galets de guidage, qui peuvent monter et descendre entre les branches verticales des bâtis latéraux. A chaque extrémité de la traverse se trouve fixée, en dehors du galet et du bâti de guidage, une pièce de fer bifurquée (fig. 2) qui porte par deux tiges (indiquées en ponctué) un des côtés du tablier d'avant, et par deux autres tiges, un des côtés du tablier d'arrière.

On voit fig. 7, 8 et 9 la construction d'un de ces tabliers. Il repose sur deux sommiers, l'un extérieur (représenté fig. 9), l'autre intérieur, qui se termine par deux galets à rebords roulant sur des portées verticales ajustées venues de fonte avec les colonnes (fig. 7 et 2).

Un ouvrier, en manœuvrant un simple robinet de vapeur, peut, avec cette disposition, faire monter et descendre le double tablier du releveur.

Pour les cylindres de $2^m,20$ de table, M. Borsig fait les colonnes d'une seule pièce, mais il y conserve néanmoins les solides boulons en fer qui traversent les montants de la base au sommet et qui servent, dans les colonnes pour cylindres de $1^m,57$, à assembler le chapeau avec les montants. Ces boulons donnent plus de résistance à la partie supérieure de la colonne. Les grands écrous des vis de pression sont en laiton pour les cylindres de $1^m,57$, en fer forgé pour les cylindres de $2^m,20$. Les vis sont en bon fer aciéreux.

La maison Borsig a construit des trains de cette espèce dans plusieurs usines, notamment à Neustadt (Hanovre) et à Wartsilae (Finlande).

Les trains de tôleries se composent tantôt d'un seul jeu de cylindres, tantôt de deux jeux, dont l'un alors remplit le rôle de jeu dégrossisseur. Dans les trains à grosses tôles, les cylindres supérieurs sont équilibrés dans les deux jeux, et les deux cylindres de chaque jeu sont commandés par les pignons. Dans les trains à tôles moyennes, le cylindre inférieur seul reçoit de la machine son mouvement; le cylindre supérieur tourne par frottement, et il n'est équilibré que dans le jeu dégrossisseur. Dans les trains à tôles fines, aucun cylindre n'est équilibré, et les cylindres inférieurs seuls sont commandés par la machine. Voici quelques données numériques moyennes sur ces trois sortes de trains :

	Pour grosses tôles.	Pour tôles moyennes.	Pour tôles fines.
Diamètre des tables.	0^m,55 à 0^m,90	0^m,45 à 0^m,55	0^m,35 à 0^m,45
Longueur des tables.	1^m,60 à 2^m,50	1^m,00 à 1^m,60	0^m,50 à 0^m,70
Vitesse par minute..	30 à 60 tours	20 à 30 tours	15 à 20 tours

Ces trains sont conduits par des machines de forces très-variables. Il y a des trains à petites tôles conduits par des machines de 25 chevaux, et des trains à grosses tôles conduits par des machines de 500 chevaux.

Pour éviter l'obligation de faire passer après chaque passage la feuille de tôle par-dessus le cylindre supérieur, ce qui la refroidit notablement et absorbe du temps, on emploie souvent des laminoirs à mouvement alternatif où la feuille, ou plaque de tôle, passe entre les cylindres en allant et en revenant. Ce système est surtout avantageux pour les grosses plaques. Le renversement du mouvement des cylindres peut être obtenu, soit par le renversement du mouvement du moteur lui-même, soit par un appareil de changement de marche spécial, sans que le moteur change le sens de la rotation.

Le premier système a été employé d'abord par M. J. Ramsbottom, à Crewe, dans les ateliers du London and North Western Railway, et il est très-répandu maintenant en Angleterre, quoiqu'on lui reproche de gaspiller un peu la vapeur.

Le second système comprend beaucoup de combinaisons différentes de manchons d'embrayage : les manchons à griffe employés notamment aux forges de Saint-Chamond, aux forges de Saint-Étienne (Loire) ; les manchons à disques de friction avec saillies ou cannelures triangulaires, employés à Barrow et chez sir John Brown et C°, de Sheffield, par exemple ; les disques plans à friction avec pression hydraulique, système Chalas et Kitson, qu'on trouve aux forges de Monkbridge, près Leeds (Angleterre), chez MM. Revollier, Bietrix et Ce, à Saint-Étienne ; les embrayages avec freins à courroies et leviers différentiels imaginés par M. Napier et essayés à Butterley ; enfin, les manchons coniques à friction, construits par M. Stevenson pour les forges de Blochairn (Écosse) et de Gelsenkirchen (Westphalie), entre autres.

Voici, comme exemple de laminoir à tôle construit d'après le système Ramsbottom, les dimensions de celui récemment établi à Bradford par la compagnie des Forges de Bowling :

Diamètre des cylindres du laminoir.................... 0^m,71
Distance entre les colonnes de la cage................. 3^m,10
Plus grande largeur de tôle fabriquée .... 2^m,90
Nombre de tours du train par minute.................. 26
Nombre de tours de la machine motrice................ 78
Diamètre des cylindres-vapeur........................ 0^m,915
Course.. 1^m,220
Diamètre du pignon sur l'arbre moteur................ 1^m,090
Diamètre de la roue sur le train....................... 3^m,270

Le changement de marche se fait au moyen de la coulisse de distribution de vapeur qui est droite ; elle est manœuvrée par un petit cylindre-vapeur de 0^m,20 de diamètre, dont la tige est munie d'un piston mobile dans un corps de pompe formant frein hydraulique. On trouve le dessin de cette machine dans le journal *Engineering*, 1874.

Comme exemple du second système, nous citerons les dimensions de la machine et du changement de marche construits par MM. Dick et Stevenson, d'Airdrie (Écosse), pour la forge de MM. Grillo Funke et Ce, à Gelsenkirchen (Westphalie), où la machine sert à activer un train de puddlage en même temps que le train alternatif.

Diamètre du cylindre........................... 1^m,145
Longueur de course............................. 1^m,525
Diamètre de la tige du piston .... 0^m,165
Tourillons de l'arbre à manivelle :
    Diamètre .... 0^m,355
    Longueur............................. 0^m,560

Tourillons de l'arbre moteur du train de tôlerie :

Diamètre	0^m,405
Longueur	0^m,610

Roue d'engrenage sur l'arbre à manivelle :

Diamètre	2^m,670
Largeur	0^m,330

Roue d'engrenage sur l'arbre du train :

Diamètre	4^m,480
Largeur	0^m,330

Pignon sur l'arbre à manivelle :

Diamètre	1^m,775
Largeur	0^m,445

Pignon intermédiaire :

Diamètre	1^m,587
Largeur	0^m,445

Pignon sur l'arbre du train :

Diamètre	2^m,495
Largeur	2^m,445

Cylindre renverseur :

Diamètre	0^m,355

Le dessin de cette machine se trouve dans le journal *the Engineer*, 1874.

On emploie aussi des équipages trijumeaux pour fabriquer la tôle : c'est la disposition imaginée par M. Louth, de Pittsbourg (Pennsylvanie), dans laquelle le cylindre médian a un diamètre inférieur à celui des cylindres inférieur et supérieur. Dans les trains à tôles du système Louth, tantôt le jeu finisseur seulement est trio, le jeu dégrossisseur étant établi suivant l'usage ordinaire, tantôt les deux jeux sont trios. Pour des cylindres à table de 1^m,25, les cylindres inférieur et supérieur ayant 0^m,50 de diamètre, le cylindre médian doit, d'après M. Louth, avoir 0^m,33 de diamètre ; avec des tables de 1^m,80 et des diamètres de 0^m,56, le cylindre médian doit avoir 0^m,40 de diamètre. Pour les tôles moyennes, le cylindre inférieur seul est commandé par la machine, les autres tournent par frottement. Dans les trains Louth pour grosses tôles, tous les cylindres sont commandés et celui du milieu peut monter et descendre entre les deux autres. Plusieurs laminoirs de ce système existent en Angleterre et sur le continent (Middlesbro, Sheffield, Liége, Ougrée, Hayange, Pompey, par exemple). On leur donne une vitesse de vingt-huit à trente-cinq tours par minute pour les tôles de $0^m,001$ à $0^m,002$, et de quarante à quarante-cinq tours pour les tôles plus épaisses. L'usine de Sclessin (Belgique) a étudié une cage universelle de ce système avec une paire de cylindres verticaux au droit de l'entrée de chaque paire de cylindres horizontaux.

PLANCHE CXVIII.

Cisaille à couper les tôles en travers, système Detombay.

Les cisailles que l'on emploie maintenant dans les usines pour rogner les tôles sont toujours à guillotine, c'est-à-dire à lame droite montant et descendant parallèlement à elle-même dans un plan vertical.

Les cisailles à levier oscillant, analogues à celles qui servent à affranchir les barres, ne sont plus usitées pour la tôle et étaient, du reste, peu commodes pour le rognage des feuilles un peu grandes.

Les cisailles à guillotine pour tôles appartiennent à deux catégories distinctes :

1° Les cisailles destinées à couper en deux de larges feuilles d'une épaisseur n'excédant pas $0^m,015$ à $0^m,020$, possédant une grande lame de $1^m,50$ à 2 mètres de longueur, se mouvant dans des guides à rainures et conduites par des bielles supérieures ;

2° Les cisailles destinées à couper toutes les épaisseurs de tôle jusqu'à $0^m,040$, mais ne pouvant pas couper une feuille en deux dans sa largeur ou abattre d'un seul coup une rognure de grande longueur, la lame n'ayant qu'une longueur restreinte, $0^m,60$ à 1 mètre, par exemple.

La cisaille que représente la planche CXVIII appartient à la première catégorie. Les lames ont une longueur totale de $2^m,270$ permettant de couper, ou plutôt de rogner d'un seul coup des bandes de 2 mètres de longueur et de couper en travers des tôles de $1^m,80$

de largeur. Les bandes découpées ne s'enroulent pas sur elles-
mêmes comme il arrivait avec les cisailles à mâchoires oscillantes,
ce qui évite l'obligation de les redresser pour les faire entrer dans
la composition des paquets.

L'appareil porte son moteur spécial dont le dessin indique les
dimensions : le cylindre-vapeur est placé latéralement et fait tourner
un arbre horizontal placé à la partie supérieure du bâti et porteur
d'un volant de 2 470 kilogrammes. Cet arbre moteur commande
l'arbre coudé de la cisaille au moyen d'un arbre intermédiaire et
de deux paires d'engrenages situés du côté du bâti opposé à la
machine.

Latéralement, près du cylindre-vapeur est placé sous la main
de l'ouvrier machiniste un levier de débrayage à poignée (indiqué
en pointillé, fig. 2) calé sur le même arbre que deux leviers à contre-poids. Au milieu de cet arbre est calé un autre levier articulé
avec une bielle calée à son tour sur un arbre superposé au porte-
lame, et emmanché dans les deux grosses bielles montées sur
l'arbre coudé de la cisaille.

Dans la position indiquée sur la coupe transversale, l'action du
contre-poids de droite force l'arbre de connexion des bielles à rester
engagé dans les deux crochets fixés sur la tranche supérieure horizontale du porte-lame mobile (fig. 1 et 2) et force aussi, par suite,
les extrémités des bielles à rester sur leurs coussinets ajustés à la
partie supérieure de ce porte-lame. L'appareil fonctionne, les deux
bielles, en descendant, poussent le porte-lame vers le bas ; en remontant, elles le soulèvent au moyen de l'arbre qui les réunit et
des deux crochets.

Si, au moment de cisailler, l'ouvrier s'aperçoit que la lame n'est
pas dans la direction du trait de la bande à retrancher, au moyen
du levier de débrayage il ramène le contre-poids de droite sur la
verticale et l'autre contre-poids force à son tour l'arbre de connexion des bielles à se dégager et à rester dégagé des crochets ; le
porte-lame mobile , équilibré par deux contre-poids à ses deux

extrémités, remonte en haut de course et reste immobile, quoique le moteur continue à fonctionner et l'arbre coudé à tourner.

Le porte-lame est guidé dans des glissières qui peuvent être réglées à l'aide de vis, comme le dessin l'indique.

Le banc fixe de la cisaille porte des galets qui facilitent les mouvements de la feuille de tôle.

Tout l'appareil se pose directement sur le sol, sans exiger aucune fondation.

Les bras du volant sont en fer rond, qui a été scellé à la coulée dans le moyeu et la jante. Le pignon monté sur l'arbre du volant est en fer forgé taillé à la machine. Le poids total est de 22 500 kilogrammes.

Ces grandes cisailles sont employées dans les usines de Seraing, Couillet, Chatelineau, etc.

Les cisailles de la seconde catégorie donnent plusieurs coups pour couper une bande sur le côté d'une feuille de tôle que l'on doit alors faire avancer bien parallèlement à elle-même sur le banc de l'outil. Ce banc est quelquefois muni de dispositifs particuliers pour permettre de couper exactement d'équerre les divers côtés d'une feuille. Nous avons vu dans la grande tôlerie de Consett (Angleterre) des cisailles où le banc était un chariot roulant sur une voie parallèle à la lame et qui portait une véritable plaque tournante, mobile elle-même sur une glissière rectiligne perpendiculaire à la lame. Dans les tôleries d'Anzin, de Denain, de Saint-Étienne, par exemple, on emploie des cisailles de cette seconde catégorie. Elles sont soit à excentrique, soit à levier. A Anzin, pour une lame de $0^m,60$ de longueur mue par une excentrique analogue à celle d'une poinçonneuse, le cylindre-vapeur moteur a $0^m,300$ de diamètre et $0^m,350$ de course ; les engrenages qui mettent en rapport l'arbre moteur et l'arbre de l'excentrique sont dans le rapport de 1 à 7 environ. A Denain, le porte-lame est actionné par le petit bras d'un grand levier oscillant, en fonte, à l'autre extrémité duquel agit la petite machine à vapeur spéciale.

PLANCHES CXIX ET CXX.

Train universel pour larges plats et longerons.

Nous avons déjà donné, pl. CII, le dessin d'un laminoir universel. Celui représenté maintenant en diffère par quelques détails de disposition et par l'emploi d'un releveur mécanique à tablier.

Les cylindres horizontaux ont $0^m,60$ de diamètre et $0^m,80$ de longueur de table. Ils sont montés à la manière ordinaire dans leurs colonnes avec les contre-poids en dessous. Les grandes vis qui appuient sur les empoises supérieures ont un diamètre assez fort ($0^m,180$) : elles sont commandées par un arbre horizontal terminé par un volant à manettes au moyen duquel on peut les faire tourner toutes deux dans le même sens par l'intermédiaire de deux paires d'engrenages coniques. On voit figure 2 comment les vis passent dans les écrous à échelons encastrés dans la colonne et comment l'arbre horizontal est supporté par les têtes des vis. Ces dispositions ont été déjà figurées et décrites précédemment, notamment à propos des trains à tôles. Nous ferons remarquer seulement (fig. 2) le coin mobile encastré dans le porte-coussinet supérieur du tourillon du cylindre supérieur; ce coin peut être rappelé ou poussé au moyen d'une vis perpendiculaire au plan du porte-coussinet, de façon à diminuer ou à augmenter l'intervalle entre le point d'appui de la grande vis et le tourillon; cette disposition permet de remédier aux défauts de parallélisme des cylindres sans qu'on soit obligé de faire tourner isolément une des grandes vis.

Les cylindres verticaux ont $0^m,40$ de diamètre et $0^m,40$ de longueur de table. Ils sont montés entre deux paires de glissières ou sommiers transversaux en acier fondu, encastrés par leurs extrémités dans les deux colonnes. L'arbre en acier de chaque cylindre porte au-dessus du cylindre un tourillon qui tourne dans un collet; au-dessous du cylindre, un autre tourillon tournant également et s'appuyant en même temps sur un collet inférieur, et ce tourillon est muni en dessous d'une portée sur laquelle est calé un pignon d'angle. Chaque collet est formé de deux coussinets en bronze maintenus entre les deux glissières dans un cadre en fer forgé : ce cadre porte d'un côté une vis et de l'autre côté une clavette pour le règlement des coussinets (voir fig. 1 et 3). Chacun des cadres est assemblé avec une queue filetée qui peut tourner dans une boîte faisant corps avec le cadre sans rompre l'assemblage. Les deux cadres, correspondant au même cylindre vertical, sont réunis par une barre verticale; les deux vis, après avoir traversé de longs écrous encastrés dans la colonne de la cage, se terminent par deux roues dentées qu'on peut faire tourner de quantités égales au moyen d'un pignon intermédiaire et d'une petite roue à main (fig. 1). On voit qu'en agissant sur cette petite roue on fait avancer ou reculer, parallèlement à lui-même et en conservant sa verticalité, le cylindre vertical correspondant. Chacun des cylindres verticaux est ainsi monté, de telle sorte qu'on peut toujours, si l'on veut, effectuer le laminage au milieu des cylindres horizontaux. Les écrous où passent les vis horizontales sont solidement maintenus dans leurs logements par un épaulement intérieur et par des barres transversales placées à l'extérieur, en dedans de la colonne.

Le mouvement est donné aux cylindres verticaux au moyen de pignons d'angle calés sur leurs extrémités inférieures et qui engrènent avec d'autres pignons d'angle d'égal diamètre montés sur un arbre placé en dessous. Ces derniers pignons sont calés sur cet arbre au moyen d'une longue rainure, de façon à ce qu'ils puissent se déplacer longitudinalement tout en continuant à participer à son mouvement : leur déplacement est effectué au moyen d'un collier qu'on voit figure 1 et qui fait corps avec la barre qui réunit les deux cadres des cylindres verticaux, de telle sorte que, lorsqu'on manœuvre une des petites roues à main, on déplace non-seulement le cylindre, mais encore le pignon d'angle correspondant.

L'arbre lui-même doit être monté de façon à ne pouvoir se déplacer longitudinalement, ce qu'on obtient au moyen d'embases. Il porte à une de ses extrémités, en dehors de la cage, une roue d'en-

grenage ou pignon cylindrique, qu'on peut déplacer à volonté à
l'aide d'un levier indiqué figure 1. Ce levier permet de faire engrener ce pignon avec une roue calée sur le trèfle du cylindre horizontal inférieur, ce qui communique le mouvement aux cylindres
verticaux, ou de dégager le pignon de telle sorte que les cylindres
verticaux deviennent fous et ne jouent plus que le rôle de galets.
La vitesse de rotation des cylindres verticaux dépend évidemment
du rapport des diamètres de ces deux engrenages.

Du côté de l'entrée de la cannelure universelle se trouve un tablier porté par deux sommiers transversaux encastrés dans les colonnes; sur ce tablier on peut fixer un guide à joues de la dimension convenable au travail qu'on a à faire. La figure 2 indique
cette disposition. A la sortie de la cannelure, la pièce de fer est
reçue sur un tablier releveur dont le dessin indique suffisamment
la construction, surtout après ce que nous avons dit précédemment au sujet de la planche CXVI. Ce tablier est équilibré par
deux contre-poids à levier, dont l'un descend et l'autre monte lorsque l'extrémité antérieure du tablier est soulevée, à l'aide d'une
barre transversale et de deux chaînes qui viennent s'enrouler sur
deux poulies à gorge calées sur un arbre horizontal monté sur des
paliers spéciaux au haut des deux colonnes. Cet arbre reçoit un
mouvement de rotation intermittent au moyen d'une grande poulie
à gorge placée en porte à faux et en dehors de la cage : sur cette
poulie est attachée une corde en chanvre dont l'autre extrémité
s'enroule sur une poulie de friction calée sur le trèfle du cylindre
horizontal inférieur; lorsqu'on tend cette corde, la rotation du trèfle
se communique à l'arbre supérieur. Le bord antérieur du tablier
est guidé par des glissières fixées aux colonnes, comme le montre
la figure 2.

Les deux planches CXIX et CXX fournissent en outre des exemples de divers détails de construction de laminoirs sur lesquels il
est inutile que nous revenions dans cette description. On comprendra aisément le mode de fondation de la cage, l'entretoisement

des deux colonnes qui la composent, la cage à pignons et la transmission par allonges et mouflettes.

Train universel alternatif pour blindages.

Les énormes paquets de fer qui servent à la fabrication des plaques de blindage sont trop pesants pour qu'il soit pratique de les élever à l'aide d'un appareil mécanique de relevage; aussi les trains qui servent à leur laminage sont toujours à mouvement alternatif. En Angleterre, ces trains ne se distinguent des trains ordinaires de tôlerie que par leur puissance : les plaques sont laminées avec des bords écrus que l'on enlève ensuite avec des scies circulaires. En France, les laminoirs à blindages appartiennent au type des laminoirs universels, et ils fournissent des plaques qui n'ont pas besoin de rognage sur leurs bords latéraux.

Le train que représentent les deux planches CXXI et CXXII fonctionne dans une des plus grandes usines françaises. Nous ne le décrirons pas dans toutes ses parties : la plupart des détails que nous avons déjà donnés à propos des planches CII, CXIX, CXX peuvent encore s'appliquer ici.

Les cylindres horizontaux ont $0^m,64$ de diamètre et $1^m,90$ de table. (Ces dimensions doivent maintenant être considérées comme trop faibles pour les blindages de grandes dimensions et de forte épaisseur qui sont entrés dans la pratique. Il existe à Rive-de-Gier un train à blindages de 1 mètre de diamètre.) Ils sont montés à la manière ordinaire; nous appellerons l'attention seulement sur la disposition qui permet de faire tourner isolément une des grandes vis, et qui peut s'apercevoir sur la figure 1. Le pignon d'angle, calé à gauche sur l'arbre horizontal supérieur, ne présente rien de particulier. Le pignon d'angle de droite fait corps avec une douille et la roue de manœuvre, formant avec elles un système fou sur l'arbre; il peut être rendu solidaire de celui-ci au moyen d'un encliquetage double à levier qui, fixé sur la roue de manœuvre, peut s'engager dans les dents d'une roue calée sur l'extrémité de l'arbre. Lorsque l'encliquetage est décroché, on peut faire tourner la vis de gauche au moyen de la roue de manœuvre de gauche, et l'encliquetage de droite au moyen de la roue de manœuvre de droite. Les ouvriers, pour cet effet, se tiennent sur les plates-formes qu'indique le dessin.

Les figures 2, 3 et 4, pl. CXXII, fournissent le détail complet des formes d'une des colonnes de la cage, ainsi que des empoises ou porte-coussinets du tourillon du cylindre supérieur.

La figure 1, pl. CXXI, montre comment les cylindres horizontaux reçoivent le mouvement d'une cage à pignons par l'intermédiaire d'allonges et de manchons.

Les cylindres verticaux ont $0^m,34$ de diamètre et $0^m,48$ de longueur de table; ils tournent, à leur partie supérieure, comme à leur partie inférieure, dans des collets mobiles entre deux fortes pièces transversales en acier fondu fixées dans les colonnes, ainsi qu'on le voit dans la figure 8, pl. CXXII. Les deux traverses du haut, comme celles du bas, sont entretoisées au milieu de leur longueur par une pièce de fonte. Les collets peuvent être éloignés ou rapprochés de la colonne du même côté, au moyen d'une vis tournante fixe qui rappelle un long écrou en bronze fixé au collet, comme le montre la figure 8. Un système de roues d'engrenage, semblable à ceux décrits déjà précédemment, permet de faire mouvoir en même temps les deux collets correspondant au même cylindre vertical, de façon que l'axe de celui-ci se déplace en restant toujours bien vertical. Les cylindres verticaux se terminent en dessous par des trèfles qui reçoivent le mouvement au moyen d'allonges verticales assemblées, par l'intermédiaire de manchons, avec les trèfles de deux pignons coniques placés en dessous de la plaque de fondation du laminoir. On voit cette disposition figure 1, pl. CXXI. Ces pignons, montés sur deux chaises à crapaudines, reçoivent eux-mêmes le mouvement de deux roues d'angle placées sur un arbre horizontal inférieur. On peut, grâce au jeu que permet l'assemblage par allonges et manchons, déplacer les cylindres verticaux pendant le travail sans qu'ils cessent d'être convenablement commandés. Avant de commencer le laminage d'une plaque, on règle la position des chaises, qui peuvent glisser sur un bâti horizontal, au moyen d'une crémaillère et de deux pignons, et l'on assure la constance de leur écartement au moyen d'une entretoise horizontale qui peut être serrée avec des vis. L'arbre de commande des cylindres verticaux reçoit le mouvement, au moyen d'un petit arbre intermédiaire, d'un arbre horizontal assemblé avec le trèfle du cylindre horizontal inférieur. La ligne des centres des trois roues dentées qu'on voit sur la gauche de la figure 1, est très-oblique sur la verticale, de sorte que le balancier contre-poids du cylindre horizontal a toute la place nécessaire pour son fonctionnement.

A l'avant et à l'arrière de la cannelure universelle formée par les deux cylindres horizontaux et les deux cylindres verticaux, se trouvent des guides solidement établis sur des sommiers transversaux. Les figures 5, 6 et 7 de la planche CXXII montrent comment ces guides sont établis et comment, par le mouvement de l'une ou de l'autre des petites roues de manœuvre placées sur un arbre horizontal transversal au train, on peut faire mouvoir également et parallèlement les deux guides du même côté. Ces guides sont essentiels pour que l'énorme bloc de fer, qui doit passer entre les cylindres, s'y engage bien droit.

Il nous reste à expliquer comment le mouvement alternatif est obtenu. Les figures 9 et 10 représentent le changement de marche. Le pignon inférieur du train est assemblé par allonge et manchons avec le pignon du milieu du trio de pignons indiqué figure 10. La roue de droite, au haut de la même figure, reçoit le mouvement directement de la machine motrice. Entre les deux roues et les deux pignons extrêmes se trouvent de petits arbres de communication supportés par des paliers intermédiaires et portant les parties mobiles de deux manchons d'embrayage. Suivant que l'un ou l'autre de ces deux manchons sera en prise, le pignon du milieu tournera dans le même sens que l'arbre moteur ou dans un sens contraire. Une double fourchette, tournant autour d'un axe vertical et mue par un levier, permet de mettre en prise l'un des manchons à griffes et de débrayer l'autre, ou réciproquement. Le levier est mû par un petit cylindre-vapeur spécial. Avec cette disposition, on change le sens de rotation des cylindres horizontaux du laminoir après chaque passe.

Dans d'autres trains alternatifs du bassin de la Loire, on a préféré disposer dans un plan vertical les axes de toutes les roues qui constituent le changement de marche.

En Angleterre, les changements de marche employés sont un peu plus simples et ne comprennent qu'un seul manchon à griffes, quoiqu'ils comptent aussi cinq roues, comme celui ci-dessus. Mais c'est le pignon du milieu qui est sur l'arbre de la machine, et le train est accouplé avec l'arbre d'une des deux grandes roues. Celle-ci alors est folle sur cet arbre, ainsi que le pignon placé sur le même axe. Un manchon calé sur l'arbre et portant des griffes sur ses deux faces, peut venir s'agrafer ou avec le pignon, ou avec la roue : suivant l'un ou l'autre de ces cas, le train tourne dans un sens ou dans l'autre, ainsi qu'on s'en rendra compte facilement.

Au lieu d'employer des griffes perpendiculaires au plan du manchon, on peut employer un manchon à friction, comme on l'a fait à Barrow et à Sheffield, dans lequel chaque face est couverte de saillies circulaires à section triangulaire qui peuvent aller s'incruster dans des creux correspondants ménagés sur les joues de la roue ou du pignon.

On emploie aussi un manchon à double cône qui peut venir serrer dans un cône creux ménagé sur le côté de la roue ou sur celui du pignon, et exercer, au moyen de l'eau comprimée ou de la vapeur, une pression qui établit la solidarité du manchon tantôt avec la roue, tantôt avec le pignon. C'est ce qu'a fait M. Graham Stevenson dans la disposition dont nous avons parlé à propos de la planche CXIV.

DISPOSITIONS GÉNÉRALES DES USINES A FER

PLANCHE CXXIII.

Forge de la Vieille-Sambre (Belgique).

La forge de la Vieille-Sambre, à Châtelet (Belgique), appartenant (en 1867) à MM. A. Gallez et C°, nous a paru un bon exemple de disposition générale pour une usine de faible importance.

Située entre Charleroi et Namur, elle possède un bassin en communication avec la Sambre canalisée et un embranchement qui la relie au chemin de fer, de telle sorte qu'elle peut aisément recevoir ses fontes des hauts fourneaux du pays. Le charbonnage contigu du Trieu-Kaisin lui fournit ses charbons. Elle ne fabrique que des fers marchands de petite ou de moyenne dimension; elle ne fait qu'exceptionnellement des gros fers.

Les fours à puddler, munis de chaudières à vapeur verticales pour utiliser les flammes perdues, sont au nombre de dix. Le cinglage se fait au moyen de deux marteaux-pilons : un squeezer, installé sur la machinerie du train puddleur, n'a presque pas été utilisé. Une machine verticale à pilon commande directement le train puddleur ou ébaucheur, qui ne comprend pas de cage à pignons et où les cylindres supérieurs sont actionnés au moyen de *boxes* installées sur les trèfles.

Une cisaille double à moteur spécial sert à couper les fers bruts pour la formation des mises. A la suite du train ébaucheur se trouvent deux équipages de cylindres qui forment un gros train marchand, pour le cas où quelques barres sont commandées à des dimensions qui ne permettraient pas un montage au train moyen; ils sont mus alors par un embrayage intermédiaire.

En équerre sur le train puddleur se trouvent les trois trains marchands. Une machine-pilon, située au milieu de la forge, donne le mouvement d'un côté directement à un train moyen à trois jeux de cylindres muni d'un espatard à marche lente, et de l'autre côté par engrenages à un petit train. Sur un des côtés de la grande halle se trouve une petite machine à vapeur verticale qui commande directement un petit train composé de trois jeux, sans compter un espatard polisseur à marche lente. Pour desservir ces trois trains, il y a d'un côté deux fours à réchauffer qui chauffent une chaudière à vapeur horizontale, et de l'autre trois fours à réchauffer qui chauffent deux chaudières à vapeur verticales. La position en équerre des trains permet à ces fours de desservir l'un ou l'autre.

Entre les trains marchands et le magasin des fers se trouvent une scie circulaire, une cisaille double et les bancs qui servent à botteler les feuillards et les petits fers, ces derniers formant une part importante de la fabrication de l'usine.

A droite de la halle de laminage est l'atelier de tournage avec deux tours à cylindres mus par la même machine à vapeur. Les bureaux de la forge sont au-dessus.

A gauche est l'atelier des forges de réparation, avec quatre feux de forge, quatre enclumes et sept étaux. L'escalier qui est dans l'angle conduit à l'atelier de menuiserie, qui occupe le premier étage.

Du côté du chemin de fer se trouve un grand bâtiment servant de magasin des fers et dans lequel deux pièces spéciales sont destinées au magasin général des objets de consommation pour l'usine.

L'alimentation d'eau est amenée par deux pompes à eau froide et par une pompe à eau chaude, voisines de la machine du train puddleur.

A l'entrée de l'embranchement de l'usine, qui n'a pu être figuré dans le cadre de la planche, se trouve un pont-bascule avec son pavillon. Sur le bord du bassin de la Sambre, il y a une maison comprenant une castine et le logement des principaux employés de la forge.

A l'exposition universelle de Paris, en 1867, MM. A. Gallez et C°
montraient de beaux spécimens de rubans, de feuillards et de petits
fers ronds ou profilés.

PLANCHE CXXIV.

Usine de la société du Phénix, à Ruhrort.

La société du Phénix métallurgique possède divers établissements
situés presque tous dans le bassin houiller de la Ruhr, savoir : les
hauts fourneaux de Kupferdreh et de Borbeck, les hauts fourneaux
et forges de Ruhrort, et la forge d'Eschweiler-Aue, sans parler des
houillères et des mines de fer qui dépendent de ces usines. Depuis
peu de temps elle a créé une aciérie à Ruhrort, mais le plan que
nous donnons de cette grande usine est antérieur à cette création.
Il indique la disposition d'ensemble qui avait été arrêtée par
M. Charles Detillieux, alors directeur général.

En A se trouvaient six batteries de quatorze fours à coke chacune,
dont les flammes perdues chauffaient deux chaudières à vapeur par
batterie. Actuellement une partie de ces fours, à sole elliptique et
à deux portes, sont remplacés par des fours Smet et des fours
Coppée.

Les six hauts fourneaux en B n'ont pas été tous construits. Leurs
accessoires comprenaient deux halles de coulée, deux monte-charges
conduisant à une plate-forme située au niveau des gueulards et
au-dessus des cabinets des machines; six souffleries horizontales,
système Marcellis, de 80 chevaux chacune, et une machine de secours de 120 chevaux; dix-huit chaudières à vapeur alimentées à la
houille; quatre pompes alimentaires. Il n'y avait pas d'appareil à
air chaud, ni de prises de gaz dans le premier projet de l'usine.
Depuis, des appareils à air chaud ont été installés entre les hauts
fourneaux et les bâtiments de la soufflerie.

En C et C′ se trouvaient deux ateliers de puddlage comprenant
chacun cinquante-deux fours à puddler. Ceux-ci, disposés par paires

chauffant chacune une chaudière horizontale, sont rangés des deux côtés d'une galerie souterraine qui sert au décrassage des grilles; une cheminée commune sert pour huit fours. Chaque atelier était desservi par quatre trains puddleurs commandés directement (45 chevaux chacun) et par deux moulins à loupes ou squeezers rotatifs, mus chacun par une machine à vapeur de 12 chevaux.

L'atelier de corroyage et de laminage pour barres marchandes était en D, avec quatorze fours à réchauffer (munis de sept chaudières à vapeur), quatre marteaux-pilons, un marteau à soulèvement (mû par une chaudière de 25 chevaux), deux trains à corroyer (mus chacun par une machine horizontale de 50 chevaux).

Le grand atelier de laminage pour produits finis formait en E un groupe séparé comprenant vingt-deux fours à réchauffer, deux trains à rails (mus par des machines horizontales de 60 chevaux), un train à aplatir les bouts de rails (25 chevaux), deux scies à rails, un train à essieux et à bandages avec un moteur de 60 chevaux, une scie circulaire, deux trains marchands conduits par une machine de 70 chevaux, une quatrième scie circulaire, et enfin un train à tôles avec moteur de 80 chevaux. Plus loin, en F, était l'atelier de finissage des rails.

Ce plan d'ensemble n'a pas été exécuté en totalité, par suite de diverses circonstances; mais il donne une idée exacte de ce que l'on considérait comme une très-bonne disposition d'usine à fer en 1860. Actuellement on trouverait que les outils sont faibles et que les espacements sont restreints.

PLANCHES CXXV, CXXVI ET CXXVII.

Nouvelle forge du Creusot.

Ce magnifique établissement a été créé il y a une dizaine d'années par MM. Schneider et Cᵉ, qui y ont ramené toute la fabrication du fer autrefois installée dans des locaux voisins des hauts fourneaux et des ateliers de construction. C'est depuis cette époque

que le Creusot a tellement développé ses moyens d'action, qu'il est arrivé à un degré de puissance unique dans le monde métallurgique. Les chiffres suivants, empruntés aux documents de l'exposition universelle de Vienne, en 1873, en donneront une idée.

Consistance des usines du Creusot et de leurs annexes.

Surface des usines et dépendances industrielles.	312 hectares.
Surface couverte des bâtiments..............	28 —
Longueur des voies ferrées (grandes et petites)..	206 kilomètres.
Effectif du personnel......................	15 500 ouvriers.
Nombre des appareils à vapeur..............	308 machines.
Force en chevaux-vapeur de ces machines......	19 000 chevaux.

Force productive annuelle.

Houilles.............................	715 000 tonnes.
Fontes...............................	180 000 —
Fers.................................	90 000 —
Aciers...............................	60 000 —
Locomotives : 100, valant..............	7 000 000 francs.
Ponts et autres appareils..............	8 500 000 —

La nouvelle forge occupe une plate-forme de 10 hectares environ, située dans la partie basse de la ville, sur un des côtés de la gare de l'usine, qui communique avec la ligne du port de Montchanin et avec celle du chemin de fer de Chagny à Nevers. Elle est en relation facile avec les hauts fourneaux, distants de 1 kilomètre environ, qui lui envoient leurs fontes pour le puddlage. Elle se compose essentiellement d'une immense halle de laminage ayant une largeur totale de 100 mètres sur une longueur de 380 mètres, dans laquelle on transforme en produits marchands les fers bruts fabriqués dans deux ateliers de puddlage voisins. Dans le projet primitif, il devait exister un troisième atelier de puddlage; mais l'extension prise par la fabrication et les emplois de l'acier a fait renoncer MM. Schneider et Cᵉ à cette augmentation du puddlage.

D'après le projet complet qui figurait à l'exposition de 1867, la nouvelle forge devait comprendre :

130 fours à puddler;

85 fours à réchauffer divers ;

85 machines motrices d'une force totale de 6500 chevaux, savoir :

    25 machines pour les trains de laminoirs ;

    60 machines diverses pour ventilateurs, pompes alimen-
taires, cisailles, scies, presses à dresser, poinçons, etc. ;

30 pilons ;

15 trains de puddlage ;

16 trains à fers ;

10 trains de tôlerie.

La planche CXXV montre la disposition générale des bâtiments et des voies, et sa légende explique la destination des divers bâtiments. On remarquera, à côté de deux groupes de puddlage (5,5), la troisième halle projetée, qui n'a pas été construite, non plus qu'un bâtiment faisant pendant à la tournerie des cylindres et aux forges de réparation : ce bâtiment avait été destiné au traitement des ferrailles.

La planche CXXVI donne le détail des groupes de puddlage et de la grande halle de laminage.

Chaque groupe de puddlage forme une halle de 74 mètres sur 80 mètres, divisée en trois travées. Il comprenait originairement quarante-deux fours à puddler à double sole, munis chacun d'une chaudière à vapeur verticale ; comme on a maintenant couvert la petite cour intérieure pour y mettre des fours, le nombre total des puddlings d'un groupe atteint cinquante. Ces fours reçoivent les fontes et la houille au moyen de voies ferrées arrivant en estacade sur les côtés latéraux. Chaque groupe comprend six marteaux-pilons (et maintenant huit) disposés de façon que le four le plus éloigné en soit à 45 mètres et le plus rapproché à 10 mètres. Ces marteaux, fondés sur sable de rivière damé, ont une masse frappante de 3000 kilogrammes pouvant lever à $1^m,40$; la chabotte pèse 14000 kilogrammes ; la distribution de vapeur se fait au moyen de deux soupapes de Cornouailles. Il y a un écartement de 12 mètres entre l'axe de la rangée des marteaux-pilons et l'axe des trains de puddlage. Ceux-ci sont au nombre de quatre, conduits deux à deux par une machine horizontale de 160 à 200 chevaux. (On remarquera que la disposition serait plus commode et les communications dans l'atelier plus faciles, si les machines étaient placées du côté opposé des trains.) Chaque train se compose d'un équipage dégrossisseur trio et d'un équipage finisseur duo : les cylindres dégrossisseurs ont 1^m,65 de table avec douze cannelures ogives, et leurs diamètres sont 0^m,542 pour l'inférieur, 0^m,550 pour le médian et 0^m,558 pour le supérieur ; les cylindres finisseurs ont 1^m,75 de table et 0^m,59 à 0^m,60 de diamètre, avec douze cannelures. Les machines motrices, à détente Meyer, à condensation et à enveloppe de vapeur, ont les dimensions suivantes :

Diamètre du piston...........................	0^m,80
Course du piston............................	1^m,50
Nombre de tours par minute..................	50
Pression de la vapeur dans le cylindre...........	5 atmosph.
Détente......................................	1/6
Poids du volant	26 000 kilogr.
Diamètre du volant.................... environ	6^m,50

Chaque groupe de puddlage a son petit bureau spécial.

Dans la grande cour qui sépare les ateliers de puddlage de la halle de laminage, se trouve le bâtiment des pompes, contenant six machines de 50 chevaux, qui élèvent 48000 mètres cubes d'eau par jour.

La grande halle de laminage est formée de cinq travées parallèles et contiguës, et contient (en se dirigeant de gauche à droite) le matériel pour la fabrication des fers marchands, puis celui pour la fabrication des rails, et enfin la fabrication des tôles. La première travée du côté du puddlage contient les cisailles à fer brut et les bancs des paqueteurs ; la seconde travée est consacrée aux fours à réchauffer ; la troisième est celle des trains ; la quatrième, celle des cisailles ou scies pour l'affranchissage ; et la cinquième, celle du départ des produits, soit pour la vente, s'il s'agit des fers marchands, soit pour les ateliers de finissage, s'il s'agit de rails ou de tôles. Les légendes de la planche CXXVI donnent toutes les indications nécessaires pour la compréhension des plans. Tous les trains de laminoirs sont conduits par des machines horizontales du même type que celle des ateliers de puddlage.

La planche CXXVII montre le mode de construction de la grande halle. Nous en emprunterons la description au *Propagateur des travaux en fer* (1867).

Cette halle est divisée en cinq grandes travées de différentes dimensions, savoir :

1° Deux travées extrêmes de $16^m,94$;

2° Deux travées intermédiaires de 19 mètres ;

3° Une travée centrale de 28 mètres.

Ces espaces sont recouverts par un système de charpentes droites, à contre-fiches en fer cornière double et à aiguilles en fer méplat double, porté par des colonnes en fonte. Celles-ci, qui divisent la longueur totale en un certain nombre de grandes travées, sont placées de 10 mètres en 10 mètres d'axe en axe, dans le sens longitudinal, afin de diminuer le plus possible le nombre des supports et de permettre la liberté dans les mouvements. Cet écartement étant trop grand pour arriver à relier les fermes avec des pannes ordinaires du commerce, les colonnes en fonte ont été reliées à leur sommet par une poutre en treillis de $0^m,75$ de hauteur, dans l'axe de laquelle viennent reposer les sabots en tôle d'une ferme intermédiaire, d'où il suit que les ossatures résistantes se trouvent distantes les unes des autres de 5 mètres seulement d'axe en axe.

Des pannes en bois transmettent aux fermes la charge qui agit sur chacune d'elles, par l'intermédiaire des chevrons et du lattis sur lequel repose une couverture en tuiles de Montchanin.

Au sommet de chaque travée transversale, se trouve une lanterne dont les dimensions en longueur, largeur et hauteur, varient avec l'importance de la travée et la portée des fermes.

Celles-ci sont reliées dans le sens longitudinal, non-seulement

par les pannes qui les entretoisent, mais encore par un contre-
ventement solide établi en forme de croix de Saint-André, dans
le but d'empêcher toute déformation et d'augmenter la stabilité du
système, en le mettant à même de résister aux efforts longitudinaux qui tendraient à le renverser ou au moins à l'infléchir.

Les fermes, quelle que soit leur portée, sont construites de façon
que leurs tirants puissent supporter les grues roulantes, les poulies
et les palans nécessaires à l'élévation des pièces lourdes et au service des trains.

1° FERMES EXTRÊMES DE 16^m,94. — Ces fermes, dont le sommet
se trouve placé à 11 mètres au-dessus du sol, se composent de
deux arbalétriers, six contre-fiches, sept aiguilles pendantes et un
tirant horizontal. La lanterne qui les surmonte a une largeur de
2^m,06 ; elle est formée par deux montants verticaux de 1^m,75 de
hauteur, établis en cornières de $\frac{80 \times 50}{7}$ assemblées entre elles et
recevant à leur sommet les retombées d'une petite ferme à tirants
et poinçon, dont l'inclinaison est la même que celle des arbalétriers
des fermes proprement dites, soit 26° 23′ 40″.

Arbalétriers. — Formés de deux cornières assemblées de $\frac{110 \times 70}{8}$,
ils sont partagés en quatre travées de 2^m,25 par les contre-fiches,
qui, prises comme des appuis rigides, permettent de considérer
l'arbalétrier comme une pièce reposant sur cinq points de sa longueur, et chargée uniformément d'un poids par mètre courant égal
à celui *permanent,* représenté par le poids de l'arbalétrier lui-même,
des pannes, des chevrons, du lattis et des tuiles, et à celui de la *surcharge* admise pour tenir compte des effets produits par le vent et
la neige. Ce dernier poids a été admis égal à 45 kilogrammes par
mètre carré, dans le calcul de ces fermes.

Contre-fiches. — Les contre-fiches, assemblées avec les arbalétriers au moyen de fourrures pincées entre les fers qui les composent, ont des dimensions et des sections qui varient avec la position qu'elles occupent par rapport à l'axe de la ferme. Celles plus

rapprochées des retombées sont formées de deux cornières assemblées de $\frac{65 \times 45}{5}$; tandis que celles intermédiaires et extrêmes vers l'axe présentent des sections plus fortes, obtenues par la jonction de deux cornières de $\frac{80 \times 50}{7}$. Cette différence dans les sections tient à ce que, à partir de la retombée jusqu'au sommet, l'effet qui tend à les comprimer s'accroît en raison du nombre des aiguilles, dont le but est, en les déchargeant successivement, de reporter sur chacune d'elles une portion de la charge qui agit sur celle qui précède.

Aiguilles. — Les aiguilles pendantes, que l'on a établies en fer méplat de différentes dimensions, présentent, comme les contre-fiches, des sections variables : ainsi les deux premières, placées près des retombées, sont exécutées avec deux fers rectangulaires de 54×8; la troisième l'est avec deux fers de 60×8; et enfin celle du sommet est formée de deux tiges méplates de 128×8.

Tirant horizontal. — Le tirant horizontal, construit avec deux fers en U assemblés de $\frac{120 \times 30}{7}$, a la même section sur toute sa longueur. Cette pièce principale, qui, en principe, dans les charpentes ordinaires de ce système, devrait avoir des sections variables et décroissant des retombées vers le milieu de la ferme, a été établie suivant les conditions indiquées plus haut, pour qu'elle remplisse à la fois les fonctions de tirant et de poutre pouvant supporter une charge de 1 000 à 2 000 kilogrammes, selon le point où on l'applique. Comme on le voit, cette pièce, importante pour la rigidité du système et la sécurité des colonnes, puisqu'elle anéantit toute poussée et par suite tous les effets désastreux qui en résultent, résiste à la fois à l'effort de traction produit par la charge qui la sollicite de l'intérieur vers l'extérieur, ainsi qu'à celui de flexion engendré par son propre poids et par la charge qu'on peut lui appliquer en un point quelconque; celle-ci tend à la faire fléchir et à déformer le système.

Les extrémités des fermes reposent sur des consoles venues de fonte avec les colonnes, et dont la saillie sur celles-ci réduit la portée des charpentes à 15^m,365.

Lanterne. — A l'endroit où les montants verticaux de la lanterne sont reliés avec les arbalétriers, on a établi des contre-fiches en cornières de $\frac{65 \times 45}{5}$, qui s'assemblent par leur pied avec l'aiguille centrale, dans le but d'empêcher que le poids de cette construction supplémentaire fasse fléchir l'arbalétrier en agissant au milieu de l'une des divisions formées par les contre-fiches ; d'un autre côté, pour reporter une partie de ce poids en un autre point et éviter la déformation que ces montants pourraient prendre, on les a fixés, à peu près vers le milieu de leur hauteur, à une pièce inclinée qui va s'attacher près du sommet de la ferme et qui fait fonction tantôt de tirant et tantôt de contre-fiche, selon le sens de l'effort qui agit sur elle.

2° Fermes intermédiaires de 19 mètres. — Ces fermes intermédiaires, qui sont placées au même niveau que celles de 16^m,940, ne présentent rien de plus particulier que les précédentes, dont elles ne diffèrent que par leur portée, qui est augmentée de 2^m,060.

Les arbalétriers, les contre-fiches, les aiguilles et le tirant horizontal ont la même section que ceux employés dans les charpentes de 16^m,940.

En conservant la même inclinaison du toit, on est arrivé à une montée de 4^m,50 du tirant au sommet de la ferme. Les contre-fiches, qui sont espacées à partir des retombées de la même manière que dans les fermes précédentes, laissent entre la dernière d'entre elles et le sommet une longueur de 3^m,30.

D'un côté, ces charpentes portent sur le sommet des colonnes sur lesquelles s'appuient les fermes extrêmes, et de l'autre, sur des consoles venues de fonte avec les supports qui limitent la travée centrale.

3° Ferme centrale de 28 mètres. — La travée centrale est surmontée, comme les précédentes, de fermes d'une portée de 28 mè-

17

tres, à contre-fiches, à aiguilles et à tirant horizontal. Celui-ci est
placé à une hauteur de $9^m,50$ au-dessus du niveau du sol, et la
montée de chaque ferme est de $6^m,50$; ce qui donne 16 mètres
pour la hauteur totale du sommet au-dessus du sol. Toute cette
ossature est surmontée d'une lanterne de 5 mètres d'ouverture et
de $2^m,50$ de hauteur.

Arbalétriers et contre-fiches. — Chacune de ces fermes se compose de deux arbalétriers formés avec des cornières assemblées de
$\frac{120 \times 80}{90}$, et divisés en cinq parties égales par des contre-fiches placées
au droit des pannes en bois; de huit contre-fiches en fer cornière
de différentes sections, variables avec les positions qu'elles occupent, comme nous l'avons vu plus haut. Les premières, du côté
des retombées, sont formées de deux cornières de $\frac{65 \times 45}{5}$; les autres,
également en cornières, ont des dimensions de : pour les secondes,
$\frac{80 \times 50}{7}$; pour les troisièmes, $\frac{95 \times 60}{7}$; enfin, pour les quatrièmes ou
les dernières près du sommet, $\frac{110 \times 70}{7}$.

Aiguilles. — Les tirants-aiguilles assemblés au droit des contre-
fiches varient de même avec la position qu'ils occupent et l'effort
que leur transmettent les pièces inclinées. Les deux premiers près
des retombées sont composés de deux fers rectangulaires de 54×8;
les troisièmes ont 66×8; les quatrièmes, 81×10; et enfin celui
central placé dans l'axe de la ferme, 190×10.

Tirant. — Le tirant horizontal doit faire équilibre non-seulement
aux efforts auxquels sont soumis les arbalétriers et les contre-fiches,
mais encore pouvoir supporter une charge de 6 000 kilogrammes au
milieu, résultant des poids que l'on peut être appelé à soulever au
moyen de la grue roulante indiquée dans les figures 1 et 4, pl. CXXVII.
Cette pièce principale, qui sert tout à la fois de poutre et de tirant,
est formée de deux fers en U de $\frac{175 \times 55}{10}$, assemblés entre eux, ainsi
qu'aux contre-fiches, aux aiguilles et aux arbalétriers, au moyen de
fourrures pincées entre toutes ces pièces doubles.

Lanterne. — La lanterne, qui a $2^m,50$ de hauteur et $5^m,50$ d'ouverture, se trouve placée à l'aplomb de la dernière contre-fiche. C'est une véritable ferme avec un tirant horizontal et un poinçon qui descend et s'appuie sur le sommet des arbalétriers.

POIDS PAR MÈTRE SUPERFICIEL. — Voici comment peut se calculer le poids de la superstructure de cette grande halle, en déterminant celui d'une bande transversale de 10 mètres comprise entre deux entr'axes des colonnes :

Deux travées de $16^m,940$.

2 colonnes à 1 500 kilogr................	3 000ᵏ	}	
2 poutres à 1 040 —	2 080	} 14 680ᵏ	
4 fermes à 2 400 —	9 600	}	

Deux travées de 19 mètres.

2 colonnes à 1 500 kilogr................	3 000ᵏ	}	
2 poutres à 1 650 —	3 300	} 16 300ᵏ	
4 fermes à 2 500 --	10 000	}	

Une travée de 28 mètres.

2 colonnes à 1 100 kilogr..........	2 200ᵏ		
4 petites colonnes à 750 —	3 000		
4 chapiteaux à 425 —	1 700	} 22 300ᵏ	
2 poutres à 2 200 —	4 400		
2 fermes à 5 100 —	11 000		

POIDS TOTAL d'une bande de 10 mètres.......... 53 280ᵏ

Et, comme la surface couverte est de 1 000 mètres carrés, il s'ensuit que le poids moyen par mètre carré est de $53^k,280$. La surcharge admise pour le calcul de ces fermes a été de 45 kilogrammes par mètre carré, non compris la couverture en tuiles perfectionnées, pesant aussi 45 kilogrammes par mètre carré.

On peut remarquer que ces fermes, qui peuvent servir de type à des halles de ce genre, sont principalement caractérisées par ce fait, qu'elles ne renferment aucune pièce de forge proprement dite et qu'elles sont exclusivement composées de fers plats et de fers profilés coupés à la cisaille.

QUATRIÈME PARTIE

FABRICATION DE L'ACIER

FABRICATION DE L'ACIER BESSEMER

Appareils suédois.

On n'a employé pendant bien des années dans les aciéries suédoises, fabriquant par le procédé Bessemer, que des appareils ou *convertisseurs* fixes, ayant à peu près la forme d'un cubilot recouvert par un dôme muni d'un échappement de flamme oblique, soufflés par des petites tuyères à peu près horizontales distribuées sur le pourtour de la sole. Il existe dans les usines suédoises deux dispositions un peu différentes pour ces convertisseurs.

Dans l'ancienne disposition, employée à Edsken et ailleurs, la conduite annulaire de vent était indépendante du convertisseur lui-même. Des portevents-bottes assemblés avec cette conduite au moyen de joints à rotules se terminaient par une petite bride aplatie, que l'on appliquait contre le convertisseur au droit de la tuyère réfractaire, en faisant le joint avec un peu d'argile.

Le convertisseur de l'usine de Backa en Dalécarlie, que nous figurons planche CXXVIII, appartient à la seconde disposition, imaginée par M. Stefanson, de Fahlun, et perfectionnée par M. Boman. On voit qu'ici la conduite annulaire fait corps avec le convertisseur : chaque tuyère débouche dans la conduite au moyen d'un ajutage en poterie réfractaire bien serré, ajutage maintenu par un anneau en fonte vissé à la paroi intérieure de la conduite annulaire ; cette disposition ayant pour but d'éviter les fuites de vent par les joints.

Une disposition spéciale permet de visiter chaque tuyère, soit pour la changer, soit pour la déboucher, en enlevant une plaque qui n'est maintenue que par quatre mentonnets, pouvant tourner sur eux-mêmes. Un autre avantage de cette sorte de conduite de vent est qu'il ne peut se produire d'échappement de métal par corrosion des tuyères ou de la maçonnerie dans le voisinage de la sole, la pression du vent maintenant le métal toujours dans l'appareil. On remarquera que la partie supérieure du convertisseur est indépendante et peut se détacher de la partie inférieure : la durée de la première est en effet plus grande que celle de la seconde, et, s'il faut regarnir celle-ci après avoir fabriqué 75 tonnes d'acier environ, le haut de l'appareil peut faire face à une fabrication de 200 à 250 tonnes sans regarnissage, les briques réfractaires employées étant des briques suédoises d'Hoganaes, moins bonnes que les briques anglaises de Newcastle.

Les figures 5 et 6 montrent la poche employée pour le chargement de la fonte : elle est percée d'un trou conique au fond, garni avec une brique réfractaire également conique, et percée d'un trou plus petit bouché avec du sable; cette brique est soutenue au-dessous par une petite trappe à charnière en fonte. Pour vider la poche, on fait tomber la petite trappe, et on débouche le trou rempli de sable au moyen d'un crochet (fig. 14).

Les figures 3 et 4 représentent la poche de coulée, qui doit toujours être en tôle, garnie de terre réfractaire. Pour éviter le refroidissement, elle est entourée d'une double paroi en tôle mince, l'intervalle étant rempli de fraisil ou de cendres. Le trou de coulée est placé au milieu du fond pour qu'il se tienne plus chaud; il est aussi muni d'une pièce réfractaire, percée d'un trou de coulée sur lequel vient s'ajuster un bouchon à bout sphérique, fixé à l'extrémité d'une tige en fer, qui se recourbe au dehors de la poche, et qu'on garnit de terre réfractaire sur la partie qui plonge dans la poche. La tige et le bouchon peuvent être élevés et abaissés au moyen du levier que les dessins indiquent.

L'outillage qui doit accompagner ce matériel comprend :

1° Un crochet double à manche de bois pour guider la poche quand elle pend à la grue (fig. 10);

2° Un crochet à scories à manche de bois (fig. 12), pour débarrasser le bec du convertisseur, lorsqu'il s'encombre de scories pendant une opération un peu froide;

3° Trois crochets (fig. 14) pour déboucher les trous des poches;

4° Une clef pour manœuvrer les poches (fig. 8);

5° Trois crochets (fig. 11) pour arracher les fonds des poches;

6° Divers ringards en fer longs et courts avec biseau tranchant;

7° Un crochet (fig. 7) pour enlever le tampon en fonte du trou de coulée du convertisseur;

8° Un fouloir (fig. 9) pour la coulée du métal Bessemer;

9° Trois ou quatre crochets (fig. 13) pour la manœuvre des chaînes des grues, des lingotières, des lingots, etc.;

10° De fortes tenailles qui puissent s'ouvrir largement et à diverses amplitudes, et être suspendues à la grue pour manipuler les lingots, les lingotières, etc.;

11° Enfin les lingotières (fig. 15); on les faisait autrefois en deux parties s'assemblant à mi-épaisseur, comme on voit sur l'un des dessins; on emploie maintenant des moules en deux moitiés, avec une double rainure qu'on remplit d'argile réfractaire.

Voici, d'après M. Boman, un exemple de roulement de ces appareils Stefanson :

Charge de fonte......	1 335 kilogr.		
Lingots obtenus......	1 020 —	soit 76,4 p. 100 de la fonte.	
Bocages d'acier......	65 —	4,8	—
Acier total obtenu....	1 085 —	81,2	—
Projections..........	80 —	6,0	—
Déchet..............	170 —	12,0	—

Durée de l'opération : 1° période de scorification......... 2′

2° période de bouillonnement...... 5′ $\frac{1}{2}$

3° période d'affinage............. 2′

Total............................. 9′ $\frac{1}{2}$

Pression du vent : 1re période......... 390 millim. mercure.

2e période......... 330 —

3e période......... 330 —

A Siljansfors, en Dalécarlie, les dix-neuf tuyères ont $0^m,022$ de diamètre et sont alimentées avec du vent comprimé à $0^m,40$ de mercure pour traiter 1 300 à 1 700 kilogrammes de fonte. La machine soufflante a un cylindre de $0^m,74$ de diamètre et $0^m,89$ de course ; le piston fait cent vingt coups doubles, pour fournir du vent à $0^m,39$ de mercure. On évalue la force nécessaire pour comprimer l'air à 107 chevaux, ce qui exige une turbine de 150.

PLANCHES CXXIX, CXXX ET CXXXI.

Ensemble d'un atelier Bessemer installé à l'anglaise.

Dès les premières applications de son procédé en Angleterre et en France, M. Bessemer imagina une disposition d'ensemble des divers appareils nécessaires, qui s'est conservée sans changements importants jusqu'à présent. Cette disposition est représentée sur les planches CXXIX, CXXX et CXXXI, d'après les plans dressés pour une grande usine française.

On y remarquera que les deux convertisseurs sont placés en face l'un de l'autre, sur une ligne parallèle au mur qui sépare l'atelier Bessemer de la terrasse où s'effectue la fusion des fontes : ils envoient leurs flammes dans des directions diamétralement opposées. Leurs tourillons sont à une faible hauteur au-dessus du sol de l'atelier et tournent dans des paliers placés de part et d'autre d'une fosse, de façon à ce que le convertisseur puisse effectuer un mouvement de rotation et se renverser au besoin complétement dans cette fosse. Les convertisseurs sont en effet du système oscillant, dit *anglais* par opposition au système fixe, dit *suédois,* quoique les deux dispositions soient dues à M. Bessemer lui-même. Ils ont, comme on voit, à peu près la forme d'une *cornue ;* aussi leur donne-t-on quelquefois ce nom ; en Allemagne on les dénomme *poires Bessemer.*

Un des tourillons, qui est massif, porte une roue dentée sur laquelle agit une crémaillère poussée ou tirée par le piston d'un cylindre hydraulique horizontal, de sorte que le convertisseur peut être tourné dans toutes les positions autour de son axe de rotation. Lorsqu'il est placé verticalement, son *bec* se trouve au-dessous de la hotte d'une cheminée en brique soutenue par quatre colonnes en fonte. Pour introduire la charge de fonte, le convertisseur est amené dans une position horizontale, de telle façon que l'extrémité de la gouttière mobile puisse être introduite dans son bec ; alors on fait arriver, au moyen d'un chéneau amovible, la fonte liquide dans le bassin de réception qui se trouve en tête de la gouttière. Celle-ci peut tourner autour d'un axe vertical, et desservir à volonté l'un ou l'autre des convertisseurs.

Le second tourillon du convertisseur est creux et il reçoit le vent qui lui arrive par un portevent vertical dans lequel se meut une valve obturatrice ayant la forme d'un tiroir cylindrique : au moyen d'un disque à came placé sur le tourillon et d'un petit balancier ou levier oscillant (voir en *m*, pl. CXXX), la valve se trouve ouverte ou fermée suivant la position du convertisseur. Cette disposition de valve automatique n'est presque plus employée dans la pratique.

Dans certaines usines, notamment dans les aciéries américaines, dans une des installations de sir John Brown et C⁰ à Sheffield aussi, les deux convertisseurs, au lieu d'être placés en face l'un de l'autre dans des directions différentes aux deux extrémités de la fosse de coulée, sont rapprochés et placés côte à côte, disposition qui donne beaucoup plus de place pour placer les lingotières dans la fosse, dont la forme est alors tout à fait circulaire. Aux États-Unis, les cylindres hydrauliques qui servent à faire tourner les convertisseurs sont verticaux et placés souvent au-dessus de l'axe des tourillons.

Les fourneaux de fusion (ici des fours à réverbère) se trouvent sur une terrasse supérieure. La planche CXXX donne la coupe longitudinale d'un des fours à réverbère : on voit qu'il est à double voûte avec deux soles inclinées en sens inverse et deux bassins de réception, le plus grand pour la fonte grise, le plus petit pour le spiegeleisen. Cette disposition n'est pas à recommander. Il vaut mieux employer des fours différents pour les deux sortes de fonte, soit deux fours à réverbère de dimensions différentes, soit un cubilot pour la fonte grise et un petit four à réverbère, chauffé à la houille — ou mieux au gaz — pour le spiegeleisen, soit même deux cubilots dont un grand et un petit. Quel que soit le système de fourneaux de fusion adopté, lorsque la fonte est liquéfiée et prête à charger, on la fait arriver au bassin de réception de la gouttière mobile au moyen d'un chéneau en tôle garni de sable réfractaire.

Lorsque l'atelier Bessemer doit travailler avec de la fonte de première fusion, celle-ci arrive des hauts fourneaux dans une grande poche contenant toute la charge, et portée sur un solide chariot roulant. Cette poche est soulevée avec son chariot par un élévateur, généralement hydraulique, au niveau de la terrasse supérieure. Là une voie ferrée permet de l'amener dans une position telle qu'en l'inclinant on puisse verser la fonte dans le bassin de réception qui forme la tête de la gouttière tournante.

Entre les deux convertisseurs et sur la ligne médiane perpendiculaire au mur de la terrasse, se trouve à une certaine distance en avant la *grue hydraulique de coulée* qui porte, sur sa volée horizontale, d'un côté la poche de coulée et de l'autre un puissant contrepoids. L'arbre de cette grue est debout dans un puits assez profond. La poche de coulée peut, au moyen de cette grue, être apportée au droit de chacun des convertisseurs pour recevoir l'acier après l'opération : le mouvement vertical que peut prendre l'arbre de la grue permet d'élever ou d'abaisser la poche de façon à suivre le mouvement du bec du convertisseur quand on incline celui-ci pour le vider.

La grue de coulée tourne au centre d'un hémicycle qui constitue la *fosse de coulée ;* elle a ici une profondeur de $2^m,300$ au-dessous du sol de l'atelier dans sa partie la plus basse, qui est celle où on range les lingotières en fonte destinées à recevoir le métal. Un gradin intermédiaire, placé à $0^m,90$ au-dessus du fond de la fosse de coulée et à $1^m,40$ au-dessous du sol de l'atelier, sert à la circulation des ouvriers qui s'y tiennent pendant le remplissage des lingotières.

On arrive sur ce gradin depuis le sol de l'atelier au moyen de trois escaliers. Sur la circonférence que décrit la poche pendant la rotation de la grue de coulée, se trouve, entre les deux convertisseurs et au fond de la fosse, un petit fourneau cylindrique recevant le vent par une tuyère située au milieu de son fond, et que l'on remplit de coke incandescent pour le chauffage de la poche de coulée.

De part et d'autre de la fosse se trouvent les *grues de démoulage,* au nombre de deux, qui servent à en retirer les lingotières contenant les lingots encore rouges et à les déposer sur le sol de l'atelier. Ces grues peuvent être de différents systèmes ; toutefois M. Bessemer préfère des grues hydrauliques très-simples qui permettent d'opérer rapidement. Dans certaines installations, comme au Creusot, on a préféré employer de grandes grues où le triple mouvement de levage, de direction et d'orientation s'effectue au moyen de cylindres hydrauliques à moufles, et qui ont une puissance et une volée assez grandes pour enlever au besoin un convertisseur de ses paliers.

En avant de l'hémicycle de la grue de coulée se trouve contre le mur de l'atelier le *banc de manœuvre* où se tient l'opérateur et d'où il dirige tous les appareils. Au milieu de ce banc se trouve une roue à manettes qui commande les robinets d'admission et de refoulement de l'eau comprimée pour le cylindre vertical de la grue de coulée ; de chaque côté est une autre roue à manettes, qui commande de même le cylindre hydraulique d'un convertisseur ; enfin aux deux extrémités du banc de manœuvre sont des leviers qui permettent de donner ou de couper le vent aux convertisseurs. On voit planche CXXX la coupe du banc de manœuvre.

A l'aplomb de chaque convertisseur et au-dessous, au fond de la fosse, se trouve un cylindre hydraulique vertical (voir pl. CXXIX), qu'on peut employer pour la manœuvre des diverses parties du convertisseur lorsqu'on a besoin de le démonter pour réparations. Pendant le travail, l'emplacement de ce cylindre élévateur est re-

couvert avec une plaque de fonte, pour que les scories ou les écla-
boussures de métal ne puissent y pénétrer.

Les trois planches CXXIX, CXXX et CXXXI font voir quelle est
l'importance considérable des travaux de maçonnerie et de fondation que comporte un atelier Bessemer, tant pour l'installation des
convertisseurs, des grues, des cylindres hydrauliques, pour le logement des tuyautages d'eau comprimée et de vent, que pour la terrasse des fourneaux de fusion et les celliers pratiqués sous cette
terrasse, où l'on emmagasine les terres réfractaires, le sable, les
tuyères, etc., dont il faut avoir une ample provision.

La disposition d'atelier que nous avons représentée est celle qui
est généralement employée. On lui fait cependant le reproche de
ne fournir, dans la fosse et sur la plate-forme ou le gradin autour
de cette fosse, qu'un espace très-resserré pour le travail, espace
dans lequel la chaleur est excessive et insupportable souvent pour
les ouvriers. Il n'y a que deux grues auprès de la fosse, avec lesquelles il est difficile de manœuvrer assez rapidement les lingotières et les lingots pour une grande production. Dans des usines
françaises récemment installées, on a diminué beaucoup la profondeur de la fosse, ce qui facilite son accès et en rend le séjour moins
pénible aux ouvriers. A Terrenoire la profondeur totale au-dessous
du sol de l'usine n'est que de 1^m,75. Au Creusot, dans la dernière
installation, on a 0^m,70 pour la profondeur de la plate-forme du
travail, et 0^m,90 de plus pour le fond de la fosse. Aux Etats-Unis,
on a presque supprimé la fosse de coulée, en élevant beaucoup
au-dessus du sol l'axe de rotation des convertisseurs placés côte
à côte; les ouvriers, pour la manœuvre de la coulée, peuvent
rester sur le sol même de l'atelier; la fosse sert seulement pour
la grue de coulée et les lingotières. La hauteur à laquelle sont
placés les convertisseurs permet de travailler aisément au-dessous,
de démonter le fond et de l'emporter au besoin, ce qui facilite
beaucoup le travail des garnitures et le remontage des fonds de
rechange.

Voici quelques données numériques sur le travail d'un atelier Bessemer, muni de deux convertisseurs de 5 tonnes environ :

Poids moyen d'une charge de fonte grise : 3800 à 4500 kilogrammes.

Poids de l'addition de spiegeleisen : 8 à 10 pour 100 de la charge.

Rendement pour 1000 kilogrammes de fontes consommées :

      850 kilogrammes de lingots;

      50 kilogrammes de scraps et fonds de poches ;

      100 kilogrammes de déchet.

Nombre d'opérations par vingt-quatre heures : 12 à 15.

Durée du soufflage : vingt-cinq à trente minutes.

Pression du vent au réservoir en moyenne : 115 centimètres de mercure.

A l'usine du Creusot, avec un atelier de deux grands convertisseurs de 8 à 10 tonnes, le nombre d'opérations en vingt-quatre heures est aussi de douze à quatorze.

Aux Etats-Unis, à Troy (New-York), où l'on travaille en deuxième fusion, on arrive assez aisément à faire vingt opérations par vingt-quatre heures, avec des convertisseurs de 5 tonnes.

PLANCHE CXXXII.

Convertisseur oscillant pour 5 à 6 tonnes d'acier.

Cette planche représente le mode de construction indiqué par M. Bessemer pour les convertisseurs de 5 tonnes, qui sont ceux de la dimension la plus employée.

La coque de l'appareil est formée de trois parties : le *dôme*, qui porte le *bec* servant pour l'introduction des matières et pour l'échappement de la flamme, le ventre ou *panse*, qui est soutenu par la ceinture, et le *fond* muni des tuyères.

Le dôme est en tôle forte rivée, de 0^m,012 à 0^m,020 d'épaisseur : il est garni à son bord inférieur d'une cornière solide en fonte, qui sert à le boulonner avec le ventre.

Le ventre, également en tôle forte rivée, est bordé en haut par une cornière en fonte correspondant à celle du dôme, et en bas par un anneau en fonte servant à l'assemblage du fond. Cette partie du convertisseur est entourée d'une *ceinture* en fonte ou en acier moulé, qui porte les tourillons, ceinture dans laquelle la panse est assujettie au moyen de deux frettes rivées aux tôles de l'enveloppe. Un de ces tourillons (celui de gauche, fig. 1 et 3) est plein; il repose sur un palier et s'assemble au moyen d'un manchon avec un arbre court portant une roue d'engrenage sur laquelle agit la crémaillère horizontale attachée au piston d'un cylindre hydraulique. L'autre tourillon (celui de droite), qui repose également sur un palier, est creux ; son vide intérieur communique, par un certain nombre de lumières, avec un vide annulaire ménagé entre lui et une pièce à tubulure, qui l'enveloppe et qui tourne avec lui ; il reçoit le vent par un tuyau horizontal fixe, qui s'assemble avec lui au moyen d'un presse-étoupes.

Le fond est formé par une plaque de forte tôle, percée d'autant de trous qu'il y a de tuyères, et qui s'assemble au moyen de boulons avec l'anneau en fonte qui forme le bord inférieur de l'enveloppe du convertisseur.

La *boîte à vent* ou *boîte des tuyères* est fixée sur ce fond, au moyen de six solides boulons ; c'est une boîte cylindrique assez plate, formée d'une plaque en fer perforée de sept trous pour les tuyères, d'un bord épais en fonte, et d'un couvercle en fer pouvant être fixé ou être démonté rapidement, grâce à l'emploi de boulons à clavette. Les sept tuyères, en poterie réfractaire, sont vissées dans des anneaux en fonte qui s'encastrent et sont lutés dans les trous du fond de la boîte : elles sont maintenues par des crampons à trois branches qu'indiquent les figures 2 et 4. La boîte à tuyères reçoit le vent du tourillon creux, par l'intermédiaire d'un bout de tuyau courbe.

Le vent arrive dans le tourillon au moyen d'un portevent vertical terminé par une chapelle dans laquelle se meut une vanne cylindrique, qui peut être commandée par l'intermédiaire d'un levier par un disque excentrique calé sur le tourillon, de façon à fonctionner automatiquement. Au-dessous de la chapelle est un papillon qui permet de fermer le passage au vent.

On remarquera l'intervalle qui existe entre le dessus de la boîte à tuyères et le fond du convertisseur : cet intervalle est nécessaire pour laisser un passage au métal comme au vent, en cas de fuite par une tuyère. Si une des tuyères vient à être rongée trop court, les étincelles qui s'échappent dans cet espace vide avertissent à temps l'opérateur qu'il faut tourner le convertisseur, avant qu'un dommage sérieux soit effectué.

Les tuyères sont des troncs de cône en poterie réfractaire : chacune est percée d'un certain nombre de trous (sept dans le dessin, quelquefois douze), dont le diamètre varie de $0^m,010$ à $0^m,012$ suivant les usines, et qui sont cylindriques dans la plus grande partie de leur longueur du côté du convertisseur. La longueur de ces pièces est telle, que leur extrémité affleure la garniture du convertisseur. Celle-ci, dont l'épaisseur varie de $0^m,15$ à $0^m,30$, est faite avec un pisé réfractaire solidement piloné contre l'enveloppe en tôle : en Angleterre on emploie un grès dur qu'on nomme *ganister*, véritable quartzite qu'on broie et dont on fait une masse à demi plastique, qu'on pilone entre la coque du convertisseur et un moule intérieur temporairement placé pour cet usage. En France, on emploie des sables réfractaires plastiques de la Savoie ou de l'Isère.

Une garniture peut servir pour neuf cents ou même douze cents opérations si elle est très-bonne, comme en Angleterre, et si on traite des fontes non manganésées, pour trois ou cinq cents si elle est moins bonne, comme dans diverses usines françaises, ou si on affine des fontes manganésées ; mais la partie du fond s'use beaucoup plus vite, elle ne supporte que quinze à trente opérations. Aussi, dans certaines usines, on a disposé ce fond de manière à ce que sa garniture réfractaire soit indépendante de celle de la panse du convertisseur et à ce qu'on puisse le démonter aisément après une opération pour

18

en mettre un autre de rechange. Quant aux tuyères, elles s'usent rapidement aussi : l'assortiment de tuyères a été souvent complétement renouvelé avant que le fond doive l'être.

En France, dans les installations du Creusot et de Denain, on n'emploie pas de fonds mobiles, mais des moitiés d'appareils amovibles. Après quinze à vingt opérations, la sole est usée ; on démonte alors la partie inférieure du convertisseur, qui est assemblée par des clavettes sur la ceinture à tourillons. On laisse complétement refroidir la partie fixe ; on y rapporte des pièces en terre dans les endroits détériorés ; on remonte un fond réparé, dont la sole a été faite à neuf ; enfin on fait un joint en terre en entrant dans l'appareil. Toute l'opération, refroidissement, réparation et remise en service, demande vingt-quatre heures environ. On a six parties de rechange pour une paire de convertisseurs, tant placées que démontées ; il y a intérêt à en avoir le plus grand nombre possible.

En Angleterre et en Belgique, on emploie depuis quelque temps des convertisseurs dont l'enveloppe est complétement rivée et de forme cylindrique, s'assemblant avec une plaque ronde ayant le diamètre général de l'enveloppe. Cette plaque porte le fond réfractaire qui vient s'emboîter à l'intérieur de la garniture cylindrique : ce fond est fait en pisé réfractaire moulé et longuement séché à l'étuve, et il a l'apparence d'un grand tambour, muni des ouvertures (au nombre de onze) pour les tuyères, qui ont ordinairement sept trous de $0^m,011$.

Le vent est envoyé dans la boîte à tuyères avec une pression qui varie suivant les usines et suivant les phases de l'opération, de $0^m,50$ à $1^m,30$ de mercure mesurés sur le portevent. Le nombre de jets de vent lancés à travers la fonte varie, depuis quarante-neuf jusqu'à cent trente-deux. Les convertisseurs ordinaires de 3 à 4 tonnes reçoivent le vent par quarante-neuf trous de $0^m,012$ de diamètre. En Angleterre et en Belgique, les convertisseurs de 5 à 7 tonnes ont onze tuyères avec chacune sept trous de $0^m,011$: aux États-Unis, on emploie aussi onze tuyères, mais ordinairement avec douze trous de $0^m,010$. Les grands convertisseurs pour 9 tonnes qu'on emploie dans certaines usines françaises sont soufflés par douze tuyères (présentant ensemble cinquante-six trous de $0^m,007$ et trente-deux trous de $0^m,012$) avec une pression de $0^m,140$ à $0^m,145$ de mercure.

On trouve dans les aciéries des convertisseurs de ces trois dimensions différentes : 1° pour 3 à 4 tonnes d'acier ; 2° pour 5 à 7 tonnes ; 3° pour 8 à 10 tonnes. Les plus répandus sont ceux de la dimension moyenne.

PLANCHE CXXXIII.

Poches de coulée.

Les poches qui servent à la coulée de l'acier Bessemer sont construites de la même façon que les convertisseurs eux-mêmes, en forte tôle garnie intérieurement de pisé réfractaire. Elles sont aussi munies d'une forte ceinture en fonte ou en fer, faite en une seule pièce, comme on le voit figures 1 et 2, et portant deux tourillons qui reposent sur la volée de la grue, ou bien faite en deux pièces boulonnées entre elles, comme dans la poche représentée figures 5 et 6, et dont l'une porte une solide pièce forgée par laquelle la poche est maintenue en porte à faux. La poche est du reste maintenue dans la ceinture au moyen de deux frettes en fer, l'une au-dessus rivée, et l'autre en dessous boulonnée. La poche porte sur son fond une ouverture dans la tôle comme dans la garniture, ouverture où est enchâssée la *tuyère de coulée* ou *siége* du trou de coulée, et cette ouverture peut être bouchée et ouverte à volonté au moyen d'un *obturateur*, *tampon* ou *bouchon*, qui forme l'extrémité inférieure de la *quenouille*. Celle-ci est une tige de fer, entourée d'argile ou de poterie réfractaire sur toute la partie qui plonge dans la poche, recourbée au-dessus et en dehors, pour venir se claveter dans une pièce de fer formant verrou vertical, qui peut glisser en montant ou en descendant dans des guides fixés à l'enveloppe de la poche.

Avec un levier à main oscillant autour d'un axe fixe, on peut faire monter et descendre la glissière et par suite ouvrir ou fermer la tuyère de coulée. Les figures 3 et 4, 7 et 8 montrent cette disposition en détail.

On remarquera figure 2 que l'un des tourillons est prolongé de façon qu'on puisse y caler une roue dentée destinée à faire tourner la poche sur ses tourillons ; dans l'autre modèle de poche, figure 6, on fait tourner la poche en tournant le manche qui la fixe à la grue. Cette dernière disposition n'a été employée que pour des poches de 3 à 4 tonnes.

Le diamètre du trou de la tuyère de coulée varie suivant les usines ; les unes coulent avec un jet de $0^m,015$ seulement de diamètre ; d'autres emploient un orifice de $0^m,030$. La tuyère de coulée ne sert ordinairement qu'une fois.

PLANCHE CXXXIV.

Grues hydrauliques de coulée.

La grue de coulée imaginée par M. Bessemer est caractéristique et présente des différences radicales avec les grues généralement employées. La poche, au lieu d'être suspendue à des paliers comme dans les fonderies de fer, est rigidement maintenue dans un orbite fixe. On emploie dans les aciéries deux formes un peu différentes pour ces grues.

Dans l'une, représentée figures 1, 2, 3, 4 et 5, la volée est une solide poutre en fonte, composée de deux flasques entretoisées et boulonnées à une pièce centrale et rappelant certaines plaques tournantes de chemins de fer. Elle est suspendue comme elles au moyen d'un pivot tournant dans une crapaudine sur le sommet de l'arbre piston, et elle est guidée par quatre galets à axes verticaux. A une extrémité de la volée, se trouve la poche dont les tourillons reposent dans des encoches ménagées spécialement : lorsque la poche doit recevoir une coulée d'acier plus considérable que de coutume, on peut rapprocher les tourillons de l'axe de la grue, en les plaçant dans d'autres siéges. Les figures 2 et 4 montrent le mécanisme qui est employé pour faire tourner la poche sur ses tourillons et pour la renverser complétement au besoin. L'autre extrémité de la volée porte un contre-poids destiné à ramener le centre de gravité de l'ensemble vers l'axe de rotation de la grue. Un mécanisme, que les figures 1, 2 et 3 détaillent suffisamment, permet à un homme placé sur le contre-poids de faire tourner la volée autour de l'arbre de la grue en manœuvrant un volant à manette, au moyen d'un pignon à axe vertical qui roule en engrenant avec une roue dentée fixée sur l'arbre. Celui-ci forme le piston d'un cylindre hydraulique vertical : il peut monter et descendre sans tourner dans ce cylindre, par l'action de l'eau comprimée, de façon à placer la volée à différentes hauteurs.

La forme de grue représentée figures 6, 7, 8, 9 et 10 est un peu différente, et elle est employée pour des coulées moins considérables et ne dépassant pas 3 à 4 tonnes d'acier. La volée est aussi formée de deux flasques de fonte, mais plus légères et dont le tourteau central est calé sur un arbre vertical en fer ou en acier : ces flasques sont soutenues à leurs extrémités au moyen de deux tirants en fer venant s'assembler à la tête de l'arbre vertical. A une extrémité est le contre-poids, et à l'autre est la poche placée en porte à faux, et dont la queue est soutenue dans un collier au bout de la volée, puis par son extrémité dans un œil du tourteau central. Au moyen d'une roue à denture hélicoïdale engrenant avec une vis sans fin, ainsi que le montre la figure 6, on peut faire tourner cette poche. L'arbre vertical en fer tourne sur une crapaudine placée au fond du vide intérieur du piston d'un cylindre hydraulique. La rotation s'obtient en tirant avec une corde sur la volée de la grue.

Dans les installations américaines, on emploie des grues de coulée dans lesquelles la volée est calée sur l'arbre-piston, et où celui-ci se prolonge jusque dans le comble du bâtiment, où il tourne dans un

collet. Il en résulte que l'effort latéral sur le piston est relativement
faible, et qu'on peut le faire tourner dans le cylindre en même temps
que le faire monter ou descendre. En outre la poche repose sur la
volée, par l'intermédiaire de petits chariots à galets, et peut être dé-
placée longitudinalement, à l'aide d'une vis et d'une roue à manettes.

La pression employée pour la manœuvre de ces grues hydrauliques est de 20 atmosphères environ : la section toujours forcément
assez considérable du cylindre (à cause de la stabilité), rend inutile
une pression plus forte.

FABRICATION DE L'ACIER FONDU SUR SOLE

Four Martin-Siemens.

La fabrication de l'acier fondu sur la sole d'un four à réverbère n'est entrée dans la pratique qu'après l'invention du système Siemens pour le chauffage à haute température au moyen des gaz. MM. E. et P. Martin sont arrivés les premiers à la réaliser industriellement dans leur usine de Sireuil, en se servant d'un four à réverbère, chauffé par le système Siemens et présentant quelques particularités spéciales. La planche CXXXV représente ce four tel que MM. Martin l'ont installé à Sireuil et dans diverses usines qui fabriquent l'acier par leur procédé.

La sole, faite en sable très-siliceux damé, est concave de façon à ormer un bassin ; elle présente de la déclivité vers un point situé au milieu d'une des façades du four et où se trouve le trou de coulée. Elle est supportée par des plaques de fonte qui permettent une libre circulation de l'air au-dessous d'elle, de façon à la rafraîchir. Ses deux extrémités se raccordent avec des ponts de chauffe établis aussi au moyen de pièces de fonte au travers desquelles l'air circule appelé par des cheminées en tôle ou en fonte qui surmontent le four.

De chaque côté de la sole se trouve, comme dans la plupart des fours à réverbère chauffés par le système Siemens, une chauffe à gaz. Deux fentes transversales amènent le gaz et l'air, celui-ci arrivant par l'ouverture la plus rapprochée de la sole, le gaz par l'ouverture la plus éloignée ; il en résulte que le gaz arrive sur la sole en une couche superposée à la couche d'air. Une voûte, très-surbaissée et se rapprochant du bain métallique au milieu de la sole, force la nappe de flamme à lécher la surface du bain, avant d'aller s'engouffrer dans les deux ouvertures de sortie placées du côté opposé, symétriquement aux deux ouvertures d'arrivée.

Les régénérateurs sont disposés en long sous la sole du four, d'une façon un peu différente de celle représentée sur les planches LXXXII et LXXXIII, mais qui se comprendra aisément à l'inspection des figures 1, 2 et 3. MM. Martin ont adopté cette disposition afin de laisser complétement libres les deux longues faces du four, l'une où se fait le chargement, l'autre où se fait la coulée. La prise d'air et l'arrivée du gaz sont placées latéralement ; les figures 1, 2 et 7 montrent la disposition des valves d'inversion ainsi que des carneaux qui conduisent l'air et le gaz à leurs régénérateurs respectifs et qui ramènent les gaz brûlés à la cheminée traînante ; celle-ci se bifurque près du four pour se raccorder avec chacune des deux boîtes des valves d'inversion.

Le four est enveloppé de plaques armatures reliées par des tirants en fer, comme l'indiquent les dessins. Sur l'une des longues faces se trouve, au milieu, la porte de chargement, qui peut être ouverte ou fermée avec un châssis de fonte garni de briques réfractaires et suspendu à un balancier, comme la porte d'un four à puddler. Le seuil de cette porte se trouve à un niveau un peu supérieur au point le plus élevé de la sole. Sur l'autre face du four et également au milieu, est l'ouverture de coulée formée par un châssis en fonte derrière lequel les briques sont appareillées, de façon à ce qu'on puisse, en cas de besoin, ouvrir une large baie dans le piédroit du four sans le démolir (voir fig. 1 et 2). Devant l'ouverture de coulée est ajusté un chéneau en fonte, d'une certaine longueur, fermé à son extrémité et garni de sable réfractaire, qui forme comme un bassin de réception pour le métal fondu ; celui-ci s'échappe verticalement par un *bobéchon* ou trou placé au fond, analogue à la tuyère de coulée des poches Bessemer et qui peut être ouvert ou fermé de la même manière, avec un tampon mobile (voir fig. 3 et 6).

Les lingotières sont disposées en une longue rangée sur une série de trucs roulant sur une voie parallèle au four, placée au fond d'une fosse. Un pignon denté, en saillie sur la paroi de cette fosse, et auquel on peut donner un mouvement de rotation au moyen d'une manivelle extérieure, engrène avec une crémaillère fixée au train des trucs, et sert à le faire avancer, de façon à ce que chaque lingotière vienne à son tour se placer sous le bobéchon (voir fig. 5 et 6).

Dans certaines aciéries on emploie un autre mode de coulée en recevant le métal sortant du four dans une grande poche montée sur une grue hydraulique semblable à celle des ateliers Bessemer, et en se servant ensuite de cette disposition pour remplir les lingotières placées circulairement dans la fosse de la grue. Par ce moyen, le métal se brasse mieux et on obtient des lingots plus identiques dans leur qualité, tandis qu'avec la coulée directe du bobéchon dans les lingotières, qui dure plus longtemps, le métal a le temps de changer de qualité, dans le four, du commencement à la fin de la coulée.

On a apporté aussi quelques variantes à la construction des fours, par exemple en ce qui concerne les ouvertures d'arrivée d'air et de gaz. Avec les ouvertures verticales que les dessins indiquent et qui communiquent directement avec les régénérateurs, il peut arriver que des scories pénètrent jusque dans ceux-ci : aussi on a imaginé de contourner les carneaux qui font communiquer les régénérateurs avec les chauffes et d'y disposer des sortes de culs-de-sac où les scories se déposent sans pouvoir aller au delà, et d'où l'on peut les retirer par des ouvertures spéciales. En tous cas, les régénérateurs sont disposés de façon à ce qu'en démolissant une cloison de briques on puisse y accéder aisément.

La voûte du four est faite en briques de silice, soit de Dinas (pays de Galles), soit de nature analogue. La sole en sable siliceux doit être décrassée et réparée à chaque opération ; elle peut supporter de quarante à soixante opérations sans être refaite complétement, suivant la qualité du sable et la nature de l'acier fabriqué.

Les fours sont construits ordinairement pour recevoir des charges de 3 à 4 tonnes ou de 4 1/2 à 5 1/2 tonnes ; celui représenté appartient à la première catégorie.

Voici quelques données numériques sur le travail des fours Martin-Siemens :

Poids de la fonte initiale (moyenne)............	1590 kilogr.
Poids des additions successives de fer........	1940 —
Poids des additions successives d'acier en riblons..	1805 —
Addition finale de spiegeleisen à 12 pour 100 de manganèse..........................	486 —
Poids TOTAL des matières chargées...	5721 kilogr.
Lingots obtenus (94,5 pour 100).........	5410 —
Scraps (1,7 pour 100)..............	93 —
Déchet (3,8 pour 100).............	218 —

Durée de l'opération, y compris fusion, bouchage et réfection partielle ou réparation de la sole, huit heures vingt minutes en moyenne. On obtient, en moyenne, 16 1/2 tonnes d'acier par four et par vingt-quatre heures ; un four peut faire 500 tonnes de lingots avant qu'on ait besoin de le remonter (voûte, sole et carneaux).

Il faut à peu près deux gazogènes Siemens pour desservir un four de 4 à 5 tonnes, brûlant chacun environ 900 kilogrammes de houille par douze heures, de sorte que la consommation de la houille est de 1300 à 1400 kilogrammes par opération.

Les formules de travail varient suivant les usines. Il en est où les opérations sont plus longues et durent jusqu'à douze heures (coulée et réparation de la sole comprises). Le déchet varie suivant la nature des additions successives ; il est plus grand avec les massiaux de fer cinglés qu'avec des vieux rails de fer ou d'acier.

FABRICATION DE L'ACIER CÉMENTÉ

Four anglais de cémentation.

Voici, d'après un métallurgiste anglais, la description du four de cémentation adopté par toutes les usines de Sheffield et qui est celui représenté sur la planche CXXXVI.

Le four de cémentation contient deux caisses rectangulaires, construites en briques réfractaires ou en grès siliceux susceptible de supporter, sans changement, une haute température : cette pierre se taille, à la carrière, en pierres rectangulaires de $0^m,15$ d'épaisseur, qu'on appareille de façon à former, par leur juxtaposition, deux caisses des dimensions voulues. Elles ont, ordinairement, de $3^m,65$ à $4^m,25$ de longueur, $0^m,75$ à $0^m,90$ de largeur et $0^m,90$ à $1^m,35$ de profondeur. Ces caisses doivent reposer, alors même que le sol est résistant, sur des banquettes en maçonnerie solide présentant une hauteur de $1^m,25$ environ ; car il est de la plus grande importance qu'il ne se produise ni affaissements ni tassements dans la fondation, ce qui fissurerait les casses et les rendrait impropres à une bonne cémentation. Ces banquettes sont couronnées par une assise de briques réfractaires sur laquelle sont construites des murettes aussi en briques réfractaires de $0^m,25$ d'épaisseur et d'écartement, servant à supporter directement les caisses ; les intervalles des murettes forment ainsi une série de carneaux sous leur fond. Les deux caisses, placées parallèlement, sont écartées de $0^m,45$ à $0^m,60$; et cet intervalle est divisé, au moyen de murettes qui épaulent les caisses, en carneaux correspondant à ceux qui passent sous les fonds. Des murs réfractaires s'élèvent aussi autour des deux caisses de façon à former un encadrement rectangulaire : des murettes divisent en carneaux

tous les espaces compris entre ces murs et les parois longitudinales
ou transversales des caisses. Une voûte cylindrique en briques réfractaires recouvre le tout : elle est munie, à chaque extrémité,
d'une petite porte, assez grande pour qu'un homme puisse y passer,
quand il est nécessaire, pour charger le fer ou pour défourner l'acier :
ces portes, pendant la cémentation, sont muraillées provisoirement
et jointoyées avec de l'argile. On ménage aussi souvent, de chaque
côté de cette porte, des ouvertures qui servent à faire passer le fer
ou l'acier. Sur la voûte s'appuient, de chaque côté, trois cheminées
régulièrement placées qui aspirent, à la naissance de la voûte, les
gaz brûlés, et qui les dégagent sous une large coupole conique qui
s'élève à une grande hauteur et qui empêche le vent d'avoir une
action nuisible sur le tirage de la chauffe du four. Celle-ci est formée par une grille placée entre les deux banquettes et qui s'étend
sur toute la longueur des caisses ; elle a une porte solide à chaque
extrémité, porte ordinairement fermée et que l'on n'ouvre que pour
l'introduction d'une charge fraîche de houille.

Les caves qui existent à chaque extrémité du
massif des fours servent à l'emmagasinage de la houille. Au-dessus
de la cave la plus grande se trouve le magasin des fers dans le hangar
que montre la figure 1.

Sur la façade du four (voir fig. 3) se trouvent deux ouvertures
carrées de 0ᵐ,10 à 0ᵐ,12 de côté, correspondant au milieu de chacune des caisses et servant à retirer les barres d'épreuve ou *éprou-*
vettes, au moyen desquelles on juge du degré d'avancement de
l'opération.

Les fours à cémenter de la dimension généralement employée peuvent contenir 16 à 18 tonnes de fer. La cémentation ne se fait pas
également dans des fours plus grands, et elle coûte plus cher dans
des fourneaux plus petits. On compte ordinairement que le fer ga-
gne 1/560 de son poids dans l'opération ; mais cela peut varier
beaucoup avec la durée de cette opération et avec la manière dont

le pesage a été fait. On fait de quatorze à seize opérations par an dans un four, lorsque le travail a été bien conduit.

Les chiffres suivants, recueillis dans une grande aciérie française et résumant le travail de six mois, donneront une idée des consommations de matière :

Charbon de grille consommé : 1450 à 1460 kilogrammes par 1000 kilogrammes de fer cémenté.

Charbon de bois pour cément : 660 à 665 kilogrammes par 1000 kilogrammes de fer cémenté.

A Sheffield, grâce à la pureté des houilles, on en consomme moins, c'est-à-dire 750 à 800 kilogrammes par tonne de fer.

FUSION DE L'ACIER

Fonderie anglaise au coke.

La fusion de l'acier, lorsqu'on veut fondre de l'acier fabriqué préalablement soit par affinage de la fonte au feu d'affinerie ou au four à puddler, soit par cémentation du fer, s'opère dans des fourneaux qui peuvent aussi servir à la fabrication de toutes pièces de l'acier fondu au moyen de mélanges divers de fonte, de fer, de minerais, de matières carburantes ou de fondants, etc. Ces fourneaux étaient, naguère, uniquement des fours à vent et la fusion s'opérait dans des creusets, c'est-à-dire en vases clos. Depuis peu d'années on a appris à effectuer aussi cette fusion dans des fours à réverbère chauffés par le système Siemens, ou, comme on dit quelquefois, à découvert sur une sole concave. Ces fours sont alors analogues au four Martin-Siemens décrit plus haut.

La planche CXXXVII représente une fonderie anglaise de Sheffield où la fusion s'opère dans des creusets chauffés au coke. Elle comprend dix fours à vent destinés chacun à contenir deux creusets. La figure 3 montre une coupe longitudinale et la figure 4 des coupes transversales de ces fours qui sont représentés déjà à demi usés. Lorsque, par l'usure, la capacité d'un four est devenue tellement grande qu'on y brûle trop de coke, on déblaye tout son emplacement, qui a $1^m,10$ sur $1^m,00$ environ, et on le reconstruit avec des pierres réfractaires naturelles ressemblant à des dalles de $0^m,05$ à $0^m,10$ d'épaisseur, que l'on coupe en morceaux larges de $0^m,18$ à $0^m,20$. Un four neuf dure ordinairement quatre à cinq semaines avant qu'on ait besoin de le remonter. Dans d'autres fonderies, au lieu de pierres réfractaires, on emploie, pour faire les fours, du pisé réfractaire fait avec du *ganister* broyé ou avec du sable siliceux, pisé que l'on pilonne sur place au moyen de moules et de mandrins en bois.

Chaque four a sa cheminée spéciale garnie de briques réfractaires jusqu'en haut. Le mur de refend, formé par la juxtaposition des dix cheminées, est solidement armé au moyen de trois paires de bandes en fer plat et de tirants transversaux (voir fig. 2, 3 et 4).

Chaque four a sa petite grille sur laquelle les creusets sont posés avec leurs fromages et leurs couvercles. Il est fermé par un couvercle formé d'une grosse brique réfractaire serrée dans un cadre en fer forgé muni d'un manche (fig. 8). Ce couvercle repose sur la plaque de gueulard du four faite en deux pièces de fonte épaisses de $0^m,025$.

Les cendriers des dix fours débouchent dans la cave du fourneau où se tient le surveillant : la cheminée descend jusque dans ce cendrier et y a une ouverture, de telle sorte qu'une certaine quantité d'air frais est appelée avec les flammes du four et refroidit un peu les maçonneries.

En M, à une extrémité de la rangée des fours, est une grille à recuire les creusets qui doit être assez grande pour recevoir vingt creusets renversés que l'on entoure et que l'on recouvre de houille enflammée et de petit coke. Une plaque de fonte placée de champ devant la grille, et un peu plus haute que les creusets, sert à maintenir ce combustible.

Les diverses dépendances de la fonderie se comprennent aisément sur la planche avec les légendes qui y sont gravées.

La figure 7 donne la coupe d'un creuset avec son couvercle et son fromage, et les figures 5 et 6 montrent le moule en fonte et le mandrin en bois dur employés pour la fabrication des creusets. Ceux-ci servent ordinairement trois fois : leur contenance est de 20 kilogrammes à la première fusion, 18 kilogrammes à la deuxième et 16 kilogrammes à la troisième.

Les figures 9, 10, 11 et 12 représentent divers outils employés par les fondeurs d'acier au creuset.

On consomme, à Sheffield, environ 4 tonnes de bon coke pour fabriquer 1 tonne d'acier fondu.

Dans les aciéries françaises du bassin de la Loire, on emploie des fours à quatre creusets, espacés de $1^m,10$ d'axe en axe et dont le vide intérieur a $0^m,70$ sur $0^m,70$; ils sont établis en sable maigre de Mâcon piloné. On n'y brûle que 2500 à 3000 kilogrammes de coke par tonne d'acier. Chaque creuset fait trois coulées, les deux premières de 23 et de 21 kilogrammes en acier doux et la dernière de 19 kilogrammes en acier dur. Une fusion dure de trois heures un quart à quatre heures pour les aciers durs, de quatre heures à cinq heures et demie pour les aciers doux, et la consommation de coke est naturellement plus grande avec ces derniers qu'avec les aciers durs. On arrive à fondre ceux-ci, quelquefois, avec 200 kilogrammes de coke.

On a essayé, dans la Loire, d'employer la chaleur perdue des flammes qui sortent des fours de fusion au coke, en intercallant, entre les fours et le mur contenant les cheminées, une longue chaudière à vapeur horizontale qui se trouvait chauffée, à Assailly, par les carneaux d'échappement de douze fours à quatre creusets. La chaudière est de la force de 50 chevaux ; mais comme six fours marchent à la fois seulement, on obtient 25 chevaux.

PLANCHE CXXXVIII.

Four à creusets chauffé par le système Siemens.

La fusion au coke coûte cher, à cause de la cherté de ce combustible et de la quantité qu'on en consomme. MM. Petin-Gaudet et Cᵉ, dans leurs aciéries d'Assailly et de Lorette (Loire), avaient introduit la fusion à la houille, en se servant d'une sorte de four à réverbère à chauffe soufflée, sur la sole duquel on plaçait neuf creusets. Mais la découverte du système Siemens a fait disparaître ces fours à la houille, et on trouve maintenant, dans presque toutes les aciéries, des fours de fusion au gaz analogues à celui dont la planche CXXXVIII indique la construction. Dans ce four, vingt-quatre creusets sont disposés en deux rangées et formant quatre groupes de six creusets chacun. Chaque groupe, reposant sur une sole plane en sable réfractaire, est enfermée dans un compartiment spécial muni de son couvercle en briques réfractaires maintenues par des cadres en fer. La sole repose sur des plaques de fonte et une circulation d'air est assurée sous ces plaques au moyen d'une petite cheminée d'appel placée à une extrémité du fourneau (voir fig. 2), pour les rafraîchir et aider à la conservation de la sole.

Les figures 1, 2, 3 et 5 montrent comment l'air et le gaz combustible arrivent latéralement dans chaque compartiment, une lame d'air étant toujours superposée à une lame de gaz, et l'épaisseur verticale des deux lames étant à peu près égale à la hauteur utile des creusets. Les régénérateurs se trouvent au-dessous du sol, de part et d'autre de la sole du fourneau : ceux destinés à l'air ont un cube notablement plus grand que celui des régénérateurs destinés au gaz. Les figures 1, 2, 4 et 5 indiquent complétement leur disposition. On voit, figures 2, 4, 7 et 8, comment le gaz et l'air arrivent aux boîtes d'inversion et comment les gaz brûlés reviennent vers la cheminée traînante souterraine. Les vis pour la manœuvre des soupapes de règlement d'air et de gaz et du registre de la cheminée, se voient dans les figures 2, 3 et 7, ainsi que les leviers destinés à la manœuvre des valves d'inversion.

Les fours chauffés au gaz par le système Siemens permettent d'obtenir des températures beaucoup plus élevées que ceux chauffés au coke. On y emploie des creusets contenant 20 kilogrammes d'acier, cylindriques à leur base, afin d'avoir une plus grande assiette. La consommation de combustible n'est que de 1 600 kilogrammes environ de houille par tonne d'acier.

On construit les fours, ordinairement, avec dix-huit creusets ou avec vingt-quatre creusets.

CORROYAGE DE L'ACIER

Grand four d'Allevard.

On emploie, pour réchauffer les trousses formées de languettes d'acier destinées au corroyage, des fours soufflés d'une nature particulière, où le métal se trouve immergé dans la masse des flammes qui se dégagent d'une sorte de bas-foyer recouvert d'une voûte, sans se trouver en contact avec le combustible lui-même : c'est une sorte de chauffage au gaz. Les fabricants de fer-blanc du pays de Galles emploient cette même espèce de fourneau pour réchauffer les fers bruts affinés au charbon de bois, qui doivent être laminés pour tôle fine, et ils la désignent par le nom de *hollow fire* (feu creux).

Nous avons choisi, pour donner une idée de ces fours de corroyage, le grand four qui sert, aux aciéries d'Allevard, à réchauffer les grosses trousses destinées à la fabrication des bandages.

Ce four se compose surtout d'une capacité prismatique ayant $0^m,55$ de largeur et $0^m,90$ de longueur, fermée en dessus par une voûte surbaissée (voir fig. 1 et 5) : elle se raccorde sur le côté avec une capacité de hauteur décroissante, de forme trapézoïdale en plan, qui est destinée à recevoir le combustible et qu'on nomme le *trou à charbon.* Une tuyère débouche sur la paroi verticale du four, dans l'axe du trou à charbon, à $0^m,355$ au-dessus du fond, et envoie le vent, horizontalement, sous une pression de $0^m,04$ de mercure.

La houille, entassée sur la plaque de fonte (voir fig. 1) contre l'orifice extérieur du trou à charbon, est introduite, par cet orifice, pendant le travail, petit à petit, de manière à remplir sans cesse la capacité du trou à charbon.

Un four auxiliaire ou *cassin* est disposé parallèlement au four principal et reçoit la flamme de ce dernier par deux carneaux (indiqués en pointillé, fig. 1 et 5).

Le four principal s'ouvre, au dehors, par une grande ouverture à gauche de la tuyère (c'est l'ouverture de droite, fig. 2, celle du milieu fig. 6) : une ouverture rectangulaire plus petite est placée sur la rustine. La première est fermée avec une porte suspendue à un balancier et qui vient s'appuyer sur un seuil en fonte; la seconde est bouchée, ordinairement, simplement avec une brique. Le four auxiliaire a également une porte de travail placée à côté de celle du four principal (voir fig. 6). Au-dessous de la porte de travail du grand four est une ouverture de décrassage (fig. 2 et 6), qui reste fermée, pendant le travail, par des scories et du fraisil qu'on y entasse à cet effet.

Pendant le chauffage, les produits de la combustion s'échappent par les fissures des portes et surtout par la porte du four auxiliaire qui reste ordinairement soulevée. On place souvent le fourneau sous une grande hotte analogue à celle d'un feu de forge maréchale.

On peut remarquer que le plan horizontal qui passe par les seuils des portes de travail divise l'appareil en deux parties : l'une inférieure, réservée au combustible ; l'autre, supérieure, qui est remplie par la flamme et où l'on place la trousse à réchauffer.

La trousse qui doit être portée au blanc soudant est introduite par la grande porte de travail; elle repose, par ses extrémités, sur des garnitures en coke qui doublent les parois du four, au fond et sur le devant. Ces garnitures sont préparées par l'ouvrier avant le commencement du chauffage en damant des couches successives d'une sorte de pâte de houille menue, dans la partie postérieure et dans la partie antérieure du four, de façon à ne laisser libre qu'un espace égal à la largeur des trous à charbon ($0^m,43$); ces garnitures montent jusqu'au niveau du seuil de la porte de travail et de la petite ouverture du fond. Quand ces *cokes* sont ainsi préparés, on pousse de la houille par le trou et on chauffe à vide pendant quelque temps, de façon à cuire les cokes qui forment des banquettes assez solides pour supporter la trousse.

L'art du chauffeur, dans ce four, consiste à bien ménager les poussées de charbon : la houille fraîche doit être poussée presque verticalement contre la paroi du four, et elle n'arrive sur le plan incliné ou talus qui remplit le trou à charbon qu'après s'être transformée en coke. Aussi la combustion au droit de la tuyère ne produit qu'une flamme claire et vive, qui ne devient un peu fumeuse qu'au moment des poussées de charbon ; l'atmosphère du four est neutre ou plutôt réductive, et il ne peut s'y produire aucune oxydation et aucune décarburation de l'acier.

On consomme dans ce four environ un demi-hectolitre de houille par heure.

Ce système de four est employé depuis des siècles par les corroyeurs d'acier; il a été étudié d'une façon spéciale par M. Pinat, ingénieur des Aciéries d'Allevard, qui a appliqué ce mode de chauffage au soudage des bandages de roues, en acier puddlé corroyé, dans des fourneaux triangulaires à trois tuyères qui figuraient à l'Exposition universelle de 1867.

Pour le corroyage des aciers, qui se fait en deux chaudes, on commence la chaude dans un four soufflé alimenté avec de la houille, et on la termine dans un four semblable alimenté avec du coke.

PLANCHE CXL.

Martinet-pilon, systéme Keller et Banning.

On emploie pour le corroyage de l'acier de petits marteaux-pilons marchant à grande vitesse comme ceux construits par MM. Davy frères, de Sheffield; MM. Farcot et fils, de Saint-Ouen, près Paris, etc. Nous avons choisi, comme exemple de ce genre d'outils, un martinet-pilon construit par MM. Keller et Banning, qui figurait à l'Exposition universelle de 1867 et qui était destiné au corroyage et au forgeage des petits aciers pour la taillanderie.

Comme la plupart des marteaux-pilons ordinaires, cet outil se compose de deux jambages fortement boulonnés et coincés sur la chabotte. Celle-ci fait saillie au-dessus du massif de fondation, de manière à former table et à présenter la panne de l'enclume à la hauteur convenable pour le travail. Celle-ci, en fer forgé, est fixée à la chabotte par un emmanchement en queue-d'hironde, coincé avec des cales de bois.

Le marteau, qui glisse entre les deux jambages sur des coulisses rapportées, est en acier fondu : il est d'une seule pièce avec la tige et le piston. Ce système de marteau oblige à faire en deux pièces le couvercle inférieur du cylindre vapeur et la boîte à étoupes, sans quoi on ne pourrait introduire le piston dans le cylindre. On a du reste eu le soin de faire croiser les joints de ces deux pièces et de relier les deux moitiés de la boîte à étoupes avec une plaque de tôle vissée en dessous, afin de maintenir le serrage qui est nécessaire.

Voici maintenant comment fonctionne l'appareil :

Au moyen de la manivelle inférieure de gauche et de son arbre vertical, l'ouvrier agit sur le petit tiroir d'admission de la vapeur. Celle-ci étant admise sur le boisseau du robinet à axe horizontal, passe tour à tour par l'orifice communiquant avec le bas du cylindre ou par l'orifice communiquant avec le haut, suivant la position du robinet de distribution. Ce robinet peut recevoir un mouvement alternatif de rotation autour de son axe, soit automatiquement, soit par la main de l'ouvrier, soit par ces deux moyens combinés.

La commande automatique du robinet par le marteau lui-même s'effectue au moyen d'une gaîne à coulisse articulée sur la tête du marteau, d'un levier coudé dont un bras glisse dans cette gaîne, d'une bielle et d'une petite manivelle calée sur l'axe du robinet. Les lumières sont disposées de façon que le piston comprime une certaine quantité de vapeur pendant une fraction de sa course, ce qui l'empêche d'atteindre jamais les fonds du cylindre. Le piston en outre, sous l'impulsion acquise, marche à contre-pression pendant un court espace de temps correspondant à l'échappement.

Mais il faut remarquer que le centre d'oscillation du levier coudé n'est point fixé au bâti, mais sur un disque auquel un levier à encliquetage permet de donner un certain mouvement de rotation. Ainsi, si on suppose le marteau fonctionnant dans les conditions qu'indiquent les dessins et qu'on fasse remonter le levier à encliquetage, cela aura pour effet de faire descendre un peu le centre d'oscillation, et par suite la manivelle du robinet. Celui-ci pourra, par suite de ce mouvement, introduire immédiatement sur le piston une plus ou moins grande quantité de vapeur, et il en résultera une accélération de vitesse dans le marteau et une plus grande intensité dans son action.

En remontant graduellement le levier d'encliquetage sur le secteur denté, l'ouvrier peut faire descendre progressivement le marteau jusqu'à enlever un pain à cacheter sur un verre de montre, comme on le montrait à l'Exposition. Lorsqu'on veut au contraire donner au marteau toute son activité, et lui faire frapper des coups énergiques et redoublés, on remonte rapidement le levier jusqu'à la partie supérieure du secteur denté. On a alors dans cette position le rendement maximum de l'outil.

Avec de la vapeur à 4 atmosphères, le petit martinet que nous figurons peut donner des coups de 2 500 kilogrammes, même en tenant compte du frottement des glissières et du piston.

FIN.

JULLIEN, ingénieur des arts et manufactures. **Traité théorique et pratique de la métallurgie du fer**, à l'usage des savants, des ingénieurs, des fabricants et des élèves des Écoles spéciales; comprenant la fabrication de la fonte, du fer, de l'acier et du fer-blanc. 1 vol. in-4°, avec atlas de 52 planches.. 36 fr.

RONGÉ, ingénieur. **De la fabrication de la tôle en Belgique**, et description des installations récentes pour la production des fers de poids extra. In-8°, avec planches .... 5 fr.

SCHINZ, ingénieur. **Documents concernant le haut fourneau** pour la fabrication de la fonte de fer, traduits de l'allemand, par E. Fiévet. 1 vol. grand in-8°, avec 3 planches............................... 6 fr. 50

PONSON, ingénieur. **Traité de l'exploitation des mines de houille**, ou Exposition comparative des méthodes employées en Belgique, en France, en Allemagne et en Angleterre, pour l'arrachement et l'extraction des minéraux combustibles. 4 gros vol. in-8° et un atlas de 80 planches. 2° édit. 72 fr.

— **Supplément au Traité de l'exploitation des mines de houille.** 2 gros vol. in-8° et un atlas de 68 planches in-folio.............. 60 fr.

JULLIEN, ingénieur. **Traité théorique et pratique de la construction des machines à vapeur** fixes, locomotives et marines, à l'usage des ingénieurs et des mécaniciens-constructeurs, etc., et des élèves des Écoles spéciales; comprenant l'examen technique des matériaux de construction, la composition, l'exécution et les devis de ces moteurs pour les divers genres, espèces, systèmes et forces connus. 2° édit., revue, corrigée et augmentée. 1 vol. in-4°, 583 pages avec bois dans le texte et atlas de 48 planches doubles gravées à l'échelle.................................... 35 fr.

SPINEUX (Adolphe), ingénieur, mécanicien. **De la distribution de la vapeur dans les machines.** Étude rationnelle des distributeurs les plus remarquables, sans détente ou à détente fixe et variable, employés depuis Newcomen jusqu'à nos jours. Suivi d'une étude des volants et des régulateurs. 1 vol. grand in-8° et 1 atlas grand in-8° de 26 planches doubles.... 15 fr.

VIDAL, ancien élève de l'École polytechnique. **Législation des machines à vapeur.** Décret du 25 janvier 1865. Lois et ordonnances en vigueur. Textes du droit commun qui s'y rattachent. Commentaire. 1 vol. in-18.... 1 fr. 50

WITH (Émile), ingénieur civil. **Les Machines.** Leur histoire, leur description, leurs usages. 2 beaux vol. in-8° cavalier, avec 450 figures dans le texte .... 16 fr.

www.ingramcontent.com/pod-product-compliance
Lightning Source LLC
Chambersburg PA
CBHW060413200326
41518CB00009B/1338